21世纪本科院校土木建筑类创新型应用人才培养规划教材

建筑力学

主　编　邹建奇　姜　浩　段文峰
副主编　蔡　斌　田　伟　李　妍
参　编　崔亚平　金玉杰　朗英彤
主　审　苏铁坚

内 容 简 介

本书根据教育部高等学校力学教学指导委员会 2008 年发布的理工科非力学专业力学基础课程教学基本要求编写而成。本书共分 12 章，内容包括：绪论、平面一般力系的简化与平衡、拉伸与压缩、扭转与剪切、平面弯曲、组合变形、压杆稳定、平面体系的几何组成分析、静定结构的位移计算、力法、位移法、力矩分配法。

本书注重基本理论、基本方法和基本计算的训练，借鉴了国内外的优秀教材，选择了大量工程实例。为了便于读者学习，本书每章都有小结、资料阅读、思考题和习题。

本书可作为高等学校工程管理、安全工程、勘查技术与工程、建筑及规划专业建筑力学课程的教材，也可作为其他专业及相关工程技术人员的参考用书。

图书在版编目（CIP）数据

建筑力学/邹建奇，姜浩，段文峰主编. —北京：北京大学出版社，2010.8
（21 世纪本科院校土木建筑类创新型应用人才培养规划教材）
ISBN 978-7-301-17563-7

Ⅰ. ①建… Ⅱ. ①邹…②姜…③段… Ⅲ. ①建筑力学—高等学校—教材 Ⅳ. ①TU311

中国版本图书馆 CIP 数据核字（2010）第 144688 号

书 名：	建筑力学
著作责任者：	邹建奇 姜 浩 段文峰 主编
策划编辑：	吴 迪
责任编辑：	卢 东
标准书号：	ISBN 978-7-301-17563-7/TU·0133
出 版 者：	北京大学出版社
地 址：	北京市海淀区成府路 205 号 100871
网 址：	http://www.pup.cn
电 话：	邮购部 010-62752015 发行部 010-62750672 编辑部 010-62750667
编辑部邮箱：	pup6@pup.cn
总编室邮箱：	zpup@pup.cn
印 刷 者：	北京虎彩文化传播有限公司
发 行 者：	北京大学出版社
经 销 者：	新华书店
	787 毫米×1092 毫米 16 开本 18.75 印张 432 千字
	2010 年 8 月第 1 版 2023 年 7 月第 10 次印刷
定 价：	42.00 元

未经许可，不得以任何方式复制或抄袭本书之部分或全部内容。
版权所有，侵权必究 举报电话：010-62752024
电子邮箱：fd@pup.pku.edu.cn

前　言

本书根据教育部高等学校力学教学指导委员会2008年发布的理工科非力学专业力学基础课程教学基本要求，并结合21世纪人才应进行素质教育和创新意识培养的要求编写而成。本书可作为高等学校工程管理、安全工程、勘查技术与工程、建筑及规划专业建筑力学课程的教材。

本书放宽了对建筑力学深度和难度的要求，注重基本理论、基本方法和基本计算的训练，注重创新能力的培养和工程概念的学习。本书在内容的选取上，借鉴了国内外的优秀教材，并考虑到建筑力学与很多工程问题密切相关的情况，在例题和习题的选择上涉及大量工程实例。为便于学生学习、复习并巩固知识点，本书每章都有小结、资料阅读、思考题和习题。

本书共分12章，另有4个附录。本书正文部分的内容包括：绪论、平面一般力系的简化与平衡、拉伸与压缩、扭转与剪切、平面弯曲、组合变形、压杆稳定、平面体系的几何组成分析、静定结构的位移计算、力法、位移法和力矩分配法。

本书由吉林建筑工程学院邹建奇、姜浩和段文峰任主编，由吉林建筑工程学院蔡斌、田伟和李妍任副主编。具体编写分工如下：邹建奇编写第4、7章，姜浩编写第5、6章，段文峰编写第8、10、11、12章，蔡斌编写第1、9章，田伟编写第2章及资料阅读，李妍编写第3章和附录。全书由邹建奇负责统稿和定稿。吉林建筑工程学院崔亚平、金玉杰、朗英彤参与了习题、习题答案及插图等内容的编写。吉林建筑工程学院苏铁坚教授审阅了全书。吉林建筑工程学院领导及学院力学教研室全体老师对本书编写工作给予了全力支持，在此深表感谢！

由于编者水平有限，书中疏漏和不妥之处在所难免，恳请广大读者多提宝贵意见。

编　者

2010年5月

目 录

第1章 绪论 ·········· 1
1.1 基本概念 ·········· 2
1.2 基本公理 ·········· 3
1.3 物体的受力分析 ·········· 5
    1.3.1 约束及约束反力 ·········· 5
    1.3.2 结构计算简图 ·········· 7
    1.3.3 物体的受力分析及受力图 ··· 9
1.4 杆件变形的基本形式 ·········· 11
1.5 建筑力学的研究任务 ·········· 12
小结 ·········· 13
资料阅读 ·········· 13
思考题 ·········· 14
习题 ·········· 14

第2章 平面一般力系的简化与平衡 ··· 16
2.1 平面汇交力系 ·········· 17
    2.1.1 几何法——力多边形法则 ·········· 17
    2.1.2 解析法 ·········· 19
2.2 平面力偶系 ·········· 22
    2.2.1 力对点之矩的概念 ·········· 22
    2.2.2 平面力偶的概念 ·········· 23
    2.2.3 平面力偶系的简化与平衡 ·········· 24
2.3 平面一般力系 ·········· 26
    2.3.1 力的平移定理 ·········· 26
    2.3.2 平面一般力系的简化 ·········· 27
    2.3.3 平面一般力系的平衡 ·········· 30
2.4 平面平行力系 ·········· 33
2.5 物体系统的平衡问题 ·········· 34
    2.5.1 静定与超静定的概念 ·········· 34
    2.5.2 平面静定结构的平衡问题 ·········· 34
    2.5.3 平面桁架 ·········· 37
    2.5.4 考虑滑动摩擦时的平衡问题 ·········· 39
小结 ·········· 41
资料阅读 ·········· 43
思考题 ·········· 44
习题 ·········· 44

第3章 拉伸与压缩 ·········· 51
3.1 轴向拉伸(压缩)的概念 ·········· 51
3.2 内力及内力图 ·········· 52
    3.2.1 内力——轴力 ·········· 52
    3.2.2 内力图——轴力图 ·········· 53
3.3 拉(压)时的应力及强度计算 ·········· 55
    3.3.1 应力的概念 ·········· 55
    3.3.2 拉(压)杆横截面上的正应力 ·········· 56
    3.3.3 强度条件 ·········· 58
3.4 拉(压)杆的变形 ·········· 58
    3.4.1 绝对变形及胡克定律 ·········· 58
    3.4.2 相对变形及泊松比 ·········· 59
3.5 材料拉(压)时的力学性质 ·········· 61
    3.5.1 低碳钢拉(压)时的力学性质 ·········· 62
    3.5.2 铸铁拉(压)时的力学性质 ·········· 66
    3.5.3 其他材料拉(压)时的力学性质 ·········· 66
    3.5.4 塑性材料和脆性材料的主要区别 ·········· 68
    3.5.5 许用应力及强度计算 ·········· 68
小结 ·········· 71
资料阅读 ·········· 71
思考题 ·········· 72

习题 ······ 72

第4章 扭转与剪切 ······ 76
4.1 扭转的概念 ······ 77
4.2 内力及内力图 ······ 77
    4.2.1 内力——扭矩 ······ 77
    4.2.2 外力偶矩的计算 ······ 78
    4.2.3 内力图——扭矩图 ······ 78
4.3 圆轴扭转时的应力与强度计算 ······ 80
    4.3.1 薄壁圆筒扭转时的应力 ······ 80
    4.3.2 圆轴扭转时横截面上的切应力 ······ 81
    4.3.3 切应力互等定理 ······ 84
    4.3.4 强度计算 ······ 85
4.4 圆轴扭转时的变形与刚度计算 ······ 86
    4.4.1 扭转变形的计算 ······ 86
    4.4.2 圆轴扭转时的刚度计算 ······ 87
4.5 剪切变形 ······ 88
    4.5.1 剪切变形的概念 ······ 88
    4.5.2 剪切的实用计算 ······ 89
    4.5.3 挤压的实用计算 ······ 90
    4.5.4 连接构件的强度计算 ······ 92
小结 ······ 93
资料阅读 ······ 94
思考题 ······ 94
习题 ······ 95

第5章 平面弯曲 ······ 99
5.1 平面弯曲概述 ······ 100
    5.1.1 平面弯曲的概念 ······ 100
    5.1.2 梁的计算简图 ······ 101
5.2 梁的内力及内力图 ······ 101
    5.2.1 梁的内力——剪力、弯矩 ······ 101
    5.2.2 梁的内力图——剪力图、弯矩图 ······ 103
5.3 弯曲应力 ······ 113
    5.3.1 试验分析及假设 ······ 113
    5.3.2 纯弯曲梁横截面上的正应力 ······ 114
    5.3.3 梁横截面上的切应力 ······ 116
    5.3.4 梁的强度计算 ······ 120
5.4 梁的变形 ······ 125
    5.4.1 梁变形的描述 ······ 125
    5.4.2 梁变形的计算 ······ 126
5.5 梁的刚度计算 ······ 131
5.6 梁的合理设计 ······ 132
    5.6.1 提高梁的弯曲强度 ······ 132
    5.6.2 提高梁的刚度 ······ 135
小结 ······ 135
资料阅读 ······ 136
思考题 ······ 137
习题 ······ 137

第6章 组合变形 ······ 146
6.1 组合变形的概念 ······ 147
6.2 斜弯曲 ······ 147
    6.2.1 斜弯曲的概念 ······ 147
    6.2.2 横截面正应力计算 ······ 148
    6.2.3 最大正应力及强度计算 ······ 148
6.3 拉(压)与弯曲 ······ 150
    6.3.1 拉(压)与弯曲的概念 ······ 150
    6.3.2 横截面正应力计算 ······ 151
    6.3.3 最大正应力及强度计算 ······ 151
6.4 偏心拉(压) ······ 152
    6.4.1 偏心拉(压)的概念 ······ 152
    6.4.2 横截面正应力计算 ······ 152
    6.4.3 最大正应力及强度计算 ······ 154
    6.4.4 截面核心的概念 ······ 155
6.5 弯曲与扭转 ······ 155
    6.5.1 弯曲与扭转的概念 ······ 155
    6.5.2 危险点的应力计算 ······ 156
    6.5.3 相当应力的计算 ······ 157
    6.5.4 强度条件 ······ 157
小结 ······ 159
资料阅读 ······ 159
思考题 ······ 160

| 习题 | 160 |

第7章 压杆稳定 … 163

- 7.1 压杆稳定的概念 … 163
- 7.2 细长压杆的临界力 … 164
  - 7.2.1 两端铰支细长压杆的临界力 … 164
  - 7.2.2 一端固定、一端自由细长压杆的临界力 … 166
  - 7.2.3 细长压杆的临界力公式 … 167
- 7.3 压杆的临界应力 … 168
  - 7.3.1 临界应力的概念 … 168
  - 7.3.2 欧拉公式的适用范围 … 168
  - 7.3.3 临界应力总图 … 168
- 7.4 压杆的稳定计算 … 170
  - 7.4.1 稳定安全因数法 … 170
  - 7.4.2 稳定因数法 … 172
  - 7.4.3 稳定条件的应用 … 175
- 7.5 提高压杆稳定性的措施 … 176
- 小结 … 177
- 资料阅读 … 177
- 思考题 … 178
- 习题 … 178

第8章 平面体系的几何组成分析 … 183

- 8.1 平面体系的几何组成分析相关概念 … 184
  - 8.1.1 几何不变体系和几何可变体系的概念 … 184
  - 8.1.2 刚片、自由度、联系的概念 … 185
- 8.2 几何不变体系的基本组成规则 … 187
  - 8.2.1 三刚片规则 … 187
  - 8.2.2 二元体规则 … 187
  - 8.2.3 二刚片规则 … 188
- 8.3 瞬变体系 … 190
- 8.4 几何构造与静定性的关系 … 191
- 小结 … 191
- 资料阅读 … 192
- 思考题 … 192
- 习题 … 192

第9章 静定结构的位移计算 … 194

- 9.1 结构位移基本概念 … 195
- 9.2 结构位移计算一般公式 … 196
  - 9.2.1 变形体系的虚功原理 … 196
  - 9.2.2 单位荷载法 … 196
- 9.3 荷载作用下的位移计算 … 198
- 9.4 图乘法 … 200
- 9.5 静定结构支座移动、温度变化时的位移计算 … 205
  - 9.5.1 静定结构支座移动时的位移计算 … 205
  - 9.5.2 静定结构温度变化时的位移计算 … 205
- 9.6 线弹性结构的互等定理 … 207
- 小结 … 209
- 资料阅读 … 210
- 思考题 … 211
- 习题 … 211

第10章 力法 … 214

- 10.1 超静定结构的概念和超静定次数的确定 … 215
  - 10.1.1 超静定结构的概念 … 215
  - 10.1.2 超静定次数的确定 … 216
- 10.2 力法的基本概念 … 217
- 10.3 力法的典型方程 … 218
- 10.4 力法的计算步骤和示例 … 220
- 10.5 对称性的利用 … 224
  - 10.5.1 对称性意义 … 224
  - 10.5.2 对称结构力学特征 … 225
  - 10.5.3 取结构一半计算简图 … 225
  - 10.5.4 对称性应用示例 … 226
- 10.6 温度变化和支座移动时超静定结构的计算 … 227
- 10.7 超静定结构特性 … 229
- 小结 … 229

资料阅读	…………………	230
思考题	……………………	230
习题	………………………	231

第11章 位移法 ……………… 233

- 11.1 位移法的基本概念 ………… 234
- 11.2 等截面直杆单跨超静定梁的杆端内力 …………………… 234
  - 11.2.1 杆端位移与杆端内力符号约定 ……………… 234
  - 11.2.2 等截面直杆单跨超静定梁杆端内力 …………… 235
- 11.3 位移法的基本未知量和基本结构 ……………………… 237
  - 11.3.1 独立角位移的确定 …… 237
  - 11.3.2 独立结点线位移的确定 …………………… 237
  - 11.3.3 位移法的基本结构 …… 237
- 11.4 位移法的典型方程及运用 … 238
  - 11.4.1 位移法的典型方程 …… 238
  - 11.4.2 位移法的运用 ………… 240
- 小结 ……………………………… 245
- 资料阅读 ………………………… 245
- 思考题 …………………………… 246
- 习题 ……………………………… 246

第12章 力矩分配法 …………… 248

- 12.1 力矩分配法概述 …………… 248
  - 12.1.1 力矩分配法导入 ……… 248
  - 12.1.2 劲度系数和传递系数的概念 …………………… 249
  - 12.1.3 力矩分配法的基本概念 …………………… 250
- 12.2 用力矩分配法计算连续梁和无侧移刚架 ………………… 253
- 小结 ……………………………… 257
- 资料阅读 ………………………… 258
- 思考题 …………………………… 258
- 习题 ……………………………… 259

附录A 截面的几何性质 ……… 261

- A1 截面的形心和静矩 …………… 261
- A2 极惯性矩、惯性矩、惯性积 … 262
- A3 惯性矩和惯性积的平行移轴公式及转轴公式 …………… 264
  - A3.1 惯性矩和惯性积的平行移轴公式 ……………… 264
  - A3.2 惯性矩和惯性积的转轴公式 …………………… 265
- A4 主惯性轴和主惯性矩 ………… 265
- A5 组合截面的形心主轴与形心主惯性矩 …………………… 266
- A6 习题 …………………………… 266

附录B 简单荷载作用下梁的挠度和转角 ……………… 269

附录C 型钢规格表 ……………… 272

附录D 习题答案 ………………… 281

参考文献 ………………………… 289

第 1 章 绪 论

教学目标

了解建筑力学的基本概念
了解杆件变形的基本形式
了解静力学的基本公理
了解建筑力学的研究任务
重点掌握对物体进行的受力分析

教学要求

知识要点	能力要求	相关知识
基本概念	(1) 了解结构、构件、杆件的特点 (2) 了解刚体的概念及其基本假设 (3) 了解变形固体的概念 (4) 了解力和外力的概念及荷载的分类 (5) 了解力系简化的概念 (6) 了解力系平衡的概念	力的概念 平衡的概念
静力学基本公理	(1) 掌握力系简化的方法 (2) 掌握力系平衡的条件 (3) 掌握受力分析的原理	矢量运算
物体的受力分析	(1) 了解约束和约束反力的特征 (2) 了解结构计算简图的简化方法 (3) 掌握对物体受力分析的步骤 (4) 了解二力构件和二力杆的概念 (5) 熟练绘制物体的受力图	作用与反作用定律
杆件的基本变形	(1) 了解杆件基本变形的受力特征 (2) 了解杆件基本变形的变形特征	变形的概念
研究任务	(1) 了解建筑力学研究的主要内容 (2) 了解什么是结构的强度、刚度和稳定性	破坏、变形、失稳的概念

引言

建筑力学的任务是研究结构的几何组成规律,以及在荷载作用下结构和构件的强度、刚度和稳定性问题。其目的是保证结构按设计要求正常工作,并充分发挥材料的性能,使设计的结构既安全可靠又经济合理。

1.1 基本概念

1. 结构

建筑物中承受荷载而起骨架作用的部分称为结构。

2. 构件

组成结构的各单独部分称为构件。

3. 杆件

长度远远大于横截面的高度和宽度的构件称为杆件。杆件是组成杆系结构的构件。建筑力学的研究对象就是杆系结构。

4. 刚体

刚体是指在力的作用下不变形的物体，或者在力的作用下其内任意两点间的距离不变的物体。实际上，任何物体受力作用都发生或大或小的变形，但在一些力学问题中，物体变形这一因素与所研究的问题无关，或对所研究的问题影响甚微，这时就可将物体视为刚体，从而使问题得到简化。

5. 变形固体

1) 变形固体的概念

自然界中的任何物体在外力作用下，都要产生变形。由于固体的可变形性质，所以又称变形固体。严格地讲，自然界中的一切固体均属变形固体。

在建筑力系中，通常将物体抽象化为两种计算模型，即刚体模型和理想变形固体模型。在一些力系问题中，变形与所研究的问题无关，或对所研究的问题影响很小，这时我们就可以不考虑物体的变形，将物体视为刚体，从而使所研究的问题得到简化。比如，在第 2 章中，我们研究的是物体在外力作用下的平衡问题，那么，就可以将物体看做是刚体。在另一些力系问题中，物体的变形是不可以忽略的主要因素，如果不予考虑就得不到问题的正确解答。这时我们将物体视为变形固体。从第 3 章开始，我们研究的物体都是变形固体了。

2) 变形固体的基本假设

(1) 连续性假设。连续性是指材料内部没有空隙。

(2) 均匀性假设。均匀性是指材料的力学性质各处都相同。

(3) 各向同性假设。认为材料沿不同的方向具有相同的力学性质。

按照连续、均匀、各向同性假设而理想化了的变形固体成为理想变形固体。采用理想变形固体模型不但使理论分析和计算得到简化，而且计算所得的结果，在大多数情况下能满足工程精度要求。

工程中大多数构件在荷载作用下，其几何尺寸的改变量与构件本身的尺寸相比都很微小，称这类变形为"小变形"。由于变形很微小，所以在研究构件的平衡、运动等问题时，可忽略其变形，采用构件变形前的原始尺寸进行计算，从而使计算大为简化。在材料力学中，是把实际材料看作连续、均匀、各向同性的可变形固体，且在大多数情况下局限在弹性变形范围内和小变形条件下进行研究。

6. **力及力系的概念**

力是物体间的相互作用，这种相互作用可以使物体的运动状态或形状发生改变，在我们的生产和生活中随处可见，例如物体的重力、摩擦力、水的压力等。人们对力的认识从感性认识到理性认识形成力的抽象概念。

力对物体的作用效应由力的三要素来决定，即力的大小、方向和作用点。力的单位是牛(N)或者千牛(kN)，$1N=1kg \cdot m/s^2$，$1kN=10^3N$。

由力的三要素可知，力是矢量，记作 F，本教材中的黑体均表示矢量。

力系是作用在物体上的一组力。

7. **荷载**

一般将结构所承受的力称为外力，或称为荷载，如风的吹力、雪的压力、自重、水压力、牵引力等，通常它们都是已知的力。按照荷载的作用范围可将荷载分为集中荷载、分布荷载和集中力偶，以上可分别表示为 $F(N)$、$q(N/m)$ 和 $M(N \cdot m)$。

8. **力系的简化**

如果两个力系使刚体产生相同的运动状态，称这两个力系互为等效力系。用一个简单力系等效地代替一个复杂力系的过程称为力系的简化。若一个力与一个力系等效，则将这个力称为该力系的合力，力系中的各力称为此合力的分力。

9. **力系的平衡**

平衡是指物体相对地面(惯性坐标系)保持静止或做匀速直线运动的状态，它是机械运动的特例。物体保持平衡状态所应满足的条件称为平衡条件，它是求解物体平衡问题的关键，也是本书学习的重点。

1.2 基本公理

静力学公理是指人们在生产和生活实践中长期积累和总结出来并通过实践反复验证的具有一般规律的定理和定律。它是静力学的理论基础，并且无须证明。常见的公理有：

公理 1　力的平行四边形法则

作用在物体上同一点的两个力，可以合成为一个合力，此合力的大小和方向由此两个力矢量所构成的平行四边形对角线来确定，合力的作用点仍在该点。如图 1.1(a)所示，F 为 F_1 和 F_2 的合力，即合力等于两个分力的矢量和，即

$$F = F_1 + F_2 \tag{1-1}$$

也可采用三角形法则确定合力，即两个力依次首尾相接，其三角形的封闭边即为该两个力的合力，如图 1.1(b)所示。力的平行四边形法则或三角形法则是最简单的力系简化法则，同时此法则也是力的分解法则。

公理 2　二力平衡原理

作用在刚体上的两个力，使刚体保持平衡的充分必要条件是：此两个力必大小相等、方向相反、并且作用在同一条直线上，即 $F_1 = -F_2$，如图 1.2 所示。

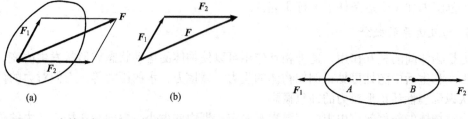

图 1.1　力的平行四边形法则和三角形法则　　　　图 1.2　二力平衡原理

应当指出：二力平衡原理的条件对于变形体来说只是必要条件，不是充分条件，因此，该公理只适用于刚体。

利用此公理可以确定力的作用线位置，例如，刚体在两个力的作用下平衡，若已知两个力的作用点，则此作用点的连线即为两力的作用线。同时，二力平衡力系也是最简单的平衡力系。

公理 3　加减平衡力系原理

在作用于刚体的力系中加上或减去任意的平衡力系，并不改变原来力系对刚体的作用。

此公理表明平衡力系对刚体不产生运动效应，其只适用于刚体。

根据公理 3 可得推论：力的可传性

将作用在刚体上的力沿其作用线任意移动，而不改变它对刚体的作用效应，如图 1.3 所示。该推理只适用于刚体。

根据公理 1、公理 2 可得推论：三力平衡汇交定理

刚体在三个力作用下处于平衡，若其中两个力汇交于一点，则第三个力必汇交于该点，如图 1.4 所示。

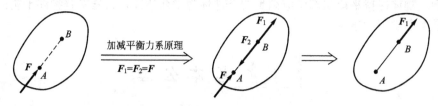

图 1.3　力的可传性

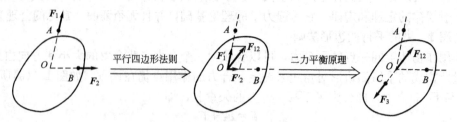

图 1.4　三力平衡汇交定理

应当指出，三力平衡汇交定理的条件是必要条件，不是充分条件。同时它也是确定力的作用线的方法之一，即刚体在三个力的作用下处于平衡，若已知其中两个力的作用线汇交于一点，根据平行四边形法则确定该二力的合力则第三力的作用点与该汇交点的连线为第三个力的作用线，其指向再由二力平衡原理来确定。

公理 4　作用与反作用定律

物体间的作用力与反作用力总是成对出现的,其大小相等,方向相反,沿着同一条直线,且分别作用在两个相互作用的物体上。如图 1.5 所示,C 铰处 F_C 与 F'_C 为一对作用力与反作用力。

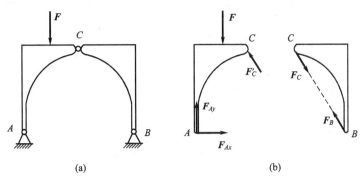

图 1.5 作用与反作用定律

1.3 物体的受力分析

从运动的角度将所研究的物体分为两类:一类是物体的运动不受它周围物体的限制,这样的物体称为自由体,例如飞行中的飞机、炮弹、卫星等;另一类是物体的运动受到它周围物体的限制,这样的物体称为非自由体,例如建筑结构中的水平梁受到支承它的柱子的限制,火车只能在轨道上行驶等。因此,我们将限制非自由体某种运动的周围物体称为约束,如上述的柱子是水平梁的约束,轨道是火车的约束。约束是通过直接接触实现的。当物体沿着约束所能阻止的运动方向有运动或运动趋势时,对它形成约束的物体必有能阻止其运动的力作用于它,这种力称为该物体的约束力,即约束力是约束对物体的作用。约束力的方向恒与约束所能阻止的运动方向相反。事实上约束力是一种被动力,与之相对应的力是主动力,即主动地使物体有运动或有运动趋势的力,例如重力、拉力、牵引力等。

工程中大部分研究对象都是非自由体,它们所受的约束是多种多样的,其约束力的形式也是多种多样的,因此在建筑力学中,保留物体所受约束的主要因素,忽略次要因素,得到下面几种工程中常见的约束及约束反力或约束力。

1.3.1 约束及约束反力

1. 光滑面接触约束

若物体接触面之间的摩擦可以忽略时,认为接触面是光滑的,这种约束不能限制物体沿接触点公切面的运动,只能阻止物体沿接触点的公法线的运动。因此,光滑表面接触约束的约束力特点是通过接触点、沿着公法线、指向被约束物体,用 F 或 F_N 表示,如图 1.6 所示。

2. 柔体约束

工程中绳索、链条、传动带均属此类约束,约束特点是通过接触点,沿着柔体轴线、背离被约束物体,用 F_T 表示,如图 1.7 所示。

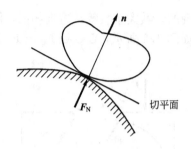
图 1.6　光滑面接触约束

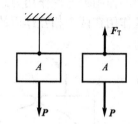
图 1.7　柔体约束

3. 光滑铰链约束

光滑铰链约束包括圆柱形铰链约束、固定铰支座约束、可动铰支座（滚动铰支座）约束三种。

1) 圆柱形铰链约束

如图 1.8 所示，在两个物体上各穿一个直径相同的圆孔，用直径略小的圆柱体（称为销）将两个物体连接上，形成的装置称为圆柱形铰链，若圆孔间的摩擦忽略不计则为光滑圆柱形铰链，简称铰链或铰。其约束特点是不能阻止物体绕圆孔的转动，但能阻止物体沿圆孔径向的运动，约束力作用点（作用线穿过接触点和圆孔中心，但由于圆孔较小，忽略其半径）在圆孔中心，指向不定，它取决于主动力的状态。如图 1.9(a) 中的 F_A，通常用它的两个正交分量表示在铰链简图上 ［见图 1.9(b) 中的 F_{Ax}、F_{Ay}］。

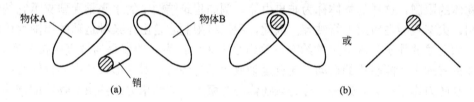

图 1.8　圆柱形铰链

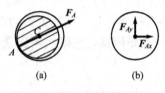

图 1.9　圆柱形铰链的约束力

2) 固定铰支座约束

将上面的圆柱形铰链中的一个物体固定在不动的支承平面上，这样形成的装置称为固定铰支座，如图 1.10 所示，其约束特点与圆柱形铰链一样。

3) 可动铰支座（滚动铰支座）约束

图 1.10　固定铰支座简图及约束力

在上面的圆柱形铰链中的一个物体下面放上滚轴，此装置可在其支承表面上移动，且摩擦不计，这样的装置称为可动铰支座或滚动铰支座，如图 1.11 所示，其约束特点是约束力沿支承表面的法线、作用线通过铰链中心、指向被约束物体。

图 1.11 可动铰支座简图及约束力

4．链杆约束

两端用铰链与其他物体相连，中间不受力的直杆称为链杆，其约束特点是约束力的作用线沿链杆轴线方向，且指向不定，如图 1.12 所示。

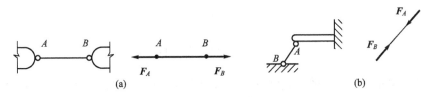

图 1.12 链杆及约束力

5．轴承约束

轴承包括向心轴承、止推轴承两种形式：

（1）向心轴承。向心轴承是工程中常见的约束，其约束特点与圆柱形铰链约束相同，常用正交分量表示，如图 1.13 所示。

（2）止推轴承。用一光滑的面将向心轴承的一端封闭而形成的装置，称为止推轴承。其约束特点是除了具有向心轴承的受力特点以外，还受沿封闭面的法线方向且指向轴承方向的力，如图 1.14 所示。

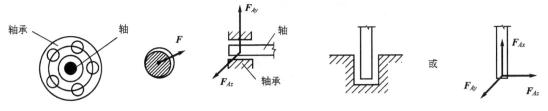

图 1.13 向心轴承及约束力   **图 1.14 止推轴承及约束力**

以上是工程中几种常见的约束及约束力，这些情况只是工程中的理想约束。在工程实际的具体问题中，应根据实际的受力特点，将复杂约束通过保留其主要因素、忽略次要因素加以简化。

1.3.2 结构计算简图

1．结构的简化

图 1.15(a)所示的单层厂房结构是一个空间结构。厂房的横向是由柱子和屋架所组成

的若干横向单元。沿厂房的纵向，由屋面板、吊车梁等构件将各横向单元联系起来。由于各横向单元沿厂房纵向有规律地排列，且风、雪等荷载沿纵向均匀分布，因此，可以通过纵向柱距的中线，取出图1.15(a)中阴影线部分作为一个计算单元［见图1.15(b)］，将空间结构简化为平面结构来计算。

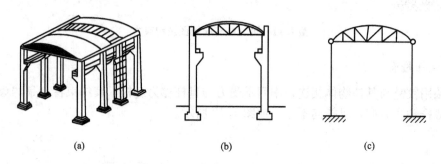

图1.15 单层厂房结构

根据屋架和柱顶端节点的连接情况，进行节点简化；根据柱下端基础的构造情况，进行支座简化，便可得到单层厂房的结构计算简图，如图1.15(c)所示。

2. 平面杆系结构的分类

工程中常见的平面杆系结构有以下几种：

(1) 梁：梁由受弯杆件构成，杆件轴线一般为直线。图1.16(a)、(b)所示为单跨梁，图1.16(c)、(d)所示为多跨梁或连续梁。

(2) 拱：拱一般由曲杆构成。在竖向荷载作用下，支座产生水平反力。图1.17(a)、(b)所示分别为三铰拱和无铰拱。

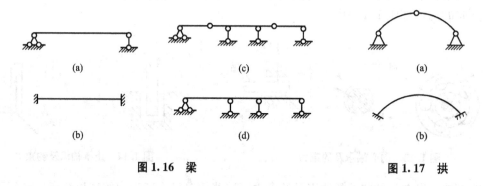

图1.16 梁　　　　　　图1.17 拱

(3) 刚架：刚架是由梁和柱组成的结构。刚架结构具有刚接节点。图1.18(a)、(b)所示为单层刚架，图1.18(c)所示为多层刚架。图1.18(d)所示称为排架，又称铰接排架。

(4) 桁架：桁架是由若干直杆用铰链连接组成的结构。图1.19所示结构为桁架。

(5) 组合结构：组合结构是桁架和梁或刚架组合在一起形成的结构，其中含有组合节点。图1.20(a)、(b)所示为组合结构。

上述几种结构都是实际结构的计算简图，以后将分别进行讨论。

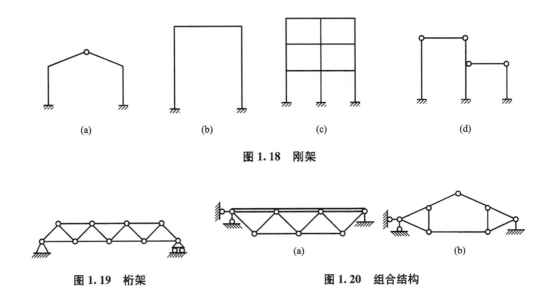

图 1.18 刚架

图 1.19 桁架

图 1.20 组合结构

1.3.3 物体的受力分析及受力图

在力学计算中,首先要分析物体受到哪些力的作用,每个力的作用位置如何,力的方向如何,这个过程称为对物体进行受力分析,将所分析的全部外力和约束反力用图形表示出来,这种图形称为受力图。

正确地对物体进行受力分析和画受力图是力学计算的前提和关键,其步骤如下:

(1) 确定研究对象,将其从周围物体中分离出来,并画出其简图,称为画分离体图。研究对象可以是一个,也可以由几个物体组成,但必须将它们的约束全部解除。

(2) 画出全部的主动力和约束力。主动力一般是已知的,故必须画出,不能遗漏,约束力一般是未知的,要从解除约束处分析,不能凭空捏造。

(3) 不画内力,只画外力。内力是研究对象内部各物体之间的相互作用力,对研究对象的整体运动效应没有影响,因此不画。但外力必须画出,一个也不能少,外力是研究对象以外的物体对该物体的作用,它包括作用在研究对象上全部的主动力和约束力,研究对象的运动效应取决于外力,与内力无关,这一点初学者应当注意。

(4) 要正确地分析物体间的作用力与反作用力,当作用力的方向一经假定,反作用力的方向必须与之相反。当画由几个物体组成的研究对象时,物体间的相互作用力是成对出现,组成平衡力系,因此也不需画。若想分析物体间的相互作用力则必须将其分离出来,单独画受力图,内力就变成了外力。

【例题 1.1】 重为 P 的混凝土圆管,放在光滑的斜面上,并在 A 处用绳索拉住,如图 1.21(a)所示,试画出混凝土圆管的受力图。

解:

(1) 取混凝土圆管为研究对象,将它从周围物体中分离出来。

(2) 混凝土圆管所受的主动力为重力 P,约束力为绳索拉力 F_{TA} 和斜面 B 点的法向约束力 F_{NB}。

(3) 画混凝土圆管的受力图,如图 1.21(b)所示。

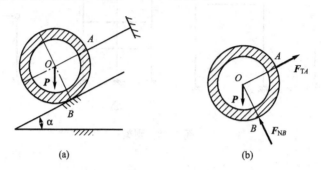

图 1.21 例题 1.1 图

由三力平衡汇交定理可知,圆管所受三个力一定汇交于点 O。

【例题 1.2】 水平梁 AB 受均匀分布的荷载 $q(\mathrm{N/m})$ 的作用,梁的 A 端为固定铰支座,B 端为滚动铰支座,如图 1.22(a)所示,试画出梁 AB 的受力图。

解:
(1) 取水平梁 AB 为研究对象,将它从周围物体中分离出来,并画分离体图。
(2) 水平梁 AB 所受的主动力为均匀分布的荷载 q(沿直线分布的荷载称为线分布荷载),约束力为固定铰支座 A 端的正交分力 F_{Ax} 和 F_{Ay},滚动铰支座 B 端的法向约束力 F_{NB}。
(3) 画梁 AB 的受力图,如图 1.22(b)所示。

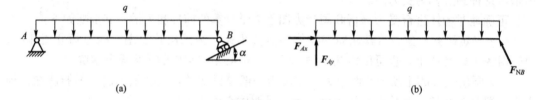

图 1.22 例题 1.2 图

【例题 1.3】 管道支架由水平梁 AB 和斜杆 CD 组成,如图 1.23(a)所示,其上放置一重为 P 的混凝土圆管。A、D 为固定铰支座,C 处为铰链连接,不计各杆的自重和各处的摩擦,试画出水平杆 AB、斜杆 CD 以及整体的受力图。

解:
(1) 取斜杆 CD 为研究对象,由于杆 CD 只在 C 端和 D 端受有约束而处于平衡,其中间不受任何力的作用,由二力平衡原理可知,C、D 两点连线为杆 CD 受的约束力方向,受力如图 1.23(b)所示,这样的杆称为二力杆,若 CD 杆是曲杆则称为二力构件。
所谓二力构件,即构件两端铰链与其他物体连接,构件中间不受任何力作用。
(2) 取混凝土圆管和水平梁 AB 为研究对象,所受的主动力为圆管的重力 P,铰链 C 处的约束力有作用力与反作用力 $F'_C = -F_C$,固定铰支座 A 端的约束力由三力平衡汇交定理可以确定其作用线为 F_A,指向不定,受力如图 1.23(c)所示。实际上,为了方便计算,固定铰支座处约束反力可以用两个正交的分力来代替。
(3) 取整体为研究对象。整体所受的力为圆管的重力 P,A 端的约束力 F_A,D 端的约

束力 F_D，仍满足三力平衡汇交定理，受力如图 1.23(d)所示。

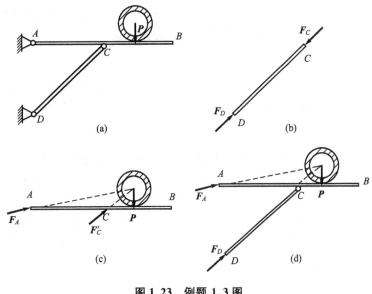

图 1.23 例题 1.3 图

1.4 杆件变形的基本形式

工程中的杆件所受的外力是多种多样的，因此，杆的变形也是各种各样的，但杆件变形的基本形式总不外乎以下四种：

1. 轴向拉伸或压缩变形

在一对方向相反、作用线与杆轴线重合的外力作用下，杆件的主要变形是长度的改变。这种变形形式称为轴向拉伸［见图 1.24(a)］或轴向压缩［图 1.24(b)］。

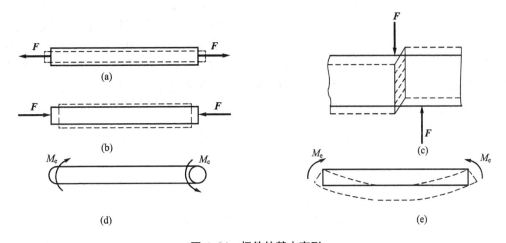

图 1.24 杆件的基本变形

2. 剪切变形

在一对相距很近、大小相等、方向相反的横向外力作用下，杆件的横截面将沿外力作用方向发生错动［见图1.24(c)］，这种变形形式称为剪切。

3. 扭转变形

在一对转向相反、作用面垂直于杆轴线的外力偶作用下，杆的任意两横截面将发生相对转动，而轴线仍维持直线，这种变形形式称为扭转，如图1.24(d)所示。

4. 弯曲变形

在一对转向相反、作用面在杆件的纵向平面（即包含杆轴线在内的平面）内的外力偶作用下，杆件将在纵向平面内发生弯曲，杆的轴线由直线变成了曲线，这种变形形式称为弯曲，如图1.24(e)所示。

工程实际中的杆件可能同时承受不同形式的外力，常常同时发生两种或两种以上的基本变形，这种变形情况称为组合变形。本书将先分别讨论杆件的每一种基本变形，然后再分析比较复杂的组合变形问题。

1.5 建筑力学的研究任务

任何建筑物或机器设备都是由若干构件或零件组成的。建筑物和机器设备在正常工作的情况下，组成它们的各个构件通常都受到各种外力的作用。例如，房屋中的梁要承受楼板传给它的重量、轧钢机受到钢坯变形时的阻力等。

要想使建筑物和机器设备正常地工作，就必须保证组成它们的每一个构件在荷载作用下都能正常地工作，这样才能保证整个建筑物或机械的正常工作。为了保证构件正常安全地工作，对所设计的构件在力学上有一定的要求，这里归纳为如下三点。

1. 强度要求

强度是指材料或构件抵抗破坏的能力。材料强度高，是指这种材料比较坚固，不易破坏；材料强度低，则是指这种材料不够坚固，较易破坏。在一定荷载作用下，如果构件的尺寸、材料的性能与所受的荷载不相适应，构件就要发生破坏。如机器中传动轴的直径太小，起吊货物的绳索过细，当传递的功率较大、货物过重时，就可能因强度不够而发生断裂，使机器无法正常工作，甚至造成灾难性的事故，显然这是工程上绝不允许的。

2. 刚度要求

刚度是指构件抵抗变形的能力。构件的刚度大，是指构件在荷载作用下不易变形，即抵抗变形的能力大；构件的刚度小，是指构件在荷载作用下，较易变形，即抵抗变形的能力小。任何物体在外力作用下，都要产生不同程度的变形。在工程中，即使构件强度足够，如果变形过大，也会影响其正常工作。例如，楼板梁在荷载作用下产生的变形过大，下面的抹灰层就会开裂、脱落；车床主轴变形过大，则影响加工精度，破坏齿轮的正常啮合，引起轴承的不均匀磨损，从而造成机器不能正常工作。因此，在工程中，根据不同的用途，使构件在荷载作用下产生的变形不能超过一定的范围，即要求构件要满足刚度条件。

3. 稳定性要求

受压的细长杆和薄壁构件，当荷载增加时，还可能出现突然失去初始平衡形态的现象，称为丧失稳定，简称失稳。例如，房屋中受压柱如果是细长的，当压力超过一定限度后，就有可能显著地变弯，甚至弯曲折断，由此酿成严重事故。因此，细长的受压构件，必须保证其具有足够的稳定性，稳定性要求就是要求这类受压构件不能丧失稳定。

对结构进行强度、刚度和稳定性计算就是建筑力学研究的主要内容和任务。

小 结

1. 基本概念

可变形固体及其基本假设是建筑力学中非常重要的概念，在后续各章中的许多分析与推导都是建立在这些假设基础上的。

2. 静力学基本公理

力的平行四边形法则是力系简化的基本原理，要重点学习。其余三个公理在平衡计算和受力分析中都经常用到，要熟练运用。

3. 约束和约束力

约束是指限制非自由体某种运动的周围物体，约束力是约束对物体的作用，约束力的方向恒与约束所能阻止的运动方向相反。学习时应熟练掌握光滑面接触约束、柔体约束、光滑铰链约束、链杆约束、轴承约束等。

4. 物体受力分析

物体的受力图是描述物体全部受力情况的计算简图，它是力学计算和结构设计的重要前提。画受力图应明确研究对象（即画分离体图），画出全部的主动力和约束力，对于物体而言，当研究对象发生变化时，应注意外力和内力的区别，内力是不能画在受力图上的，对此应特别引起注意。

5. 杆件变形的基本形式

拉（压）、剪切、扭转和弯曲是杆件的基本变形形式，工程中有许多变形是复杂的，或者说是由这些基本变形叠加而成的，也就是组合变形。杆件的基本变形学好了，后面的组合变形就不难学了。

6. 建筑力学的研究任务

结构的强度、刚度和稳定性是建筑力学研究的主要内容，根据构件的受力特征，三方面内容的研究有所侧重。

资 料 阅 读

上海世博会中国馆

中国馆是上海世博会园区中最重要的场馆之一，于2007年4月25日开始面向所有华人建筑师征集建筑方案，方案主题为"城市发展中的中华智慧"。到 2007 年 6 月 15 日为止，共收到合格应征方案 344 个，最后由评审委员会表决产生了 51 件交流作品、5 件入围作品与 3 件优秀作品。最终的方案以华南理工大学建筑设计院的"东方之冠"为主，并吸纳了清华大学建筑学院简盟工作室和上海建筑设计院的"叠篆"方案以及北京市建筑设计院的"龙"方案。高耸的国家馆与在地面上水平展开的地区馆相呼应，以体现东方哲学中"天"与"地"的对应关系。同时，国家馆的整体造型以中国古代木结构建筑中的斗拱为来源、并从夏商周的青铜器中吸取了灵感，不过并没有相互穿插的梁、拱、楔等部件。

思 考 题

1. 说明下列式子与文字的意义和区别。
  (1) $F_1 = F_2$　　　　(2) $F_1 = F_2$　　　　(3) 力 F_1 等效于力 F_2
2. 为什么说二力平衡原理、加减平衡力系原理和力的可传性等都只能适用于刚体？
3. 试区别 $F_R = F_1 + F_2$ 和 $F_R = F_1 + F_2$ 两个等式代表的意义。
4. 什么叫二力构件？分析二力构件受力时与构件的形状有无关系。
5. 下列说法是否正确？为什么？
  (1) 刚体是指在外力作用下变形很小的物体。
  (2) 凡是两端用铰链连接的直杆都是二力杆。
  (3) 若作用于刚体上的三个力共面且汇交于一点，则刚体一定平衡。
  (4) 若作用于刚体上的三个力共面，但不汇交于一点，则刚体不能平衡。

习 题

1-1　如图 1.25 所示，画出各图中用字母标注的物体的受力图，未画重力的各物体其自重不计，所有接触面均光滑。

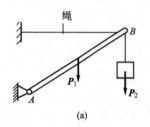
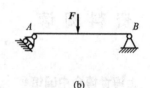
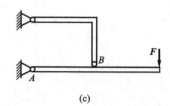

(a)　　　　　　　　(b)　　　　　　　　(c)

图 1.25　习题 1-1 图

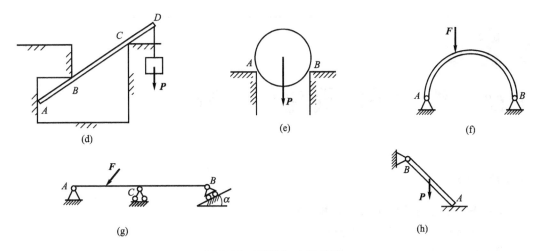

图1.25 习题1-1图(续)

1-2 如图1.26所示,画出其中标注字母物体的受力图及系统整体的受力图,未画重力的各物体其自重不计,所有接触面均光滑接触。

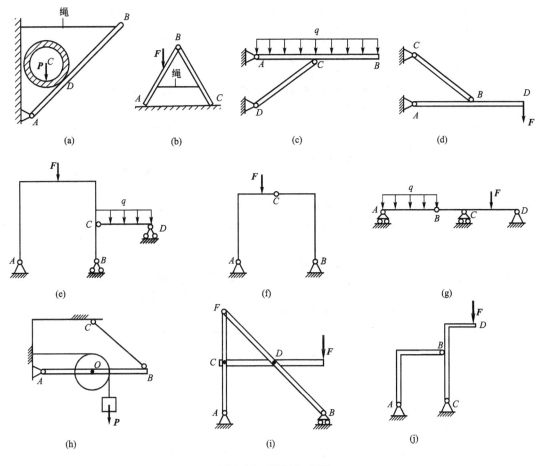

图1.26 习题1-2图

第 2 章
平面一般力系的简化与平衡

教学目标

掌握平面汇交力系的简化与平衡计算
掌握平面力偶系的简化与平衡计算
掌握平面一般力系的简化与平衡计算
重点掌握物体系统的平衡计算

教学要求

知识要点	能力要求	相关知识
平面汇交力系的简化与平衡	(1) 了解力的多边形法则 (2) 了解力的投影的概念 (3) 掌握合矢量投影定理的应用 (4) 掌握解析法	矢量运算 合力、分力的概念
平面力偶系的简化与平衡	(1) 了解力偶的概念及性质 (2) 掌握力矩的计算方法 (3) 掌握合力矩定理的应用	力的概念 右手螺旋法则
平面一般力系的简化与平衡	(1) 掌握力的平移定理 (2) 掌握三种形式的平衡方程计算	静力学公理3 平衡的概念
物体系统的平衡计算	(1) 了解静定与超静定的概念 (2) 掌握物体系统平衡问题的求解方法与思路 (3) 掌握桁架内力的求解方法	约束的概念 平衡的概念

 引言

在工程实际中,作用在物体上的力系多种多样,我们将力的作用线位于同一平面内的力系称为平面一般力系,否则称为空间一般力系。工程中有许多问题都可以简化为平面一般力系问题来解决的。比如屋架,可以将其上的荷载及支座反力视为作用在屋架自身平面内,组成平面一般力系。本章的内容对后续各章的内容以及工程实践中的应用都有着非常重要的意义。

2.1 平面汇交力系

平面汇交力系是作用在平面内的所有力的作用线都汇交于一点的力系，它是平面一般力系的特殊情况。我们通过两种方法——几何法和解析法，讨论该力系的简化（或合成）与平衡问题。

2.1.1 几何法——力多边形法则

1. 力系的简化

合成的理论依据是力的平行四边形法则或三角形法则。

设作用在刚体上汇交于 O 点的力系 F_1、F_2、F_3 和 F_4，如图 2.1(a)所示，求其合力。首先将 F_1 和 F_2 两个力进行合成，将这两个力矢量的大小利用长度比例尺转换成长度单位，依原力矢量方向将两力矢量进行首尾相连，得一折线 abc，再由折线起点向折线终点作有向线段 ac，即将折线 abc 封闭，得合力 F_{12}，有向线段 ac 长度所示的大小为合力的大小，指向为合力的方向，同理，力 F_{12} 与 F_3 的合力为 F_{123}，依次得力系的合力 F_R，如图 2.1(b)所示，可以省略中间求合力的过程，将力矢量 F_1、F_2、F_3 和 F_4 依次首尾相连，得折线 $abcde$，由折线起点向折线终点作有向线段 ae，封闭边 ae 表示其力系合力的大小和方向，且合力的作用线汇交于 O 点，多边形 $abcde$ 称为力的多边形，此法称为力的多边形法则。作图时力的顺序可以是任意的，力的多边形的形状会发生变化，但并不影响合力的大小和方向，如图 2.1(c)所示。

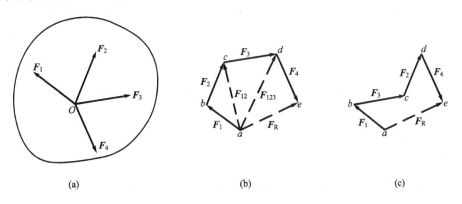

图 2.1 平面汇交力系合成的几何法

推广到由 n 个力 F_1、F_2、$\cdots$、F_n 组成的平面汇交力系，可得如下结论：平面汇交力系的合力是将力系中各力矢量依次首尾相连得折线，并将折线由起点向终点作有向线段，该有向线段（封闭边）表示该力系合力的大小和方向，且合力的作用线通过汇交点。即平面汇交力系的合力等于力系中各力矢量和（又称几何和），表达式为

$$F_R = F_1 + F_2 + \cdots + F_n = \sum_{i=1}^{n} F_i \tag{2-1}$$

此结论可以推广到空间汇交力系,但由于空间力的多边形不是平面图形,且空间图形较复杂,故一般不采用几何法,而采用解析法。

若力系是共线的,它是平面汇交力系的特殊情况,假设沿直线的某一方向规定为力的正方向,与之相反的力为负,其合力应等于力系中各力的代数和,即

$$F_R = \sum_{i=1}^{n} F_i \tag{2-2}$$

【例题 2.1】 吊车钢索连接处有三个共面的绳索,它们分别受拉力 $F_{T1}=3\mathrm{kN}$,$F_{T2}=6\mathrm{kN}$,$F_{T3}=15\mathrm{kN}$;各力的方向如图 2.2(a)所示,试用几何法求力系的合力。

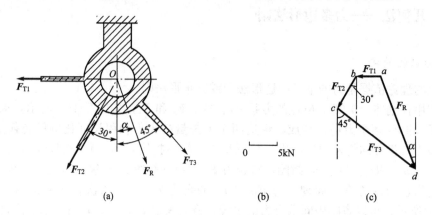

图 2.2 例题 2.1 图

解:

由于三个力汇交于 O 点,构成平面汇交力系。选比例尺,将各力的大小转换成长度单位,如图 2.3(b)所示。在平面上选一点 a 作为力多边形的起点,令 $ab = F_{T1}$,$bc = F_{T2}$,$cd = F_{T3}$,将各力矢量按其方向进行依次首尾相连得折线 $abcd$,并将该折线封闭,便可求得力系合力的大小和方向。量取折线 ad 的长度,如图 2.3(c),并通过比例尺转换成力的单位得到合力的大小,即有

$$F_R = 16.50 \mathrm{kN}$$

合力的方向为过 d 点作一铅垂线,用量角器量取合力与铅垂线的夹角 α,即

$$\alpha = 16°10'$$

合力的作用线通过汇交点 O。

2. 力系的平衡

平面汇交力系平衡的充分必要条件是力系的合力为零。即

$$\sum_{i=1}^{n} F_i = 0 \tag{2-3}$$

由此可以得到力多边形的封闭边应不存在,力的多边形必自行封闭,即力的多边形中第一个力矢量的起点与最后一个力矢量的终点重合。力的多边形自行封闭是平面汇交力系平衡的几何条件。

求解平面汇交力系平衡时,可以用上面方法利用比例尺进行几何作图,量取未知力的大小,还可以利用三角形的边角关系计算未知力的大小。

利用几何法应注意:求合力时合力的指向与各力矢量顺序相反;求平衡时各力矢量顺

序相同。

【例题 2.2】 一钢管放置在 V 形槽内,如图 2.3(a)所示,已知:钢管重 $P=5\text{kN}$,钢管与槽面间的摩擦不计,求槽面对钢管的约束力。

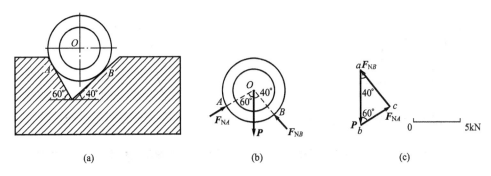

图 2.3 例题 2.2 图

解:

取钢管为研究对象,它所受到的主动力为重力 P 和约束力为 F_{NA} 和 F_{NB},汇交于 O 点,如图 2.3(b)所示。

选比例尺,令 $ab=P$,$bc=F_{NA}$,$ca=F_{NB}$,将各力矢量按其方向进行依次首尾相连得封闭的三角形 abc,如图 2.4(c)所示。量取 bc 边和 ca 边的边长,按照比例尺转换成力的单位,则槽面对钢管的约束力为

$$F_{NA}=bc=3.26\text{kN} \quad F_{NB}=ca=4.40\text{kN}$$

另一解法:利用正弦定理得

$$\frac{F_{NA}}{\sin 40°}=\frac{F_{NB}}{\sin 60°}=\frac{P}{\sin 80°}$$

则约束力为

$$F_{NA}=bc=3.26\text{kN} \quad F_{NB}=ca=4.40\text{kN}$$

2.1.2 解析法

1. 力的投影

力在坐标轴上的投影定义为力矢量与该坐标轴单位矢量的标量积。设任意坐标轴的单位矢量为 e,力 F 在该坐标轴上的投影为

$$F_e = \boldsymbol{F} \cdot \boldsymbol{e} \tag{2-4}$$

在力 F 所在的平面内建立直角坐标系 Oxy,如图 2.4 所示,x 和 y 轴的单位矢量为 i、j,由力的投影定义可知,力 F 在 x 和 y 轴上的投影为

$$\left.\begin{array}{l}F_x=\boldsymbol{F}\cdot\boldsymbol{i}=F\cos(\boldsymbol{F}\cdot\boldsymbol{i})\\F_y=\boldsymbol{F}\cdot\boldsymbol{j}=F\cos(\boldsymbol{F}\cdot\boldsymbol{j})\end{array}\right\} \tag{2-5}$$

式中 $\cos(\boldsymbol{F}\cdot\boldsymbol{i})$、$\cos(\boldsymbol{F}\cdot\boldsymbol{j})$ 分别是力 F 与坐标轴的单位矢量 i、j 的夹角的余弦,称为方向余弦,$(\boldsymbol{F}\cdot\boldsymbol{i})=\alpha$、$(\boldsymbol{F}\cdot\boldsymbol{j})=\beta$ 称为方向角。力的投影可推广到空间坐标系。

如图 2.4 所示,若将力 F 沿直角坐标轴 x 和 y 分解得分力 F_x 和 F_y,则力 F 在直角坐

标系上投影的绝对值与分力的大小相等,但应注意投影和分力是两种不同的量不能混淆。投影是代数量,对物体不产生运动效应;分力是矢量,能对物体产生运动效应;同时在斜坐标系中投影与分力的大小是不相等的,如图 2.5 所示。

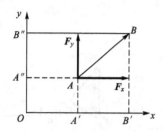 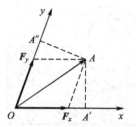

图 2.4　直角坐标系中力的投影　　　　图 2.5　斜坐标系中投影和分力的关系

力 F 在平面直角坐标系中的解析式为

$$F = F_x i + F_y j \tag{2-6}$$

若已知力 F 在平面直角坐标轴上的投影 F_x 和 F_y,则力 F 的大小和方向为

$$\left. \begin{aligned} F &= \sqrt{F_x + F_y} \\ \cos(F \cdot i) &= \frac{F_x}{F},\ \cos(F_R \cdot j) = \frac{F_y}{F} \end{aligned} \right\} \tag{2-7}$$

2. 合矢量投影定理

合矢量投影定理:合矢量在某一轴上的投影等于各分矢量在同一轴投影的代数和,即

$$\left. \begin{aligned} F_{Rx} &= F_{x1} + F_{x2} + \cdots + F_{xn} = \sum_{i=1}^{n} F_{xi} \\ F_{Ry} &= F_{y1} + F_{y2} + \cdots + F_{yn} = \sum_{i=1}^{n} F_{yi} \end{aligned} \right\} \tag{2-8}$$

式中 F_{Rx}、F_{Ry} 为合力 F_R 在 x 和 y 轴上的投影,F_{xi}、F_{yi} 为第 i 个分力在 x 和 y 轴上的投影。

3. 力系的简化

若已知分力在平面直角坐标轴上的投影 F_{xi}、F_{yi},则合力 F_R 的大小和方向为

$$\left. \begin{aligned} F_R &= \sqrt{F_{Rx}^2 + F_{Ry}^2} = \sqrt{\left(\sum_{i=1}^{n} F_{xi}\right)^2 + \left(\sum_{i=1}^{n} F_{yi}\right)^2} \\ \cos(F_R \cdot i) &= \frac{F_{Rx}}{F_R} = \frac{\sum_{i=1}^{n} F_{xi}}{F_R},\ \cos(F_R \cdot j) = \frac{F_{Ry}}{F_R} = \frac{\sum_{i=1}^{n} F_{yi}}{F_R} \end{aligned} \right\} \tag{2-9}$$

4. 力系的平衡

平面汇交力系平衡的充分必要条件是平面汇交力系的合力为零。由式(2-9)得

$$F_R = \sqrt{F_{Rx}^2 + F_{Ry}^2} = \sqrt{\left(\sum_{i=1}^{n} F_{xi}\right)^2 + \left(\sum_{i=1}^{n} F_{yi}\right)^2} = 0$$

从而得平面汇交力系平衡方程:

$$\sum_{i=1}^{n} F_{xi} = 0; \quad \sum_{i=1}^{n} F_{yi} = 0 \qquad (2-10)$$

平面汇交力系平衡的解析条件是：力系中各力在直角坐标轴上投影的代数和为零。此方程式(2-10)为两个独立的方程，可求解两个未知力。为简便起见方程中可忽略下角标 i。

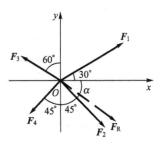

图 2.6 例题 2.3 图

【例题 2.3】 已知 $F_1=200\mathrm{N}$、$F_2=200\mathrm{N}$、$F_3=100\mathrm{N}$、$F_4=100\mathrm{N}$，如图 2.6 所示，求此平面汇交力系的合力。

解：

根据式(2-8)得

$$F_{Rx} = \sum_{i=1}^{n} F_{xi} = F_1\cos30° + F_2\cos45° - F_3\cos30° - F_4\cos45° = 157.31(\mathrm{N})$$

$$F_{Ry} = \sum_{i=1}^{n} F_{yi} = F_1\cos60° - F_2\cos45° + F_3\cos60° - F_4\cos45° = -62.13(\mathrm{N})$$

$$F_R = \sqrt{F_{Rx}^2 + F_{Ry}^2} = \sqrt{\left(\sum_{i=1}^{n} F_{xi}\right)^2 + \left(\sum_{i=1}^{n} F_{yi}\right)^2} = 169.13(\mathrm{N})$$

$$\cos(\boldsymbol{F}_R \cdot \boldsymbol{i}) = \frac{F_{Rx}}{F_R} = \frac{\sum_{i=1}^{n} F_{xi}}{F_R} = \frac{157.31}{169.13} = 0.9301$$

$$\cos(\boldsymbol{F}_R \cdot \boldsymbol{j}) = \frac{F_{Ry}}{F_R} = \frac{\sum_{i=1}^{n} F_{yi}}{F_R} = \frac{-62.13}{169.13} = -0.3674$$

方向角 $\alpha = (\boldsymbol{F}_R \cdot \boldsymbol{i}) = \pm 21.55°$，$\beta = (\boldsymbol{F}_R \cdot \boldsymbol{j}) = 180° \pm 68.45°$，合力的指向为第Ⅳ象限，与 x 轴夹角为 $-21.55°$。

【例题 2.4】 支架 ABC 的 B 端用绳子悬挂滑轮，如图 2.7(a)所示，滑轮的一端起吊重为 $P=20\mathrm{kN}$ 的物体，绳子的另一端接在绞车 D 上。设滑轮的大小、AB 与 CB 杆的自重及摩擦均不计，当物体处于平衡状态时，求拉杆 AB 和支杆 CB 所受的力。

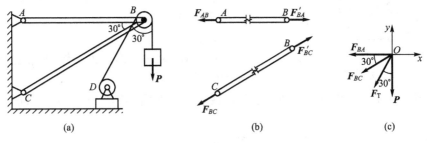

图 2.7 例题 2.4 图

解：

(1) 确定研究对象，进行受力分析。由于滑轮的大小、AB 与 CB 杆的自重均不计，因此 AB 与 CB 杆为二力杆，可以看出，若忽略滑轮的直径，在 B 点构成平面汇交力系，如图 2.7(c)所示。

(2) 建立坐标系，列平衡方程。由于绳子的拉力 $F_T = P$，未知力为作用在 B 点的 $\boldsymbol{F}_{BA}$

和 F_{BC}，列平面汇交力系的平衡方程：

$$\sum_{i=1}^{n} F_{xi} = 0, \quad -F_{BA} - F_{BC}\cos 30° - F_T\cos 60° = 0 \qquad (a)$$

$$\sum_{i=1}^{n} F_{yi} = 0, \quad -F_{BC}\cos 60° - F_T\cos 30° - P = 0 \qquad (b)$$

(3) 解方程。由式(a)和式(b)解得

$$F_{BA} = 54.64 \text{kN} \quad F_{BC} = -74.64 \text{kN}$$

F_{BA} 为正值，说明原假设与实际方向相同，即为拉力，F_{BC} 为负值说明原假设与实际方向相反，即为压力。由作用力与反作用力定律可知，拉杆 AB 和支杆 CB 所受到的力与 B 点所受到的力 F_{BA} 和 F_{BC} 数值相等，方向相反。即 AB 杆为拉杆，BC 杆为压杆。

2.2 平面力偶系

力对刚体的作用使刚体产生两种运动效应，即移动效应和转动效应。在平面力系中描述力对刚体的转动效应有两种物理量，它们是力对点之矩和力偶矩。如果平面力系是由 n 个力偶组成的，则称该力系为平面力偶系，下面讨论平面力偶系的简化和平衡问题。

2.2.1 力对点之矩的概念

1. 力矩的概念

如图 2.8 所示，在力 F 所在的平面内，力 F 对平面内任意点 O 的矩定义为：力 F 的大小与矩心点 O 到力 F 作用线的距离 h 的乘积，它是代数量。其符号规定为：力使物体绕矩心逆时针转动时为正，顺时针转动时为负。h 称为力臂，力矩用 $M_O(F)$ 表示，即

$$M_O(F) = \pm Fh = \pm 2 \triangle OAB \text{ 的面积} \qquad (2-11)$$

单位：N·m 或 kN·m。

特殊情况：

(1) 当 $M_O(F) = 0$ 时，力的作用线通过矩心即力臂 $h = 0$，或 $F = 0$。

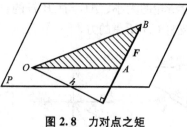

图 2.8 力对点之矩

(2) 当力臂 h 为常量时，$M_O(F)$ 值为常数，即力 F 沿其作用线滑动，对同一点的矩为常数。

应当指出，力对点之矩与矩心的位置有关，计算力对点的矩时应指出矩心点。

2. 合力矩定理

平面汇交力系的合力对力系所在平面内任一点之矩等于力系中各力对同一点矩的代数和。即

$$M_O(F_R) = \sum_{i=1}^{n} M_O(F_i) \qquad (2-12)$$

根据此定理，如图 2.9 所示，将力 F 沿坐标轴分解得分力 F_x、F_y，则力对点之矩的解析表达式为

$$M_O(\boldsymbol{F}) = xF_y - yF_x \tag{2-13}$$

合力对点之矩的解析表达式为

$$M_O(\boldsymbol{F}_R) = \sum_{i=1}^{n}(x_i F_{yi} - y_i F_{xi}) \tag{2-14}$$

【例题 2.5】 简支梁受三角形荷载作用，最大荷载集度为 $q_0(\text{N/m})$，如图 2.10 所示，求其合力的大小和作用线位置。

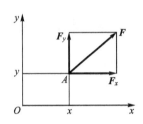

图 2.9 力 F 沿坐标的分力

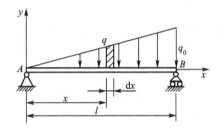

图 2.10 例题 2.5 图

解：

设梁距 A 端 x 处的荷载集度为 q，其值为 $q = \dfrac{x}{l}q_0$，则微段 dx 上所受的力为

$$dF = q\,dx = \dfrac{x}{l}q_0\,dx$$

则简支梁所受三角形荷载的合力为

$$F = \int_0^l q\,dx = \int_0^l \dfrac{x}{l}q_0\,dx = \dfrac{1}{2}ql \tag{a}$$

设合力作用线距 A 端为 d，由合力矩定理得

$$Fd = \int_0^l qx\,dx = \int_0^l \dfrac{x}{l}q_0 x\,dx \tag{b}$$

将式(a)代入式(b)得合力作用线距 A 端的距离为

$$d = \dfrac{2}{3}l \tag{c}$$

2.2.2 平面力偶的概念

1. 力偶的概念

由两个大小相等、方向相反且不共线的平行力组成的力系称为力偶，记作 $(\boldsymbol{F}, \boldsymbol{F}')$。如图 2.11 所示，力偶所在的平面称为力偶的作用面，力偶中的两个力之间的垂直距离 d 称为力偶臂。

在实际中，我们双手驾驶转向盘(见图 2.12)、两个手指拧钢笔帽等都是力偶的作用。力偶对物体的转动效应用力偶矩来描述。

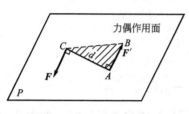
图 2.11　力偶的定义

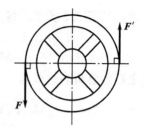
图 2.12　作用在转向盘上的力偶

2. 力偶矩的概念

力偶矩等于力偶中力的大小与力偶臂的乘积，它是代数量。其符号规定为：力偶使物体逆时针转动时为正，顺时针转动的为负，用 M 表示，即

$$M=\pm Fd=\pm 2\triangle ABC \text{ 的面积} \tag{2-15}$$

力偶矩的单位：N·m 或 kN·m。

3. 平面力偶的性质

平面力偶的性质是力偶没有合力，因此不能与一个力等效；力偶只能与一个力偶等效；力偶矩与矩心点位置无关。

平面力偶的等效定理：在同一平面内两个力偶等效的必要与充分条件是两个力偶矩相等。

由此定理可得如下推论：

（1）当保持力偶矩不变的情况下，力偶可在其作用面内任意移转，而不改变它对刚体的作用。

（2）当保持力偶矩不变的情况下，可以同时改变力偶中力的大小和力偶臂的长度，而不改变它对刚体的作用。

对力偶而言，无须知道力偶中力的大小和力偶臂的长度，只需知道力偶矩就可以了。由此可见，力偶是自由矢量，力和力偶臂是力偶的两个基本要素。力偶矩的表达如图 2.13 所示。

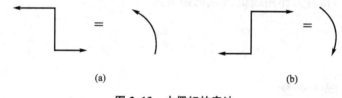
图 2.13　力偶矩的表达

2.2.3　平面力偶系的简化与平衡

1. 力偶系的简化

作用在同一平面上一组力偶的总称为平面力偶系，由上面力偶的等效定理得平面力偶系可以合成为一个合力偶，合力偶矩等于力偶系中各力偶矩的代数和，即

$$M = \sum_{i=1}^{n} M_i \qquad (2-16)$$

2. 力偶系的平衡

平面力偶系平衡的充分必要条件是合力偶矩等于零，即力偶系中各力偶矩的代数和等于零

$$\sum_{i=1}^{n} M_i = 0 \qquad (2-17)$$

式(2-17)为平面力偶系的平衡方程。由于只有一个平衡方程，因此只能求解一个未知量。

【例题 2.6】 如图 2.14(a)所示的简支梁，受力偶矩 M 的作用，试求支座处的约束力。

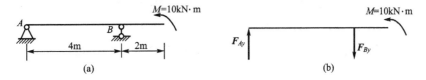

图 2.14 例题 2.6 图

解：

(1) 选杆 AB 为研究对象。由于支座 B 为链杆支座，其约束力 F_{By} 与 A 处的约束力 F_{Ay} 构成一个力偶且与外力偶 M 平衡，则 F_{By} 铅垂向下，F_{Ay} 铅垂向上，如图 2.14(b)所示。

(2) 列力偶的平衡方程：

$$\sum_{i=1}^{n} M_i = 0, \quad M - F_{Ay} \times 4 = 0$$

解得支座 A、B 处约束力为

$$F_{Ay} = F_{By} = 2.5 \text{kN}$$

方向如图 2.14(b)所示。

【例题 2.7】 如图 2.15(a)所示，在杆 AB 上作用力偶矩 M_1 为 $8\text{kN} \cdot \text{m}$，杆 AB 长为 1m，CD 长为 0.8m，要使机构保持平衡，试求作用在杆 CD 上的力偶 M_2。

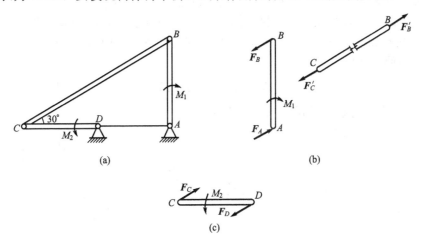

图 2.15 例题 2.7 图

解：

(1) 选杆 AB 为研究对象。由于 BC 是二力杆，因此杆 AB 的两端受有沿 BC 的约束力 F_A 和 F_B，构成力偶，如图 2.15(b)所示。列力偶的平衡方程

$$\sum_{i=1}^{n} M_i = 0, \quad F_A \cdot 1\sin 60° - M_1 = 0 \tag{a}$$

解得

$$F_B = F_A = \frac{M_1}{1 \cdot \sin 60°} = \frac{8 \times 2}{\sqrt{3}} \text{kN} = 9.24 \text{kN}$$

(2) 选杆 CD 为研究对象，受力如图 2.15(c)所示，列力偶的平衡方程：

$$\sum_{i=1}^{n} M_i = 0, \quad M_2 - F_C \cdot 0.8\sin 30° = 0 \tag{b}$$

由于 $F_A = F_B = F'_B = F'_C = F_C = F_D$，则得

$$M_2 = F_C \cdot 0.8\sin 30° = 9.24 \times 0.8\sin 30° \text{kN} \cdot \text{m} = 3.7 \text{kN} \cdot \text{m}$$

2.3 平面一般力系

前面已经讨论了平面汇交力系和平面力偶系的简化和平衡问题，它们都是平面一般力系的特殊情况，本节将讨论平面一般力系的简化和平衡问题，它是后续各章的基础，要求重点掌握。

2.3.1 力的平移定理

我们研究复杂力系总是希望用简单力系等效替换，应用力的平移定理对所研究的复杂力系进行简化，此法具有一般性。

力的平移定理：作用在刚体上任意点 A 的力 F 可以平行移到另一点 B，只需附加一个力偶，此力偶的矩等于原来的力 F 对平移点 B 的矩。

证明：如图 2.16(a)所示，作用在刚体上任意点 A 的力 F，由加减平衡力系原理，在刚体的另一点 B 加上平衡力系 $F' = -F''$，并令 $F = F' = -F''$ 如图 2.16(b)所示，则 F 和 F'' 构成一个力偶，其矩为

$$M = \pm Fd = M_B(\boldsymbol{F}) \tag{2-18}$$

则力 F 平行移到另一点 B，如图 2.16(c)所示。

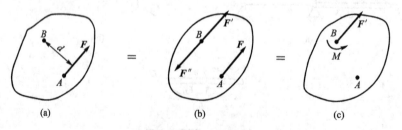

图 2.16 力的平移

此定理的逆过程为作用在刚体上一点的一个力和一个力偶可以与一个力等效,此力为原来力系的合力。

2.3.2 平面一般力系的简化

1. 力系的简化

设刚体上作用有 n 个力 F_1、F_2、$\cdots$、F_n 组成的平面一般力系,如图 2.17(a)所示,在力系所在的平面内任取点 O 作为简化中心,由力的平移定理将力系中各力矢量向 O 点平移,如图 2.17(b)所示,得到作用于简化中心 O 点的平面汇交力系 F_1'、F_2'、$\cdots$、F_n' 和附加平面力偶系,其矩为 M_1、M_2、$\cdots$、M_n。

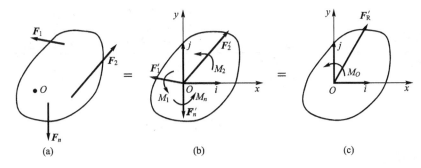

图 2.17 平面一般力系向任意一点简化

平面汇交力系 F_1'、F_2'、$\cdots$、F_n' 可以合成为作用线通过简化中心 O 的一个力 F_R',此力称为原力系的主矢,即主矢等于力系中各力的矢量和

$$F_R' = F_1' + F_2' + \cdots + F_n' = F_1 + F_2 + \cdots + F_n = \sum_{i=1}^{n} F_i \tag{2-19}$$

平面力偶系 M_1、M_2、$\cdots$、M_n 可以合成一个力偶,其矩为 M_O,此力偶矩称为原力系的主矩,即主矩等于力系中各力矢量对简化中心矩的代数和

$$M_O = M_1 + M_2 + \cdots + M_n = \sum_{i=1}^{n} M_O(F_i) \tag{2-20}$$

结论:平面任意一般力系向力系所在平面内任意点简化,得到一个力和一个力偶,如图 2.17(c)所示,此力称为原力系的主矢,与简化中心的位置无关;此力偶矩称为原力系的主矩,与简化中心的位置有关。

利用平面汇交力系和平面力偶系的合成方法,可求出力系的主矢和主矩。如图 2.17(c)所示,建立直角坐标系 Oxy,主矢的大小和方向余弦为

$$F_R = \sqrt{F_{Rx}'^2 + F_{Ry}'^2} = \sqrt{\left(\sum_{i=1}^{n} F_{xi}\right)^2 + \left(\sum_{i=1}^{n} F_{yi}\right)^2} \tag{2-21}$$

$$\cos(F_R \cdot i) = \frac{F_{Rx}'}{F_R'} = \frac{\sum_{i=1}^{n} F_{xi}}{F_R}, \quad \cos(F_R \cdot j) = \frac{F_{Ry}'}{F_R'} = \frac{\sum_{i=1}^{n} F_{yi}}{F_R} \tag{2-22}$$

主矩的解析表达式为

$$M_O(\boldsymbol{F}_R) = \sum_{i=1}^{n}(x_i F_{yi} - y_i F_{xi}) \qquad (2-23)$$

2. 力系简化的应用

工程中经常可以遇见这样的情况：一物体的一段插入到另一个物体上的，如图 2.18(a) 所示，我们称这种装置为固定端约束。固定端约束的受力特点是：物体的插入端受一个平面一般力系的约束力，如图 2.18(b) 所示，它使被约束的物体既不能沿某一方向移动，又不能绕某一点转动。因此由平面任意力系简化理论可知，将固定端处的约束力向固定端点 A 处简化，得到一个力 $\boldsymbol{F}_A$ 和一个力偶 $\boldsymbol{M}_A$，如图 2.18(c) 所示。一般将力 $\boldsymbol{F}_A$ 分解为正交反量 $\boldsymbol{F}_{Ax}$ 和 $\boldsymbol{F}_{Ay}$，如图 2.18(d) 所示。

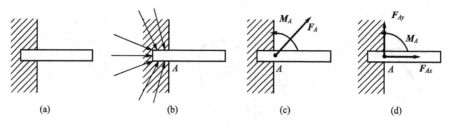

图 2.18 固定端及约束力

3. 力系简化结果的讨论

① 当 $\boldsymbol{F}_R' = 0$，$\boldsymbol{M}_O \neq 0$ 时，简化为一个力偶。此时的力偶矩与简化的位置无关，主矩 $\boldsymbol{M}_O$ 为原力系的合力偶矩。

② 当 $\boldsymbol{F}_R' \neq 0$，$\boldsymbol{M}_O = 0$ 时，简化为一个力。此时的主矢为原力系的合力，合力的作用线通过简化中心。

③ 当 $\boldsymbol{F}_R' \neq 0$，$\boldsymbol{M}_O \neq 0$ 时，简化为一个力，此时的主矢为原力系的合力，合力的作用线到 O 点的距离 d 为

$$d = \frac{M_O}{F_R'}$$

如图 2.19 所示，合力对 O 点的矩为

$$M_O(\boldsymbol{F}_R) = F_R d = M_O = \sum_{i=1}^{n} M_O(\boldsymbol{F}_i) \qquad (2-24)$$

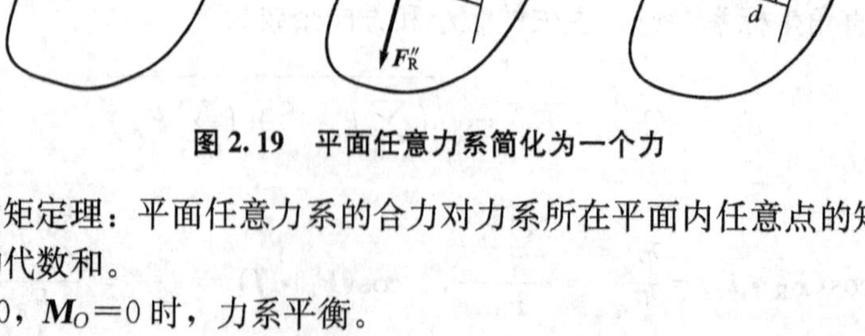

图 2.19 平面任意力系简化为一个力

于是得合力矩定理：平面任意力系的合力对力系所在平面内任意点的矩等于力系中各力对同一点矩的代数和。

④ 当 $\boldsymbol{F}_R' = 0$，$\boldsymbol{M}_O = 0$ 时，力系平衡。

由上面②、③可以看出不论主矩是否等于零，只要主矢不等于零，力系最终简化为一个合力。

【例题 2.8】 重力水坝受力情况及几何尺寸如图 2.20(a)所示。已知 $P_1=300\text{kN}$，$P_2=100\text{kN}$，$q_0=100\text{kN/m}$，试求力系向 O 点简化的结果以及合力作用线的位置。

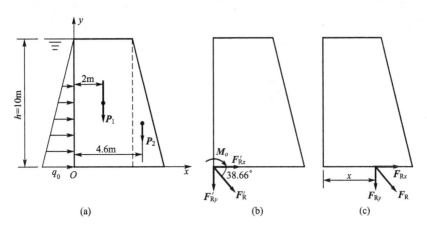

图 2.20 例题 2.8 图

解：

(1) 将力系向 O 简化，求得主矢量 $\boldsymbol{F}'_R$ 和主矩 M_O，即

主矢量 $\boldsymbol{F}'_R$ 在 x、y 轴上的投影为

$$F'_{Rx}=\sum_{i=1}^{n}F_{xi}=\frac{1}{2}q_0 h=\frac{1}{2}\times 100\times 10\text{kN}=500\text{kN}$$

$$F'_{Ry}=\sum_{i=1}^{n}F_{yi}=-P_1-P_2=-300\text{kN}-100\text{kN}=-400\text{kN}$$

主矢量 $\boldsymbol{F}'_R$ 的大小为

$$F'_R=\sqrt{F'^2_{Rx}+F'^2_{Ry}}=\sqrt{(500)^2+(-400)^2}\text{kN}=640.3\text{kN}$$

主矢量 $\boldsymbol{F}'_R$ 的方向余弦为

$$\cos(\boldsymbol{F}'_R,\boldsymbol{i})=\frac{F'_{Rx}}{F'_R}=\frac{\sum_{i=1}^{n}F_{xi}}{F_R}=\frac{500}{640.3}=0.7809$$

$$\cos(\boldsymbol{F}'_R,\boldsymbol{j})=\frac{F'_{Ry}}{F'_R}=\frac{\sum_{i=1}^{n}F_{yi}}{F_R}=\frac{-400}{640.3}=-0.6247$$

则方向角为

$$\angle(\boldsymbol{F}'_R,\boldsymbol{i})=\pm 38.66°，\quad \angle(\boldsymbol{F}'_R,\boldsymbol{j})=180°\pm 51.34°$$

故主矢量 $\boldsymbol{F}'_R$ 在第Ⅳ象限内，与 x 轴的夹角为 $-38.66°$。

力系对简化中心 O 点的主矩 M_O 为

$$M_O(\boldsymbol{F}_R)=\sum_{i=1}^{n}M_O(\boldsymbol{F}_i)=-\frac{1}{2}q_0 h\cdot\frac{1}{3}h-2P_1-4.6P_2$$

$$= \left(-\frac{1}{2} \times 100 \times 10 \times \frac{1}{3} \times 10 - 2 \times 300 - 4.6 \times 100\right) \text{kN} \cdot \text{m}$$
$$= -2726.7 \text{kN} \cdot \text{m}$$

主矢量 F'_R 和主矩 M_O 方向如图 2.20(b)所示。

(2) 求合力 F_R 作用线的位置。由于合力 F_R 与主矢量 F'_R 大小相等方向相同，其合力 F_R 作用线与 x 轴交点坐标可根据合力矩定理求得，如图 2.20(c)所示，即

$$M_O = M_O(F_R) = M_O(F_{Rx}) + M_O(F_{Ry}) = F_{Ry} \cdot x$$

解得

$$x = \frac{M_O}{F_{Ry}} = \frac{-2726.7}{-400} \text{m} = 6.8 \text{m}$$

合力 F_R 作用线的位置如图 2.20(c)所示。

2.3.3 平面一般力系的平衡

1. 平衡方程的基本式

平面一般力系平衡的充分必要条件：力系的主矢和对任意点的主矩均等于零，即

$$F'_R = 0, \quad M_O = 0 \tag{2-25}$$

由式(2-20)和式(2-21)得

$$\sum_{i=1}^{n} M_O(F_i) = 0; \quad \sum_{i=1}^{n} F_{xi} = 0; \quad \sum_{i=1}^{n} F_{yi} = 0 \tag{2-26}$$

于是得平面一般力系平衡的解析条件：平面一般力系中各力向力系所在平面的任意两个轴投影的代数和为零，各力对任意点的矩的代数和为零。式(2-26)为平面一般力系平衡方程的基本式。注意：平衡方程是三个独立方程，所以最多只能求解三个未知力。

2. 平衡方程的二矩式

平衡方程的二矩式为

图 2.21 二矩式的平衡条件

$$\sum_{i=1}^{n} M_A(F_i) = 0; \quad \sum_{i=1}^{n} M_B(F_i) = 0; \quad \sum_{i=1}^{n} F_{xi} = 0 \tag{2-27}$$

其应用条件是，x 轴不能与 A、B 连线垂直。如图 2.21 所示，式(2-27)前两式为合力矩等于零，说明合力的作用线通过 A、B 两点连线，但 x 轴不能与 A、B 连线垂直，以保证力系中的合力为零。

3. 平衡方程的三矩式

平衡方程的三矩式为

$$\sum_{i=1}^{n} M_A(F_i) = 0; \quad \sum_{i=1}^{n} M_B(F_i) = 0; \quad \sum_{i=1}^{n} M_C(F_i) = 0 \tag{2-28}$$

其应用条件是，A、B、C 三点不能共线。

应当注意，平面一般力系平衡方程有三种形式，求解时应根据具体问题而定，只能选择其中的一种形式，并且注意只能建立三个平衡方程，求解三个未知力。若列四个方程，

则其中一定有一个方程是不独立的,是其余三个方程的线性表示;在求建立平衡方程时,尽量在一个方程中只含有一个未知力,这样避免联立求解。另外,力矩方程中不仅包括各力对简化中心的矩,还包括力小中力偶矩。

【例题 2.9】 水平梁 AB,A 端为固定铰支座,B 端为水平面上的滚动铰支座,受力 q,$M=qa^2$,几何尺寸如图 2.22(a)所示,试求 A、B 端的约束力。

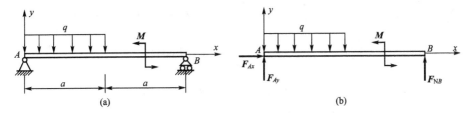

图 2.22 例题 2.9 图

解:

(1) 选梁 AB 为研究对象,设作用于它的主动力有:均布荷载 q,力偶矩为 M;约束力为固定铰支座 A 端的 $\boldsymbol{F}_{Ax}$、$\boldsymbol{F}_{Ay}$ 两个分力,滚动铰支座 B 端的铅垂向上的法向力 $\boldsymbol{F}_{NB}$,如图 2.22 (b)所示。

(2) 建立坐标系,列平衡方程:

$$\sum_{i=1}^n M_A(\boldsymbol{F}_i)=0, \quad F_{NB}\cdot 2a+M-\frac{1}{2}qa^2=0 \tag{a}$$

$$\sum_{i=1}^n F_{xi}=0, \quad F_{Ax}=0 \tag{b}$$

$$\sum_{i=1}^n M_B(\boldsymbol{F}_i)=0, \quad F_{Ay}\cdot 2a-M-\frac{3}{2}qa=0 \tag{c}$$

由式(a)、式(b)、式(c)解得 A、B 端的约束力为

$$F_{NB}=-\frac{qa}{4}(\downarrow), \quad F_{Ax}=0, \quad F_{Ay}=\frac{5qa}{4}(\uparrow)$$

负号说明假设方向与实际方向相反。

【例题 2.10】 如图 2.23(a)所示的刚架,已知:$q=3\text{kN/m}$,$F=6\sqrt{2}\text{kN}$,$M=10\text{kN}\cdot\text{m}$,不计刚架的自重,试求固定端 A 的约束力。

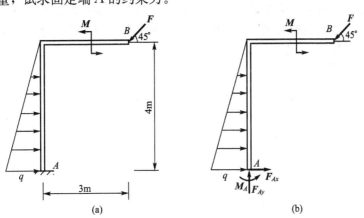

图 2.23 例题 2.10 图

解：

(1) 选刚架 AB 为研究对象，作用于它的主动力有：三角形荷载 q、集中荷载 F、力偶矩 M；约束力为固定端 A 两个垂直分力 F_{Ax}、F_{Ay} 和力偶矩 M_A，假定的束力的方向如图 2.23(b)所示。

(2) 建立坐标系，列平衡方程：

$$\sum_{i=1}^{n} M_A(\boldsymbol{F}_i) = 0, \quad M_A - \frac{1}{2}q \times 4 \times \frac{1}{3} \times 4 + M - 3F\sin 45° + 4F\cos 45° = 0 \quad \text{(a)}$$

$$\sum_{i=1}^{n} F_{xi} = 0, \quad F_{Ax} + \frac{1}{2}q \times 4 - F\cos 45° = 0 \quad \text{(b)}$$

$$\sum_{i=1}^{n} F_{yi} = 0, \quad F_{Ay} - F\sin 45° = 0 \quad \text{(c)}$$

由式(a)、式(b)、式(c)解得固定端 A 的约束力为

$$F_{Ax} = 0, \quad F_{Ay} = 6\text{kN}(\uparrow), \quad M_A = -8\text{kN}\cdot\text{m} \quad (\text{顺时针})$$

【例题 2.11】 如图 2.24(a)所示的起重机平面简图，A 端为止推轴承，B 端为向心轴承，起重机自重为 $P_1 = 40\text{kN}$，起吊重物的重量为 $P_2 = 100\text{kN}$，几何尺寸如图，试求 A、B 端的约束力。

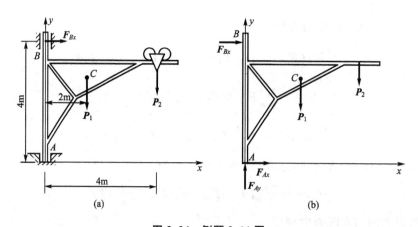

图 2.24 例题 2.11 图

解：

(1) 选起重机 AB 为研究对象，作用在它上的主动力有：起重机的重力 P_1 和起吊重物的重力 P_2；xy 平面力的约束力为止推轴承 A 端的 F_{Ax}、F_{Ay} 两个分力，向心轴承 B 端的垂直轴的力 F_{Bx}，如图 2.24(b)所示。

(2) 建立坐标系，列平衡方程：

$$\sum_{i=1}^{n} M_A(\boldsymbol{F}_i) = 0, \quad -4F_{Bx} - 2P_1 - 4P_2 = 0 \quad \text{(a)}$$

$$\sum_{i=1}^{n} M_B(\boldsymbol{F}_i) = 0, \quad 4F_{Ax} - 2P_1 - 4P_2 = 0 \quad \text{(b)}$$

$$\sum_{i=1}^{n} F_{yi} = 0, \quad F_{Ay} - P_1 - P_2 = 0 \quad \text{(c)}$$

由式(a)、式(b)、式(c)解得 A、B 端的约束力为

$$F_{Bx} = -120\text{kN}(\leftarrow), \quad F_{Ax} = 120\text{kN}(\rightarrow), \quad F_{Ay} = 140\text{kN}(\uparrow)$$

2.4 平面平行力系

设在 Oxy 坐标系下，有一组力的作用线均与 y 轴平行的力系 F_1、F_2、$\cdots$、F_n，如图 2.25 所示，此力系称为平面平行力系，若力系平衡，则上述式(2-26)方程变为

$$\sum_{i=1}^{n} M_O(\boldsymbol{F}_i) = 0; \quad \sum_{i=1}^{n} F_{yi} = 0 \tag{2-29}$$

则式(2-27)方程变为

$$\sum_{i=1}^{n} M_A(\boldsymbol{F}_i) = 0; \quad \sum_{i=1}^{n} M_B(\boldsymbol{F}_i) = 0 \tag{2-30}$$

其中 A、B 连线不能与力的作用线平行。

因此平面平行力系的平衡方程共有两种形式，每种形式只能列两个方程，解两个未知力。

【例题 2.12】 行走式起重机如图 2.26(a)所示，设机身的重量为 $P_1 = 500\text{kN}$，其作用线距右轨的距离为 $e = 1\text{m}$，起吊的最大重量为 $P_2 = 200\text{kN}$，其作用线距右轨的最远距离为 $l = 10\text{m}$，两个轮距为 $b = 3\text{m}$，试求使起重机满载和空载不至于翻倒时，起重机平衡重 P 的大小，设平衡重 P 的作用线距左轨的距离为 $a = 4\text{m}$。

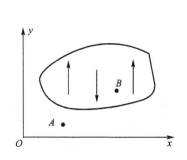

图 2.25 平面平行力系

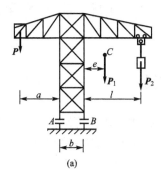 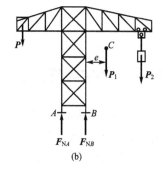

图 2.26 例题 2.12 图

解：

(1) 选起重机为研究对象，作用在它上的主动力有：起重机机身的重力 P_1、起吊重物的重力 P_2 及平衡重 P；约束力为 A 端 F_{NA}，B 端 F_{NB}，该力系为平面平行力系，如图 2.26(b)所示。

(2) 列平衡方程。

当满载时：

$$\sum_{i=1}^{n} M_B(\boldsymbol{F}_i) = 0, \quad (a+b)P - eP_1 - lP_2 - bF_{NA} = 0 \tag{a}$$

使起重机满载不至于翻倒的条件为

$$F_{NA} \geqslant 0$$

从而由式(a)有

$$F_{NA} = \frac{1}{b}[(a+b)P - eP_1 - lP_2] \geqslant 0$$

解得平衡重 P 的大小为

$$P \geqslant \frac{eP_1+lP_2}{a+b}=\frac{1\times500+10\times200}{4+3}\text{kN}=357.14\text{kN} \tag{b}$$

当空载时：

$$\sum_{i=1}^{n}M_A(\boldsymbol{F}_i)=0, \quad aP-(e+b)P_1+bF_{NB}=0 \tag{c}$$

使起重机空载不至于翻倒的条件为

$$F_{NB}\geqslant 0$$

从而由式(c)有

$$F_{NB}=\frac{1}{b}[(e+b)P_1-aP]\geqslant 0$$

解得平衡重 P 的大小为

$$P\leqslant\frac{(e+b)P_1}{a}=\frac{(1+3)\times 500}{4}\text{kN}=500\text{kN} \tag{d}$$

因此由式(b)和式(d)得起重机平衡重 P 值范围

$$357.14\text{kN}\leqslant P\leqslant 500\text{kN}$$

2.5 物体系统的平衡问题

2.5.1 静定与超静定的概念

工程中，如刚架结构、三铰拱、桁架等结构，它们都是由几个物体通过某种连接方式组成的物体系统。物体系统全部未知力的数目与所列的平衡方程的数目相等，此类问题称为静定问题；物体系统全部未知力的数目多于所列的平衡方程的数目，此类问题为静不定问题，又称超静定问题。求解超静定问题时，需要引入相应的变形与力之间关系的补充方程，才能求解，这将在后续各章中学习。

下面通过例题，分析求解物体系统的平衡问题。

2.5.2 平面静定结构的平衡问题

1. 连续梁

所谓连续梁，就是由两个或两个以上简单梁铰接而成的多跨梁。在计算这类物体的平衡问题时，首先分清主梁和次梁，主梁就是不依附于其他梁而能独立承载的梁，否则就是次梁；然后，取次梁为研究对象，因为它是静定的；最后取整体或其他梁为研究对象。下面通过例题说明。

【例题 2.13】 水平梁是由 AB、BC 两部分组成的，A 处为固定端约束，B 处为铰链连接，C 端为滚动铰支座，已知：$F=10\text{kN}$，$q=20\text{kN/m}$，$M=10\text{kN}\cdot\text{m}$，如图 2.27(a)所示，试求 A、C 处的约束力。

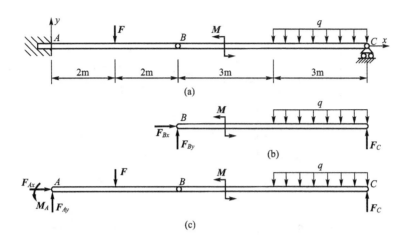

图 2.27 例题 2.13 图

解：

(1) 分析：物体系统有两个构件，故所能列的平衡方程的数目是 $3 \times 2 = 6$ 个；作用于系统上的所有约束力个数是 6 个（A 处是 3 个，B 处是 2 个，C 处是 1 个）因此，该问题是静定问题。

(2) BC 梁是次梁，首先取 BC 梁为研究对象。如图 2.27(b) 所示，列平衡方程：

$$\sum M_B(\boldsymbol{F}_i) = 0, \quad 6F_C + M - 3q \times \left(3 + \frac{3}{2}\right) = 0 \tag{a}$$

解得

$$F_C = 43.33 \text{kN}$$

(3) 取整体为研究对象。如图 2.27(c) 所示，列平衡方程：

$$\sum M_A = 0, \quad M_A - 2F + 10F_{NC} + M - 3q \times \left(7 + \frac{3}{2}\right) = 0$$

$$\sum F_x = 0, \quad F_{Ax} = 0$$

$$\sum F_y = 0, \quad F_{Ay} - F - 3q + F_C = 0$$

解得 A、C 端的约束力为

$$F_{Ax} = 0, \quad F_{Ay} = 26.67 \text{kN}(\uparrow), \quad M_A = 86.7 \text{kN} \cdot \text{m}(\curvearrowleft)$$

结果为正值，说明假设的约束力方向与实际方向一致。

读者可以分析一下，如果先取 AB 或整体为研究对象，结果会怎样？

2. 连续刚架

连续刚架就是由几个简单刚架铰接而成的结构。它的求解思路与连续梁的求解思路类似。

【例题 2.14】 连续刚架是由三个刚架铰接而成，其中 A、D 为固定铰支座，E 为滚动铰支座，B、C 为铰链，受力及几何尺寸如图 2.28(a) 所示，试求 A、D、E 处的约束力。

解：

(1) 取 CE 为研究对象，受力如图 2.28(b) 所示。列平衡方程：

$$\sum M_C(\boldsymbol{F}_i) = 0, \quad aF_E - \frac{1}{2}qa^2 = 0$$

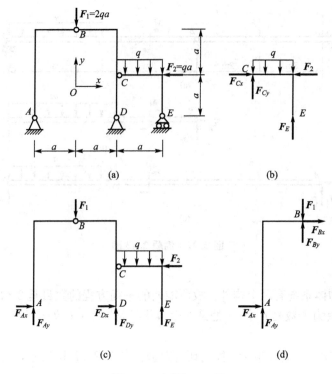

图 2.28 例题 2.14 图

解得

$$F_E = \frac{1}{2}qa(\uparrow)$$

(2) 取整体为研究对象，受力如图 2.28(c)所示。列平衡方程：

$$\sum M_A(\boldsymbol{F}_i)=0, \quad 2aF_{Dy}+3aF_{NE}+aF_2-2.5aqa-aF_1=0$$

$$\sum F_y=0, \quad F_{Ay}+F_{Dy}+F_E-F_1-qa=0$$

解得

$$F_{Ay}=\frac{3}{2}qa(\uparrow), \quad F_{Dy}=qa(\uparrow)$$

$$\sum F_x=0, \quad F_{Ax}+F_{Dx}-F_2=0 \qquad (a)$$

(3) 取 AB 为研究对象，受力如图 2.28(d)所示。列平衡方程：

$$\sum M_B(\boldsymbol{F}_i)=0, \quad 2aF_{Ax}-aF_{Ay}=0 \qquad (b)$$

联立式(a)、式(b)解得

$$F_{Ax}=\frac{3}{4}qa(\rightarrow), \quad F_{Dx}=-\frac{1}{4}qa(\leftarrow)$$

由上述分析，可得如下求解物体系平衡问题的步骤：
① 根据题意确定约束力个数及所能建立的独立的平衡方程个数；
② 适当选取研究对象，一般所选构件为静定结构，其未知力个数不能多于三个；
③ 建立平衡方程时尽量使一个方程求解出一个未知力，避免联立求解。

2.5.3 平面桁架

所谓桁架是由二力杆组成的系统，它的特点是各杆由光滑铰链连接，且在节点受力，这样的桁架为理想桁架。如工程中屋架结构（见图 2.29）、场馆的网状结构、桥梁以及电视塔架等均可看成为桁架结构。若载荷与桁架在同一平面或结构具有对称面，则可看作为平面桁架。

桁架的内力计算有两种方法：节点法和截面法。

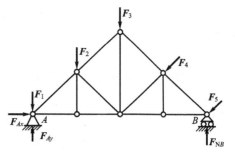

图 2.29 屋架结构

1. 节点法

以每个节点为研究对象，该节点处构成平面汇交力系，则可列两个平衡方程，求出杆内力。计算时应从未知力不超过两个的节点进行求解，然后逐一对节点求解，直到全部杆件内力求解完毕，此法称节点法。

【**例题 2.15**】 求平面桁架各杆的内力，其受力及几何尺寸如图 2.30(a)所示。

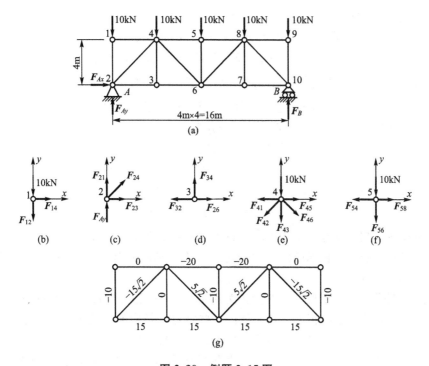

图 2.30 例题 2.15 图

解：

(1) 取整体为研究对象，求支座反力，受力如图 2.30(a)所示。

由于结构对称，载荷对称，则对称的支座反力也相等，即

$$F_{Ay} = F_B = 25\text{kN}(\uparrow)$$

(2) 求平面桁架各杆的内力。假设各杆的内力为拉力。

1 节点：受力如图 2.30(b) 所示，列平衡方程：
$$\sum F_x = 0, \quad F_{14} = 0$$
$$\sum F_y = 0, \quad -F_{12} - 10 = 0$$

解得
$$F_{14} = 0, \quad F_{12} = -10 \text{kN}(压)$$

2 节点：受力如图 2.30(c) 所示，列平衡方程：
$$\sum F_x = 0, \quad F_{23} + F_{24}\cos 45° = 0$$
$$\sum F_y = 0, \quad F_{21} + F_{24}\sin 45° + F_{Ay} = 0$$

由于 $F_{21} = F_{12} = -10$kN 代入上式得
$$F_{24} = -15\sqrt{2} \text{kN}(压), \quad F_{23} = 15\text{kN}(拉)$$

3 节点：受力如图 2.30(d) 所示，列平衡方程：
$$\sum F_x = 0, \quad F_{36} - F_{32} = 0$$
$$\sum F_y = 0, \quad F_{34} = 0$$

由于 $F_{32} = F_{23} = 15$kN 代入上式得
$$F_{36} = 15\text{kN}(拉), \quad F_{34} = 0$$

4 节点：受力如图 2.30(e) 所示，列平衡方程：
$$\sum F_x = 0, \quad F_{45} + F_{46}\cos 45° - F_{41} - F_{42}\cos 45° = 0$$
$$\sum F_y = 0, \quad -F_{43} - F_{46}\sin 45° - F_{42}\sin 45° - 10 = 0$$

由于 $F_{41} = F_{14} = 0$、$F_{42} = F_{24} = -15\sqrt{2}$kN、$F_{43} = F_{34} = 0$，代入上式得
$$F_{45} = -20\text{kN}(压), \quad F_{46} = 5\sqrt{2}\text{kN}(拉)$$

5 节点：受力如图 2.30(f) 所示，列平衡方程：
$$\sum F_x = 0, \quad F_{58} - F_{54} = 0$$
$$\sum F_y = 0, \quad -F_{56} - 10 = 0$$

由于 $F_{54} = F_{45} = -20$kN 代入上式得
$$F_{58} = -20\text{kN}(压) \quad F_{56} = -10\text{kN}(压)$$

由于对称性，剩下部分可不用再求。将内力表示在图上，如图 2.30(g) 所示。

注意，二力杆的内力在求解前一律假定为拉力，求解后根据正负号一定注明拉或压，如 $F_{58} = -20$kN(压)。

由上面的例子可见，桁架中存在内力为零的杆，我们通常将内力为零的杆称为零杆。如果能在进行内力计算之前根据节点平衡的一些特点，将桁架中的零杆找出来，便可以节省这部分计算工作量。下面给出一些特殊情况判断零杆：

(1) 一个节点连着两个杆，当该节点无荷载作用时，这两个杆的内力均为零（两杆不能平行）。

(2) 三个杆汇交的节点上，当该节点无荷载作用时，且其中两个杆在一条直线上，则第三个杆的内力为零，在一条直线上的两个杆内力大小相同，符号相同。

(3) 一个节点连着两个杆且有荷载作用，当荷载与其中一个杆在一条线上时，第二个杆则为零杆。

2. 截面法

若求桁架中的某杆件内力时，选择一截面假想地将该杆件截开，使桁架成为两部分，并选其中一部分作为研究对象，则所受力系为平面一般力系，通过平衡方程求出全部未知力，此法称截面法。

【例题 2.16】 一平面桁架的受力及几何尺寸如图 2.31(a)所示，试求 1、2、3 杆的内力。

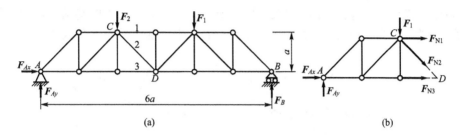

图 2.31 例题 2.16 图

解：

(1) 求支座约束力，受力如图 2.31(a)所示。列平衡方程：
$$\sum M_B = 0, \quad 6aF_{Ay} - 4aF_1 - 2aF_2 = 0$$
$$\sum F_x = 0, \quad F_{Ax} = 0$$

解得
$$F_{Ay} = \frac{2F_1 + F_2}{3}$$

(2) 求 1、2、3 杆的内力。假想将 1、2、3 杆截开，取左侧为研究对象，如图 2.31(b)所示。列平衡方程：
$$\sum M_C = 0, \quad -2aF_{Ay} + aF_{N3} = 0$$
$$\sum F_y = 0, \quad F_{Ay} - F_1 - F_{N2}\cos 45° = 0$$
$$\sum M_D = 0, \quad F_{N1}a + 3aF_{Dy} - F_1 a = 0$$

解得
$$F_{N1} = -(F_1 + F_2) \quad (压)$$
$$F_{N2} = \frac{\sqrt{2}}{3}(F_2 - F_1) \quad (拉、压不定，取决于 F_1、F_2 的数值)$$
$$F_{N3} = \frac{1}{3}(4F_1 + 2F_2) \quad (拉)$$

在桁架计算中，有时将节点法和截面法联合应用，计算将会更方便。

2.5.4 考虑滑动摩擦时的平衡问题

当考虑有滑动摩擦的平衡问题时，其约束力应增加静摩擦力，所列的方程除了平衡方程外应列最大静摩擦力方程，即
$$F_{\max} = fF_N \tag{2-31}$$

式(2-31)称摩擦力方程。其中，f 为摩擦因数，它与接触面的大小无关，与接触物体的

材料和表面情况有关，摩擦因数的数据需由试验测定才能得到，通常可查工程手册；F_N 为支承面的法向约束力。

应当注意的是静摩擦力 F 应是一个范围值，即 $0 \leqslant F \leqslant F_{max}$，所以在考虑有摩擦的平衡问题时，其解答也应是一个范围值。但为了便于计算，总是以物体处于最大静摩擦状态（此状态称为临界状态）来计算，然后再考虑解答的范围值，同时静摩擦力方向不能任意假定，要与物体的运动趋势相反。

【**例题 2.17**】 一物块重为 P，如图 2.32 所示，放在倾角为 θ 的斜面上，它与斜面间的摩擦因数为 f，当物块处于平衡时，试求作用在它上面的水平力 F 的大小。

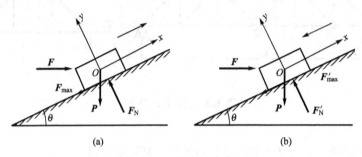

图 2.32　例题 2.17 图

解：

由经验知，力 F 过大，物块沿斜面向上滑动；力 F 过小，物块沿斜面向下滑动，因此计算的 F 应在这两个状态之间。

(1) 求当物块处于沿斜面向上滑动的临界状态时，摩擦力向下，此时摩擦力的最大值用 F_{max} 表示，受力如图 2.32(a) 所示，列平衡方程：

$$\sum F_x = 0, \quad F\cos\theta - P\sin\theta - F_{max} = 0 \tag{a}$$

$$\sum F_y = 0, \quad F_N - F\sin\theta - P\cos\theta = 0 \tag{b}$$

摩擦力方程为

$$F_{max} = fF_N \tag{c}$$

由式(a)、式(b)和式(c)联立，求得最大的水平推力为

$$F = \frac{\sin\theta + f\cos\theta}{\cos\theta - f\sin\theta} P \tag{d}$$

(2) 求当物块处于沿斜面向下滑动的临界状态时，摩擦力向上，对应的摩擦力为最小值，用 F'_{max} 表示。受力如图 2.32(b) 所示，列平衡方程：

$$\sum F_x = 0 \quad F\cos\theta - P\sin\theta + F'_{max} = 0 \tag{e}$$

$$\sum F_y = 0 \quad F'_N - F\sin\theta - P\cos\theta = 0 \tag{f}$$

摩擦力方程为

$$F'_{max} = fF'_N \tag{g}$$

由式(e)、式(f)和式(g)联立，求得最小的水平推力为

$$F = \frac{\sin\theta - f\cos\theta}{\cos\theta + f\sin\theta} P \tag{h}$$

由此得使物块处于平衡的水平推力为

$$\frac{\sin\theta - f\cos\theta}{\cos\theta + f\sin\theta} P \leqslant F \leqslant \frac{\sin\theta + f\cos\theta}{\cos\theta - f\sin\theta} P \tag{i}$$

(3) 讨论：

① 若不计摩擦，则摩擦因数为 $f=0$，由式(i)得唯一的水平推力 $F=P\tan\theta$。

② 若引用摩擦角的概念，即摩擦角是支承面全约束力与支承面法向线间夹角的最大值，用 φ_f 表示，即

$$\tan\varphi_f = \frac{F_{\max}}{F_N} = \frac{fF_N}{F_N} = f \tag{2-32}$$

如图 2.33 所示，其中支承面全约束力 F_R 包括法向约束力 F_N 和切向约束力 F_S，有 $F_R = F_N + F_S$ 的矢量关系。

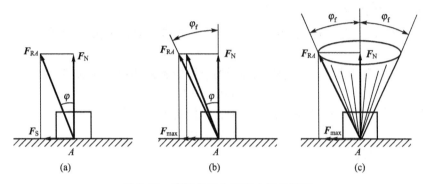

图 2.33 摩擦角与全约束力间的关系

因此将式(2-32)代入式(i)得

$$P\tan(\theta-\varphi_f) \leqslant F \leqslant P\tan(\theta+\varphi_f)$$

小　结

1. 平面汇交力系

(1) 几何法——力多边形法则：

① 合成：将原力系中各力矢量依次首尾相连得折线，封闭边的大小和方向表示力系的合力的大小和方向，合力的作用线通过汇交点。

② 平衡条件：力多边形自行封闭。

(2) 解析法：

① 合矢量投影定理：合矢量在某一轴上的投影等于各分矢量在同一轴上投影的代数和，即

$$\begin{cases} F_{Rx} = \sum F_x \\ F_{Ry} = \sum F_y \end{cases}$$

② 力系合力：$\begin{cases} F_R = \sqrt{F_{Rx}^2 + F_{Ry}^2} = \sqrt{(\sum F_x)^2 + (\sum F_y)^2} \\ \cos(\mathbf{F}_R \cdot \mathbf{i}) = \dfrac{F_{Rx}}{F_R} = \dfrac{\sum F_x}{F_R}, \quad \cos(\mathbf{F}_R \cdot \mathbf{j}) = \dfrac{F_{Ry}}{F_R} = \dfrac{\sum F_y}{F_R} \end{cases}$

③ 平衡方程：$\sum F_x = 0 \quad \sum F_y = 0$

2. 平面力偶系

(1) 合力矩定理：合力对平面内任意点之矩等于力系中各力对同一点之矩的代数

和，即
$$M_O(\boldsymbol{F}_R)=\sum M_O(\boldsymbol{F}_i)$$

(2) 力偶与力偶矩：

① 力偶：由两个大小相等、方向相反且不共线的平行力组成的力系。

② 力偶矩：力偶中力的大小与力偶臂的乘积，它是代数量，即 $M=\pm Fd$

③ 平面力偶的性质：

a. 力偶没有合力；

b. 力偶不能与一个力等效，只能与一个力偶等效；

c. 力偶矩与矩心点无关。

④ 平面力偶的等效定理：在同一平面内两个力偶等效的充分必要条件是两个力偶矩相等。

(3) 平面力偶系的合成。合力偶矩等于力偶系中各力偶矩的代数和，即
$$M=\sum M_i$$

(4) 平面力偶系的平衡条件：力偶系中各力偶矩的代数和等于零，即
$$\sum M_i=0$$

3. 平面一般力系

1) 力的平移定理

作用在刚体上任意点 A 的力 $\boldsymbol{F}$ 可以平行移到另一点 B，只需附加一个力偶，此力偶的矩等于原来的力 $\boldsymbol{F}$ 对平移点 B 的矩。

2) 平面任意力系的简化

平面任意力系向力系所在平面内任意点简化，得到一个力和一个力偶，此力称为原力系的主矢，与简化中心的位置无关；此力偶矩称为原力系的主矩，与简化中心的位置有关。

主矢：$\boldsymbol{F}'_R=\sum \boldsymbol{F}_i$；主矩：$M_O=\sum M_O(\boldsymbol{F}_i)$

3) 合力矩定理

平面一般力系的合力对力系所在平面内任意点的矩等于力系中各力对同一点的矩的代数和，即
$$M_O(\boldsymbol{F}_R)=\sum M_O(\boldsymbol{F}_i)$$

4) 平面一般力系的平衡

平面任意力系平衡的充分必要条件：力系的主矢和对任意点的主矩均等于零，即
$$\boldsymbol{F}'_R=0,\quad M_O=0$$

5) 平面一般力系的平衡方程

基本形式：$\sum M_O(\boldsymbol{F}_i)=0$，$\sum \boldsymbol{F}_x=0$，$\sum \boldsymbol{F}_y=0$

二矩式：$\sum M_A(\boldsymbol{F}_i)=0$，$\sum M_B(\boldsymbol{F}_i)=0$，$\sum \boldsymbol{F}_x=0$，其中，$x$ 轴不能与 A、B 连线垂直。

三矩式：$\sum M_A(\boldsymbol{F}_i)=0$，$\sum M_B(\boldsymbol{F}_i)=0$，$\sum M_C(\boldsymbol{F}_i)=0$，其中，$A$、$B$、$C$ 三点不共线。

6) 平面平行力系的平衡方程
$$\sum M_O(\boldsymbol{F}_i)=0 \quad \sum \boldsymbol{F}_y=0;$$

或

$$\sum M_A(\boldsymbol{F}_i)=0, \quad \sum M_B(\boldsymbol{F}_i)=0$$

其中 A、B 连线不能与力的作用线平行。

7) 物体系统平衡问题

(1) 要明确物体系统是由哪些单一物体组成的，受力如何，所受力哪些是外力，哪些是内力。

(2) 正确地运用作用力与反作用力的关系对所选的研究对象进行受力分析。

(3) 选择上述某种形式的平衡方程，尽量做到投影轴与某未知力垂直，矩心点选在某未知力的作用点上，使一个平衡方程含有一个未知力，避免联立求解，只有这样才能减少解题的工作量。

8) 桁架的内力计算

桁架的杆件均为二力杆，且外力作用在桁架的节点上。平面简单桁架的内力计算有以下两种方法：

(1) 节点法——计算时应先从两个杆件连接的节点进行求解，列平面汇交力系的平衡方程，按节点顺序逐一节点求解；

(2) 截面法——主要是求某些杆件的内力，即假想地将要求的杆件截开，取桁架的一部分为研究对象，列平面任意力系的平衡方程，注意每次截开只能求出杆件的三个未知力；在有些桁架的内力计算时还可以是上面两种方法的联合应用。

4. 考虑摩擦时的平衡问题

约束力应增加静摩擦力，除了平衡方程外应列最大静摩擦力方程，即

$$F_{\max}=fF_N$$

式中，$\boldsymbol{F}_N$ 为支承面的法向约束力。静摩擦力方向不能任意假定，要与物体的运动趋势相反，其解应是一个范围值。

摩擦角是支承面全约束力与支承面法向线间夹角的最大值，用 φ_f 表示。即

$$\tan\varphi_f=\frac{F_{\max}}{F_N}=\frac{fF_N}{F_N}=f$$

资 料 阅 读

鸟 巢

"鸟巢"是 2008 年北京奥运会主体育场。它的设计是由 2001 年普利茨克奖获得者赫尔佐格、德梅隆与中国建筑师合作完成的，其形态像一个孕育生命的"巢"，更像一个摇篮，寄托着人类对未来的希望。设计者们对这个国家体育场没有做任何多余的处理，只是坦率地把结构暴露在外，因而自然形成了建筑的外观。

"鸟巢"以巨大的钢网围合、覆盖着 9.1 万人的体育场；观光楼梯自然地成为结构的延伸；立柱消失了，均匀受力的网如树枝般没有明确的指向，让人感到每一个座位都是平等的，置身其中如同回到森林；把阳光滤成漫射状的充气膜，使体育场告别了日照阴影；整个地形隆起 4m，内部作附属设施，既合理地利用了空间又避免了下挖土方所耗的巨大投资。

"鸟巢"是一个大跨度的曲线结构，有大量的曲线箱形结构，设计和安装均有很大挑战性，故在施工过程中处处离不开科技支持。"鸟巢"采用了当今先进的建筑科技，全部工程共有二三十项技术难题，其中，钢结构是世界上独一无二的。"鸟巢"钢结构总质量达 4.2×10^4 t，最大跨度为 343m，而且结构相当复杂，其三维扭曲像麻花一样的加工。建造中的沉降、变形、吊装等问题经过多方努力逐步解决，相关施工技术难题还被列为科技部重点攻关项目。

思 考 题

1. 设力 F_1，F_2 在同一轴上的投影相等，问这两个力是否一定相等？
2. 给定力 F 和 x 轴，试问力 F 在 x 轴上的投影是否确定了？若给定力 F，则沿 x 轴向的分力是否能确定？
3. 用解析法求解汇交力系的平衡问题，坐标系原点是否可以任意选取？所选的投影轴是否必须垂直？为什么？
4. 建立力对点的矩的概念时，是否考虑了加力时物体的运动状态？是否考虑了加力时物体上有无其他力的作用？
5. 试比较力矩与力偶矩二者的异同。

习 题

2-1 不计重量的直杆 AB 与折杆 CD 在 B 处用光滑铰链连接，如图 2.34 所示，若结构受力 F 作用，试求滚动铰支座 D 和固定铰支座 C 处的约束力。

2-2 如图 2.35 所示，固定在墙壁上的圆环受 3 根绳子的拉力作用，力 F_1 沿水平方向，F_3 沿铅垂方向，F_2 与水平成 40°角，三个力的大小分别为 $F_1=2$kN，$F_2=2.5$kN，$F_3=1.5$kN，试求力系的合力。

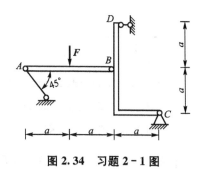

图 2.34 习题 2-1 图

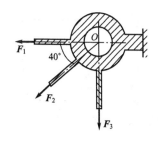

图 2.35 习题 2-2 图

2-3 如图 2.36 所示的简易起重机用钢丝绳吊起重量 $P=2\mathrm{kN}$ 的重物，不计各杆的自重、摩擦及滑轮的大小，A、B、C 三处均为铰链连接。试求杆 AB、AC 所受的力。

2-4 如图 2.37 所示，均质杆 AB 重 P、长为 l，两端放置在相互垂直的光滑斜面上。已知一斜面与水平面的夹角 α，求平衡时杆与水平面所成的夹角 φ 及 OA 的距离。

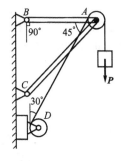

图 2.36 习题 2-3 图

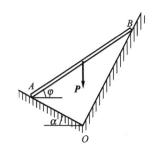

图 2.37 习题 2-4 图

2-5 在如图 2.38 所示刚架上的点 B 处作用一水平力 F，刚架自重不计，求支座 A、D 处的约束力。

2-6 如图 2.39 所示的机构中，在铰链 A、B 处作用有力 F_1、F_2 并处于平衡，不计各杆自重，求力 F_1 与 F_2 的关系。

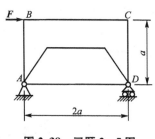

图 2.38 习题 2-5 图

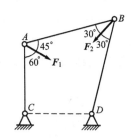

图 2.39 习题 2-6 图

2-7 直角杆 CDA 和 BDE 在 D 处铰接，如图 2.40 所示，系统受力偶 M 作用，各杆自重不计，试求支座 A、B 处的约束力。

2-8 由 AB、CD、CE、BF 四杆铰接而成的构架上，作用一铅垂荷载 F，如图 2.41 所示，各杆的自重不计，试求支座 A、D 处的约束力。

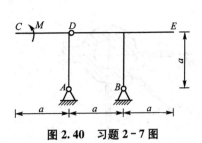

图 2.40 习题 2-7 图

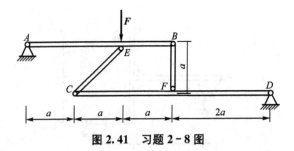

图 2.41 习题 2-8 图

2-9 如图 2.42 所示为曲轴冲床简图，由连杆 AB 和冲头 B 组成。A、B 两处为铰链连接，$OA=R$、$AB=l$，忽略摩擦和物体的自重，当 OA 在水平位置时，冲头的压力为 F 时，求：

① 作用在轮 I 上的力偶矩 M 的大小；

② 轴承 O 处的约束力；

③ 连杆 AB 所受的力；

④ 冲头给导轨的侧压力。

2-10 如图 2.43 所示，铰链三连杆机构 ABCD 受两个力偶作用处于平衡状态，已知力偶矩 $M_1=1\text{N}\cdot\text{m}$，$CD=0.4\text{m}$，$AB=0.6\text{m}$，各杆自重不计，试求力偶矩 M_2 及 BC 杆所受的力。

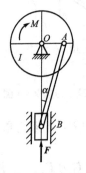

图 2.42 习题 2-9 图

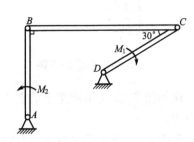

图 2.43 习题 2-10 图

2-11 如图 2.44 所示的构架中，在杆 BE 上作用一力偶，其矩为 M，C、D 为 AE、BE 杆的中点，各杆的自重不计，试求支座 A 和铰链 E 处的约束力。

2-12 如图 2.45 所示，已知 $F_1=150\text{N}$，$F_2=200\text{N}$，$F_3=300\text{N}$，$F=-F'=200\text{N}$，求力系向点 O 简化的结果，合力的大小及到原点 O 的距离。

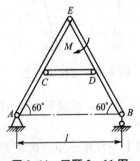

图 2.44 习题 2-11 图

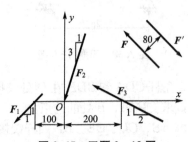

图 2.45 习题 2-12 图

2-13 求如图 2.46 所示各物体的支座约束力。

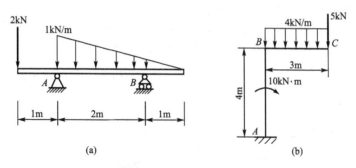

图 2.46 习题 2-13 图

2-14 如图 2.47 所示的行走式起重机，重为 $P=500\text{kN}$，其重心到右轨的距离为 1.5m，起重机起重的重量 $P_1=250\text{kN}$，到右轨的距离为 10m，跑车自重不计，使跑车满载和空载起重机不至于翻倒，求平衡锤的最小重量 P_2 以及平衡锤到左轨的最大距离 x。

2-15 水平梁 AB 由铰链 A 和杆 BC 支持，如图 2.48 所示。在梁的 D 处用销子安装半径为 $r=0.1\text{m}$ 的滑轮。有一跨过滑轮的绳子，其一端水平地系在墙上，另一端悬挂有重为 $P=1800\text{N}$ 的重物。如 $AD=0.2\text{m}$，$BD=0.4\text{m}$，$\varphi=45°$，且不计梁、滑轮和绳子的自重。求固定铰支座 A 和杆 BC 的约束力。

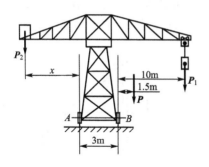

图 2.47 习题 2-14 图

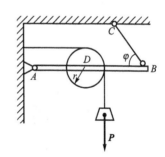

图 2.48 习题 2-15 图

2-16 求如图 2.49 所示的多跨静定梁的支座约束力。

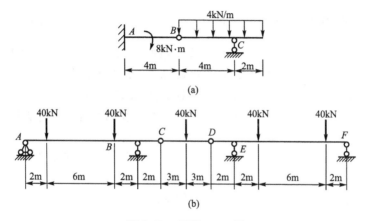

图 2.49 习题 2-16 图

2-17 求如图 2.50 所示的三铰拱式屋架拉杆 AB 及中间 C 铰所受的力,屋架所受的力及几何尺寸如图所示,屋架自重不计。

2-18 如图 2.51 所示,均质杆 AB 重为 P_1,一端用铰链 A 支于墙面上,并用滚动铰支座 C 维持平衡,另一端又与重为 P_2 的均质杆 BD 铰接,杆 BD 靠于光滑的台阶 E 上,且倾角为 α,设 $AC=\frac{2}{3}AB$,$BE=\frac{2}{3}BD$。试求 A、C 和 E 三处的约束力。

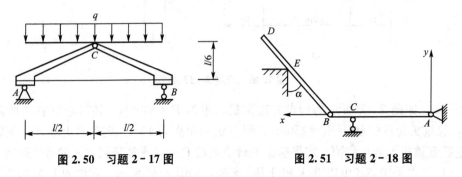

图 2.50 习题 2-17 图　　　　图 2.51 习题 2-18 图

2-19 如图 2.52 所示的组合梁由 AC 和 CD 铰接而成,起重机放在梁上,已知起重机重 $P_1=50$kN,重心在铅垂线 EC 上,起重荷载为 $P=10$kN,不计梁的自重,试求支座 A、D 处的约束力。

2-20 构架由杆 AB、AC 和 DF 铰接而成,如图 2.53 所示。在杆 DEF 上作用一力偶矩为 M 的力偶,不计各杆的自重。试求杆 AB 上的铰链 A、D、B 处所受的力。

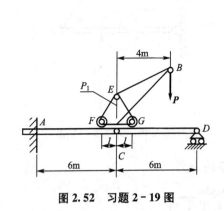
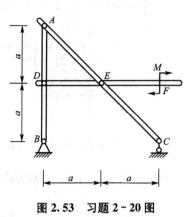

图 2.52 习题 2-19 图　　　　图 2.53 习题 2-20 图

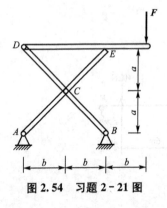

图 2.54 习题 2-21 图

2-21 构架由杆 ACE、DE、BCD 铰接而成,所受的力及几何尺寸如图 2.54 所示,各杆的自重不计,试求杆 BCD 在铰链 C 处给杆 ACE 的力。

2-22 三铰拱结构受力及几何尺寸如图 2.55 所示,试求支座 A、B 处的约束力。

2-23 平面桁架荷载及尺寸如图 2.56 所示,试求桁架中各杆的内力。

2-24 平面桁架受力如图 2.57 所示,ABC 为等边三角形,且 AD=DB。试求杆 CD 的内力。

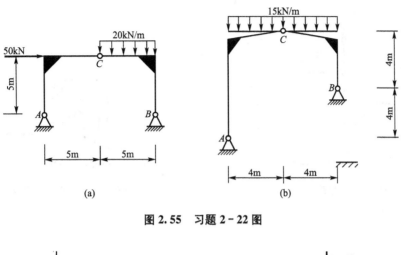

图 2.55 习题 2-22 图

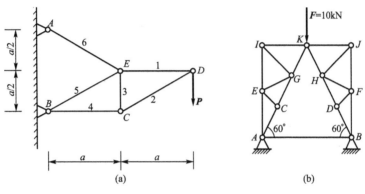

图 2.56 习题 2-23 图

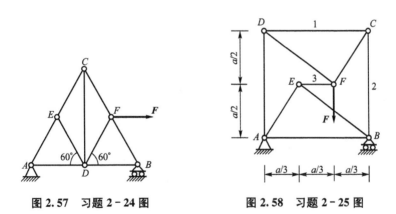

图 2.57 习题 2-24 图　　图 2.58 习题 2-25 图

2-25 平面桁架受力如图 2.58 所示，试求 1、2、3 杆的内力。

2-26 桁架中的受力及尺寸如图 2.59 所示，求 1、2、3 杆的内力。

2-27 尖劈起重装置尺寸如图 2.60 所示，物块 A 的顶角为 α，物块 B 受力 F_1 的作用，物块 A、B 间的摩擦因数为 f（有滚珠处的摩擦忽略不计），物块 A、B 的自重不计，试求使系统保持平衡的力 F_2 的范围。

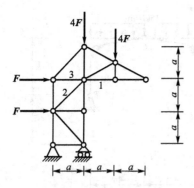

图 2.59 习题 2-26 图

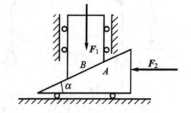

图 2.60 习题 2-27 图

第3章 拉伸与压缩

教学目标

掌握求内力的截面法
掌握轴力图的绘制
掌握强度计算
理解胡克定律
了解材料的力学性质

教学要求

知识要点	能力要求	相关知识
轴力及轴力图	(1) 了解截面法内力的步骤 (2) 熟练绘制轴力图	平衡的概念
强度计算	(1) 理解应力的概念 (2) 掌握强度条件的应用	微分的概念 极限的概念
变形计算	(1) 理解胡克定律及其适用条件 (2) 掌握轴向变形的计算 (3) 了解泊松比、弹性模量的意义	弹性理论 材料的力学试验
材料的力学性质	(1) 了解低碳钢拉伸试验过程 (2) 了解比例极限、弹性极限、屈服极限和强度极限的意义 (3) 了解塑性材料和脆性材料的区别	土木工程材料

引言

轴向拉伸和压缩是杆件基本变形之一。在这章中,主要讨论杆件在受轴向拉(压)力的作用下,内力、应力及变形的计算,了解材料的力学性质,重点掌握强度条件的建立及其应用。从本章开始,以后的各章研究对象都是变形物体,对变形物体的基本假设在前面绪论中都有定义。本章的学习非常重要,它将为后面几章的学习奠定基础,建议注重学习,掌握基本概念和基本方法。

3.1 轴向拉伸(压缩)的概念

工程实际中,发生轴向拉伸或压缩变形的构件很多,例如,钢木组合桁架中的钢拉杆

(见图 3.1)，作用于杆上的外力(或外力合力)的作用线与杆的轴线重合。在这种轴向荷载作用下，杆件以轴向伸长或缩短为主要变形形式，称为**轴向拉伸或轴向压缩**。以轴向拉伸(压缩)为主要变形形式的杆件，称为**拉(压)杆**。

实际拉(压)杆的端部连接情况和传力方式是各不相同的，但在讨论时可以将它们两端的力系用合力代替，其作用线与杆的轴线重合，其计算简图如图 3.2 所示。

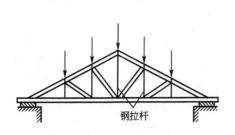

图 3.1 钢木组合桁架简图

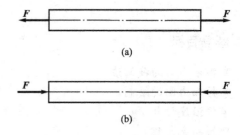

图 3.2 拉(压)杆计算简图

本章主要研究拉(压)杆的内力、应力及变形的计算。同时还将通过拉伸和压缩试验，来研究材料在拉伸与压缩时的力学性能。

3.2 内力及内力图

3.2.1 内力——轴力

1. 截面法

构件在受到外力作用而变形时，其内部各部分之间将产生相互作用力，这种由外力的作用而引起的物体内部的相互作用力，就是材料力学中所研究的**内力**。内力随着外力的变化而变化，外力增加，内力也增加，外力去掉后，内力也将随之消失。显然，作用在构件上的外力使其产生变形，而内力的作用则力图使受力构件恢复原状，内力对变形起抵抗和阻止作用。由于假设了物体是连续均匀的，因此在物体内部相邻部分之间相互作用的内力，实际上是一个连续分布的内力系，而将分布内力系的合成结果(力或力偶)，简称为内力。求内力的方法通常为**截面法**，即为了计算某一截面上的内力，可在该截面处用一假想的平面将构件截为两部分，取其中任一部分为研究对象，弃去另一部分，将弃去部分对研究对象的作用以力的形式来表示，此力就是该截面上的内力。

截面法求内力步骤如下。
(1) 假想沿所求内力的截面将构件分为两部分。
(2) 取其中任一部分为研究对象，并画其受力图。
(3) 列研究对象的平衡方程，并求解内力。

2. 轴力

如图 3.3(a)所示，等直杆在拉力的作用下处于平衡。欲求某横截面 $m—m$ 上的内力，

先假想将杆沿 m—m 截面截开，留下任一部分作为分离体进行分析，并将去掉部分对留下部分的作用以分布在截面 m—m 上各点的内力来代替，如图 3.3(b)所示。对于留下部分而言，截面 m—m 上的内力就成为外力。由于整个杆件处于平衡状态，杆件的任一部分均应保持平衡。于是，杆件横截面 m—m 上的内力系的合力 F_N 与其左端外力 F 形成共线力系，由平衡条件

$$\sum F_x = 0, \quad F_N - F = 0$$

得

$$F_N = F$$

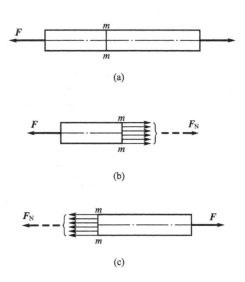

图 3.3 截面法求内力

F_N 为杆件任一横截面上的内力，其作用线与杆的轴线重合，即垂直于横截面并通过其形心。这种内力称为**轴力**，用 F_N 表示。

若在分析时取右段为分离体[见图 3.3(c)]，则由作用与反作用原理可知，右段在截面上的轴力与前述左段上的轴力数值相等而指向相反。当然，同样也可以从右段的平衡条件来确定轴力。

3. 轴力的符号

对于压杆，同样可以通过上述过程求得其任一横截面上的轴力 F_N。为了研究方便，给轴力规定一个正负号：当轴力的方向与截面的外法线方向一致时，杆件受拉，规定轴力为正，称为**拉力**；反之，杆件受压，轴力为负，称为**压力**。在求某截面轴力时，一般假定轴力为拉力。如果由平衡方程算出结果为正，则说明假定的方向和实际内力一致，的确为拉力。如果结果为负，则说明是压力。这样便于画轴力图。

4. 简便方法求轴力

所谓简便方法就是截面法的另一种形式，即某截面轴力等于该截面一侧所有轴向外力的代数和，即

$$F_N = \sum F_i$$

式中，F_i 的符号在 F_i 使该截面受拉的力时为正，反之为负；或者取左侧时，则向左的外力为正，取右侧时，则向右的外力为正。这种方法避免了取分离体、画受力图和建立平衡方程，可以直接写出轴力。

3.2.2 内力图——轴力图

当杆受到多个轴向外力作用时，在杆不同位置的横截面上，轴力往往不同。为了形象而清晰地表示横截面上的轴力沿轴线变化的情况，可用平行于轴线的坐标表示横截面的位置，称为基线，用垂直于轴线的坐标表示横截面上轴力的数值，正的轴力（拉力）画在基线的上侧，负的轴力（压力）画在基线的下侧。这样绘出的轴力沿杆件轴线变化的图线称为**轴力图**。下面通过例题看看受轴向力作用的拉（压）杆件的轴力的计算及轴力图的绘制。

【例题 3.1】 一等直杆所受外力如图 3.4(a)所示，试求各段截面上的轴力，并作杆的轴力图。

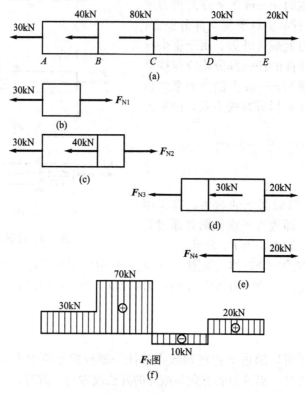

图 3.4　例题 3.1 图

解：

根据截面法在 AB 段内任一横截面处将杆截开，取左段为分离体［见图 3.4(b)］，假定轴力 F_{N1} 为拉力（以后轴力都按拉力假设），由平衡方程：

$$\sum F_x=0, \quad F_{N1}-30=0$$

得

$$F_{N1}=30\text{kN}$$

结果为正值，故 F_{N1} 为拉力。

同理，可得 BC 段内任一横截面上的轴力［见图 3.4(c)］为

$$\sum F_x=0, \quad F_{N2}-30-40=0$$

$$F_{N2}=70\text{kN}$$

结果为正值，说明 F_{N2} 为拉力。

在求 CD 段内的轴力时，将杆截开后取右段为分离体［见图 3.4(d)］，因为右段杆上包含的外力较少。由平衡方程：

$$\sum F_x=0, \quad F_{N3}+30-20=0$$

得

$$F_{N3}=-10\text{kN}$$

结果为负值,说明 F_{N3} 为压力。

同理,DE 段内任一横截面上的轴力 F_{N4} 为

$$\sum F_x = 0, \quad F_{N4} - 20 = 0$$
$$F_{N4} = 20 \text{kN}$$

结果为正值,说明 F_{N4} 为拉力。

将求得的各段轴力沿杆轴线绘制出来即为轴力图,如图 3.4(f)所示。

由上述计算可见,在求轴力时,先假设未知轴力为拉力时,则得数前的正负号,既表明所设轴力的方向是否正确,也符合轴力的正负号规定,因而不必要在得数后再注"压"或"拉"字。

注意:画轴力图时要标明力的大小、正负号和图名(如 F_N 图),否则轴力图不完整。

由上述轴力图可以看到一个现象,即在集中力作用的截面上内力图在该截面的左、右两侧内力不相等,存在一个差值,且该差值等于两侧内力差的绝对值,这个绝对值应该等于截面的外力值。我们称这种同一截面两侧内力不等的现象为**突变**,其内力差的绝对值为**突变值**。如图 3.4(a):B 截面有外力 40kN,则该截面内力图一定有突变,其突变值为 $|30-70|=40$kN。

同样,用简便方法可以得出相同的结果。如图 3.4(c),求 F_{N2} 时,取截面左侧为研究对象,则 BC 段某截面的轴力为

$$F_{N2} = \sum F_i = 30\text{kN} + 40\text{kN} = 70\text{kN}$$

与截面法求得的结果相同。建议读者尽量采用简便方法。

3.3 拉(压)时的应力及强度计算

3.3.1 应力的概念

所谓应力即截面内一点的内力,或内力的集度。图 3.5(a)所示为任一受力构件,在 m—m 截面上任一点 K 的周围取一微小面积 ΔA,并设作用在该面积上的内力为 ΔF。则

$$p_m = \frac{\Delta F}{\Delta A} \tag{3-1}$$

式中,p_m 称为 ΔA 上的**平均应力**。

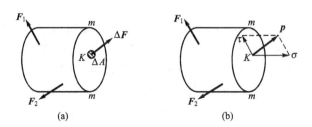

图 3.5 截面上任一点的应力分析

当内力沿截面分布不均匀时，平均应力 p_m 的值随 ΔA 的大小变化而变化，它不能确切表示 K 点受力强弱的程度，只有当 ΔA 趋于零时，p_m 的极限 p 方可代表 K 点受力强弱的程度，即

$$p = \lim_{\Delta A \to 0} \frac{\Delta F}{\Delta A} \tag{3-2}$$

p 称为截面 m—m 上点 K 处的**总应力**。显然，应力 p 的方向即 ΔF 的极限方向。应力 p 是矢量，通常沿截面的法向与切向分解为两个分量。沿截面法向的应力分量 σ 称为**正应力**；沿截面切向的应力分量 τ 称为**切应力**，它们可以分别反映垂直于截面与切于截面作用的两种内力系的分布情况。

从应力的定义可见，应力具有如下特征：

(1) 应力定义在受力物体的某一截面上的某一点处，因此，讨论应力时必须明确是哪一个截面上的哪一个点。

(2) 应力的正负号。对于正应力符号规定：背离截面方向的正应力为正的正应力，或称拉应力。反之指向截面的为负的正应力，或称压应力。切应力的符号规定：对所在截面一侧物体上的任意一点将能产生顺时针转动趋势的切应力为正，反之为负。

(3) 应力的量纲。应力的量纲为 $ML^{-1}T^{-2}$。其国际单位是牛/米^2(N/m^2)，称为帕斯卡(Pa)，即 $1Pa = 1N/m^2$。应力常用的单位为 kPa、MPa、GPa，其中 $1kPa = 10^3 Pa$、$1MPa = 10^6 Pa$、$1GPa = 10^9 Pa$。

3.3.2 拉(压)杆横截面上的正应力

1. 平面截面假设

要确定拉(压)杆横截面上的应力，必须了解其内力系在横截面上的分布规律。由于内力与变形有关，因此，首先通过试验来观察杆的变形。取一等截面直杆，如图 3.6(a)所示，事先在其表面刻两条相邻的横截面的边界线(AB 和 cd)和若干条与轴线平行的纵向线，然后在杆的两端沿轴线施加一对拉力 F 使杆发生变形。此时可观察到：①所有纵向线发生伸长，且伸长量相等；②横截面边界线发生相对平移。AB、cd 分别移至 a_1b_1、c_1d_1，但仍为直线，并仍与纵向线垂直，如图 3.6(b)所示。根据这一现象可作如下假设：变形前为平面的横截面，变形后仍为平面，只是相对地沿轴向发生了平移，这个假设称为**平面截面假设**，简称**平面假设**。

2. 横截面上的正应力

根据平面假设，任意两横截面间的各纵向纤维的伸长均相等。根据材料均匀性假设，在弹性变形范围内，各纵向纤维变形相同，说明各点受力也相同，并且都受正应力而没有切应力。于是可知，内力在横截面上均匀分布，即横截面上各点的应力可用求平均值的方法得到。由于拉(压)杆横截面上的内力为轴力，其方向垂直于横截面，且通过截面的形心，而截面上各点处应力与微面积 dA 之乘积的合成即为该截面上的内力。显然，截面上各点处的切应力不可能合成为一个垂直于截面的轴力。所以，与轴力相应的只可能是垂直于截面的正应力 σ。

设轴力为 F_N，横截面面积为 A，由此可得

$$\sigma = \frac{F_N}{A} \tag{3-3}$$

式中，若 F_N 为拉力，则 σ 为拉应力；若 F_N 为压力，则 σ 为压应力。σ 的正负号始终与轴力符号相同。如图 3.6(c)所示，正应力沿横截面均匀分布，是平均应力。

3. 最大工作应力

对于等截面直杆，当受几个轴向外力作用时，由轴力图可求得其最大轴力 $F_{N,max}$，那么杆内的最大正应力为

$$\sigma_{max} = \frac{F_{N,max}}{A} \tag{3-4}$$

最大轴力所在的横截面称为**危险截面**，危险截面上的正应力称为**最大工作应力**。

【例题 3.2】 一正方形截面的阶梯形砖柱，其受力情况、各段长度及横截面尺寸如图 3.7(a)所示。已知 $P=60kN$。试求荷载引起的最大工作应力。

解：

首先作柱的轴力图，如图 3.7(b)所示。由于此柱为变截面杆，应分别求出每段柱的横截面上的正应力，从而确定全柱的最大工作应力。

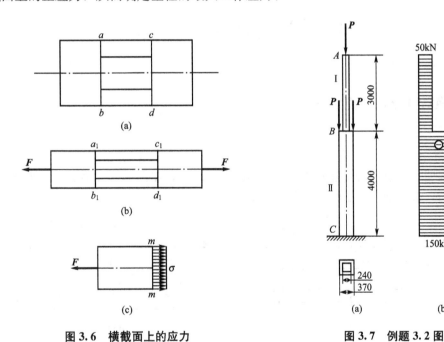

图 3.6 横截面上的应力　　　图 3.7 例题 3.2 图

Ⅰ、Ⅱ两段柱横截面上的正应力，分别由已求得的轴力和已知的横截面尺寸算得，即

$$\sigma_I = \frac{F_{N1}}{A_1} = \frac{-60 \times 10^3}{240 \times 240} MPa = -1.04 MPa$$

$$\sigma_{II} = \frac{F_{N1}}{A_2} = \frac{-180 \times 10^3}{370 \times 370} MPa = -1.31 MPa$$

由上述结果可见，砖柱的最大工作应力在柱的下段，其值为 1.31MPa，是压应力。

3.3.3 强度条件

根据以上分析,为了保证拉(压)杆在工作时不致因强度不够而被破坏,杆内的最大工作应力 $\sigma_{\max}$ 不得超过材料的许用应力(又称容许应力)$[\sigma]$,即

$$\sigma_{\max}=\left(\frac{F_{\mathrm{N}}}{A}\right)_{\max}\leqslant[\sigma] \tag{3-5a}$$

对于等截面杆,上式可写为

$$\sigma_{\max}=\frac{F_{\mathrm{N,max}}}{A}\leqslant[\sigma] \tag{3-5b}$$

式(3-5a)、式(3-5b)即为拉(压)杆的**强度条件**。其中,$[\sigma]$ 与材料有关的,不同的材料有不同的许用应力 $[\sigma]$,关于 $[\sigma]$ 的确定,将在后面讲解。

如果最大工作应力 $\sigma_{\max}$ 超过了许用应力 $[\sigma]$,但只要不超过许用应力的 5%,在工程计算中仍然是允许的,即

$$\sigma_{\max}-[\sigma]\leqslant 5\%[\sigma]$$

3.4 拉(压)杆的变形

3.4.1 绝对变形及胡克定律

1. 绝对变形

试验表明,当拉杆沿其轴向伸长时,其横向将缩短,如图 3.8(a)所示;压杆则相反,轴向缩短时,横向增大,如图 3.8(b)所示。

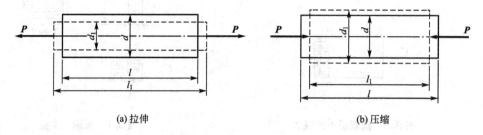

(a) 拉伸　　　　　　　　　　(b) 压缩

图 3.8　拉(压)变形

设 l、d 为直杆变形前的长度与直径,l_1、d_1 为直杆变形后的长度与直径,则轴向和横向变形分别为

$$\Delta l=l_1-l \tag{3-6a}$$

$$\Delta d=d_1-d \tag{3-6b}$$

Δl 与 Δd 称为**绝对变形**。其中 Δl 称为轴向变形,Δd 称为横向变形。由式(3-6a)、

式(3-6b)可知 Δl 与 Δd 符号相反。

2. 胡克定律

试验结果表明：如果所施加的荷载使杆件的变形处于线弹性范围内，杆的轴向变形 Δl 与杆所承受的轴向力 F、杆长 l 成正比，而与其横截面面积 A 成反比，写成关系式为

$$\Delta l \propto \frac{Fl}{A}$$

引进比例系数 E，则有

$$\Delta l = \frac{Fl}{EA} \tag{3-7a}$$

由于 $F_N = F$，故上式可改写为

$$\Delta l = \frac{F_N l}{EA} \tag{3-7b}$$

式(3-7b)称为**胡克定律**。式中的比例系数 E 称为杆材料的**弹性模量**，其量纲为 $ML^{-1}T^{-2}$，其单位为 Pa。E 的数值随材料而异，是通过试验测定的。EA 称为杆的**拉伸(压缩)刚度**，对于长度相等且受力相同的杆件，其拉伸(压缩)刚度越大则杆件的变形越小。Δl 的正负号与轴力 F_N 一致。

当拉、压杆有两个以上的外力作用或变截面时，应按式(3-7b)分段计算各段的变形，要保证在每段上 F_N、A 都是常数。各段变形的代数和即为杆的总变形：

$$\Delta l = \sum \frac{F_{Ni} l_i}{(EA)_i} \tag{3-8}$$

3.4.2　相对变形及泊松比

1. 相对变形

绝对变形的大小只反映杆的总变形量，而无法说明杆的变形程度。因此，为了度量杆的变形程度，还需计算单位长度内的变形量，即相对变形。对于轴力为常量的等截面直杆，其变形处处相等。可将 Δl 除以 l，Δd 除以 d 表示单位长度的变形量，即

$$\varepsilon = \frac{\Delta l}{l} \tag{3-9a}$$

$$\varepsilon' = \frac{\Delta d}{d} \tag{3-9b}$$

ε 称为纵向线应变；ε' 称为横向线应变。应变是单位长度的变形，是无量纲的量。式(3-9a)、式(3-9b)描述的是平均线应变，即杆内各点线应变相等。由于 Δl 与 Δd 具有相反符号，因此 ε 与 ε' 也具有相反的符号。将式(3-5b)代入式(3-9a)得胡克定律的另一表达形式：

$$\varepsilon = \frac{\sigma}{E} \tag{3-10}$$

显然，式(3-10)中的纵向线应变 ε 和横截面上正应力的正负号也是相对应的。式(3-7)是经过改写后的胡克定律，它不仅适用于拉(压)杆，而且还可以更普遍地用于所有的单轴应力状态，故通常又称**单轴应力状态下的胡克定律**。

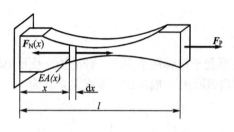

图 3.9 杆件轴向变形不均匀的情形

必须指出，当沿杆长度为非均匀变形时，式(3-9a)并不反映沿长度各点处的纵向线应变。对于各处变形不均匀的情形(见图 3.9)，则必须考核杆件上沿轴向的微段 dx 的变形，并以微段 dx 的相对变形来度量杆件局部的变形程度。这时有

$$\varepsilon_x = \frac{\Delta dx}{dx} = \frac{\frac{F_N(x)dx}{EA(x)}}{dx} = \frac{\sigma_x}{E} \quad (3-11)$$

可见，无论变形均匀还是不均匀，正应力与正应变之间的关系都是相同的。

2. 泊松比

试验表明，当拉(压)杆内应力不超过某一限度时，横向线应变 ε' 与纵向线应变 ε 之比的绝对值为一常数，即

$$\mu = \left| \frac{\varepsilon'}{\varepsilon} \right| \quad (3-12a)$$

由于 ε 与 ε' 总是反号，故上式可写成

$$\varepsilon' = -\mu\varepsilon \quad (3-12b)$$

μ 称为**横向变形系数**或**泊松**(Poisson)**比**，是无量纲的量，其数值随材料而异，也是通过实验测定的。

弹性模量 E 和泊松比 μ 都是材料的弹性常数。几种常用材料的 E 和 μ 值可参阅表 3-1。

表 3-1 常用金属材料的 E、μ 的数值

材 料 名 称	E/GPa	μ
低碳钢	196～216	0.25～0.33
中碳钢	205	
合金钢	186～216	0.24～0.33
灰口铸铁	78.5～157	0.23～0.27
球墨铸铁	150～180	
铜及其合金	72.6～128	0.31～0.742
铝合金	70	0.33
混凝土	15.2～36	0.16～0.18
木材(顺纹)	9～12	

【例题 3.3】 已知阶梯形直杆受力如图 3.10(a)所示，材料的弹性模量 $E=210\text{GPa}$，杆各段的横截面面积分别为 $A_{AB}=A_{BC}=1500\text{mm}^2$，$A_{CD}=1000\text{mm}^2$。试求：

(1)轴力图；(2)杆的总伸长量；(3)每段的线应变。

解：

(1)画轴力图。因为在 A、B、C、D 处都有集中力作用，所以 AB、BC 和 CD 三段杆的轴力各不相同。应用简便方法直接可得：

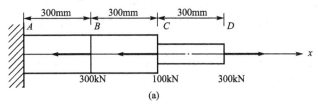

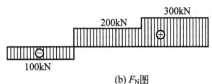

图 3.10 例题 3.3 图

$$F_{N,AB} = (300-100-300)\text{kN} = -100\text{kN}$$
$$F_{N,BC} = (300-100)\text{kN} = 200\text{kN}$$
$$F_{N,CD} = 300\text{kN}$$

轴力图如图 3.10(b)所示。

(2) 求杆的总伸长量。因为杆各段轴力不等，且横截面面积也不完全相同，因而必须分段计算各段的变形，然后求和。各段杆的轴向变形分别为：

$$\Delta l_{AB} = \frac{F_{N,AB} l_{AB}}{EA_{AB}} = \frac{-100 \times 10^3 \times 300}{200 \times 10^3 \times 1500}\text{mm} = -0.1\text{mm}$$

$$\Delta l_{BC} = \frac{F_{N,BC} l_{BC}}{EA_{BC}} = \frac{200 \times 10^3 \times 300}{200 \times 10^3 \times 1500}\text{mm} = 0.2\text{mm}$$

$$\Delta l_{CD} = \frac{F_{N,CD} l_{CD}}{EA_{CD}} = \frac{300 \times 10^3 \times 300}{200 \times 10^3 \times 1000}\text{mm} = 0.45\text{mm}$$

杆的总伸长量为：

$$\Delta l = \sum_{i=1}^{3} \Delta l_i = -0.1 + 0.2 + 0.45\text{mm} = 0.55\text{mm}$$

(3) 求各段的线应变：

$$\varepsilon_{AB} = \frac{\Delta l_{AB}}{l_{AB}} = \frac{-0.1}{300} = -3.34 \times 10^{-4}$$

$$\varepsilon_{BC} = \frac{\Delta l_{BC}}{l_{BC}} = \frac{0.2}{300} = 6.7 \times 10^{-4}$$

$$\varepsilon_{BC} = \frac{\Delta l_{CD}}{l_{CD}} = \frac{0.45}{300} = 15 \times 10^{-4}$$

3.5 材料拉(压)时的力学性质

如绪论部分所述，建筑力学是研究受力构件的强度和刚度等问题的。而构件的强度和刚度，除了与构件的几何尺寸及受力情况有关外，还与材料的力学性质有关。试验指出，材料的力学性质不仅取决于材料本身的成分、组织以及冶炼、加工、热处理等过程，而且取决于加载方式、应力状态和温度。本节主要介绍工程中常用材料在常温、静载条件下的力学性能。

在常温、静载条件下，材料常分为塑性和脆性材料两大类，本节重点讨论低碳钢和铸铁在拉伸和压缩时的力学性能。

3.5.1 低碳钢拉(压)时的力学性质

1. 试验简介

在进行拉伸试验时，先将材料加工成符合国家标准（例如，GB/T 228—2002《金属材料室温拉伸试验方法》）的试样。为了避开试样两端受力部分对测试结果的影响，试验前先在试样的中间等直部分上划两条横线，如图3.11所示，当试样受力时，横线之间的一段杆中任何横截面上的应力均相等，这一段即为杆的工作段，其长度称为**标距**。在试验时就量测工作段的变形。常用的试样有圆形截面和矩形截面两种。为了能比较不同粗细的试样在拉断后工作段的变形程度，通常对圆形截面标准试样的标距长度 l 与其横截面直径 d 的比例加以规定。矩形截面标准试样，则规定其标距长度 l 与横截面面积 A 的比例。常用的标准比例有两种，即

$$l=10d \quad 和 \quad l=5d \quad （对圆形截面试样）$$

或

$$l=11.3\sqrt{A} \quad 和 \quad l=5.65\sqrt{A} \quad （对矩形截面试样）$$

压缩试样通常用圆形截面或正方形截面的短柱体（见图3.12），其长度 l 与横截面直径 d 或边长 b 的比值一般规定为1~3，这样才能避免试样在试验过程中被压弯。

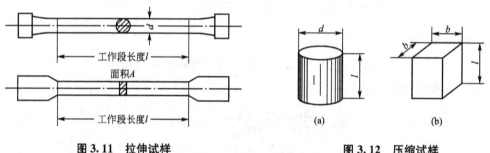

图3.11 拉伸试样　　　　　图3.12 压缩试样

拉伸或压缩试验时使用的设备是多功能**万能试验机**。万能试验机由机架、加载系统、测力示值系统、载荷位移纪录系统以及夹具、附具等五个基本部分组成。关于试验机的具体构造和原理，可参阅有关材料力学试验书籍。

2. 低碳钢的拉伸试验

将准备好的低碳钢试样装到试验机上，开动试验机使试样两端受轴向拉力 F 的作用。当力 F 由零逐渐增加时，试样逐渐伸长，用仪器测量标距 l 的伸长量 Δl，将各 F 值与相应的 Δl 之值记录下来，直到试样被拉断时为止。然后，以 Δl 为横坐标，力 F 为纵坐标，在纸上标出若干个点，以曲线相连，可得一条 F-Δl 曲线，如图3.13所示，称为低碳钢

的**拉伸曲线**或**拉伸图**。一般万能试验机可以自动绘出拉伸曲线。

低碳钢试样的拉伸图只能代表试样的力学性能,因为该图的横坐标和纵坐标均与试样的几何尺寸有关。为了消除试样尺寸的影响,将拉伸图中的 F 值除以试样横截面的原面积,即用应力来表示:$\sigma=\dfrac{F}{A}$;将 Δl 除以试样工作段的原长 l,即用应变来表示:$\varepsilon=\dfrac{\Delta l}{l}$。这样,所得曲线即与试样的尺寸无关,而可以代表材料的力学性质,称为**应力-应变曲线**或 σ-ε **曲线**,如图 3.14 所示。

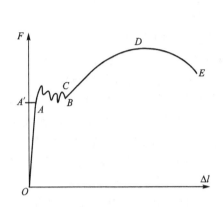

图 3.13　低碳钢拉伸图(F-Δl 曲线)

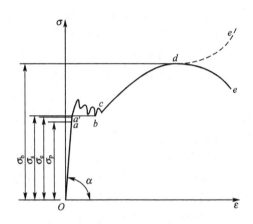

图 3.14　低碳钢拉伸 σ-ε 曲线图

低碳钢是工程中使用最广泛的材料之一,同时,低碳钢试样在拉伸试验中所表现出的变形与抗力之间的关系也比较典型。由 σ-ε 曲线图可见,低碳钢在整个拉伸试验过程中大致可分为四个阶段。

1) 弹性阶段(图 3.14 中的 Oa' 段)

这一阶段试样的变形完全是弹性的,全部卸除荷载后,试样将恢复其原长,这一阶段称为**弹性阶段**。

这一阶段曲线有两个特点:一是 Oa 段是一条直线,它表明在这段范围内,应力与应变成正比,即

$$\sigma=E\varepsilon$$

比例系数 E 即为弹性模量,在图 3.14 中,$E=\tan\alpha$。此式所表明的关系即胡克定律。成正比关系的最高点 a 所对应的应力值 σ_p 称为**比例极限**,Oa 段称为线性弹性区。低碳钢的 $\sigma_p=200\text{MPa}$。

另一特点是 aa' 段为非直线段,它表明应力与应变成非线性关系。试验表明,只要应力不超过 a' 点所对应的应力 σ_e,其变形是完全弹性的,σ_e 称为**弹性极限**,其值与 σ_p 接近,所以在应用上,对比例极限和弹性极限不作严格区别。

2) 屈服阶段(图 3.14 中的 $a'c$ 段)

在应力超过弹性极限后,试样的伸长急剧地增加,而万能试验机的荷载读数却在很小的范围内波动,即试样的荷载基本不变而试样却不断伸长,好像材料暂时失去了抵抗变形的能力,这种现象称为**屈服**,这一阶段则称为**屈服阶段**。屈服阶段出现的变形,是不可恢复的塑性变形。若试样经过抛光,则在试样表面可以看到一些与试样轴线成 45° 角的条纹

(见图 3.15)，这是由材料沿试样的最大切应力面发生滑移而出现的现象，称为**滑移线**。

在屈服阶段内，应力 σ 有幅度不大的波动，称最高点 C 为上屈服点，称最低点 D 为下屈服点。试验指出，加载速度等很多因素对上屈服值的影响较大，而下屈服值则较为稳定。因此将下屈服点所对应的应力 σ_s，称为**屈服强度**或**屈服极限**。低碳钢的 $\sigma_s \approx 240 \text{MPa}$。

3) 强化阶段(图 3.14 中的 cd 段)

试样经过屈服阶段后，材料的内部结构得到了重新调整。在此过程中材料不断发生强化，试样中的抗力不断增长，材料抵抗变形的能力有所提高，表现为变形曲线自 c 点开始又继续上升，直到最高点 d 为止，这一现象称为**强化**，这一阶段称为**强化阶段**。其最高点 d 所对应的应力 σ_b，称为**抗拉强度**。低碳钢的 $\sigma_b \approx 400 \text{MPa}$。

对于低碳钢来讲，屈服强度 σ_s 和抗拉强度 σ_b 是衡量材料强度的两个重要指标。

若在强化阶段某点 m 停止加载，并逐渐卸除荷载(见图 3.16)，变形将退到点 n。如果立即重新加载，变形将重新沿直线 nm 到达点 m，然后大致沿着曲线 mde 继续增加，直到拉断。材料经过这样处理后，其比例极限和屈服极限将得到提高，而拉断时的塑性变形减少，即塑性降低了。这种通过卸载的方式而使材料的性质获得改变的做法称为**冷作硬化**。在工程中常利用冷作硬化来提高钢筋和钢缆绳等构件在线弹性范围内所能承受的最大荷载。值得注意的是，若试样拉伸至强化阶段后卸载，经过一段时间后再受拉，则其线弹性范围的最大荷载还有所提高，如图 3.16 中 $nfgh$ 所示，这种现象称为**冷作时效**。

钢筋冷拉后，其抗压的强度指标并不提高，所以在钢筋混凝土中，受压钢筋不用冷拉。

4) 局部变形阶段(图 3.14 中的 de 段)

试样从开始变形到 $\sigma\text{-}\varepsilon$ 曲线的最高点 d，在工作长度 l 范围内沿横纵向的变形是均匀的。但自 d 点开始，到 e 点断裂时为止，变形将集中在试样的某一较薄弱的区域内，如图 3.17 所示，该处的横截面面积显著地收缩，出现"缩颈"现象。在试样继续变形的过程中，由于"缩颈"部分的横截面面积急剧缩小，因此，荷载读数(即试样的抗力)反而降低，如图 3.13 中的 DE 线段。在图 3.16 中实线 de 是以变形前的横截面面积除拉力 F 后得到的，所以其形状与图 3.13 中的 DE 线段相似，也是下降。但实际缩颈处的应力仍是增长的，如图 3.14 中虚线 de' 所示。

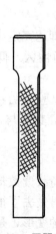

图 3.15 屈服现象

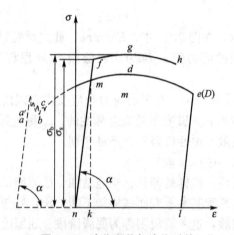

图 3.16 冷作硬化与冷作时效

图 3.17 低碳钢缩颈现象

3. 低碳钢的压缩试验

下面介绍低碳钢在压缩时的力学性能。将短圆柱体压缩试样置于万能试验机的承压平台间，并使之发生压缩变形。与拉伸试验相同，可绘出试样在试验过程的缩短量 Δl 与抗力 F 之间的关系曲线，该曲线关系图称为试样的**压缩图**。为了使得到的曲线与所用试样的横截面面积和长度无关，同样可以将压缩图改画成 $\sigma\text{-}\varepsilon$ 曲线，如图 3.18 实线所示。为了便于比较材料在拉伸和压缩时的力学性能，在图中以虚线形式绘出了低碳钢在拉伸时的 $\sigma\text{-}\varepsilon$ 曲线。

由图 3.18 可以看出：低碳钢在压缩时的弹性模量、弹性极限和屈服强度等与拉伸时基本相同，但过了屈服强度后，曲线逐渐上升，这是因为在试验过程中，试样的长度不断缩短，横截面面积不断增大，而计算名义应力时仍采用试样的原面积。此外，由于试样的横截面面积越来越大，使得低碳钢试样的压缩强度 σ_{bc} 无法测定。

从低碳钢拉伸试验的结果可以了解其在压缩时的力学性能。多数金属都有类似低碳钢的性质，所以塑性材料压缩时，在屈服阶段以前的特征值，都可用拉伸时的特征值，只是把拉伸换成压缩而已。但也有一些金属，例如铬钼硅金钢，在拉伸和压缩时的屈服极限并不相同，因此，对这些材料需要做压缩试验，以确定其压缩屈服极限。

塑性材料的试样在压缩后的变形如图 3.19 所示。试样的两端面由于受到摩擦力的影响，变形后呈鼓状。

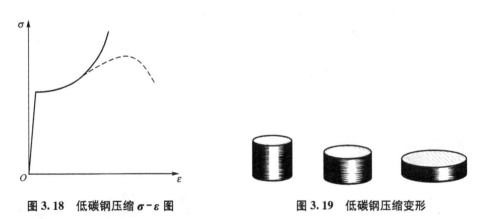

图 3.18　低碳钢压缩 $\sigma\text{-}\varepsilon$ 图　　　　图 3.19　低碳钢压缩变形

4. 材料的塑性指标

1) 断后伸长率

为了衡量材料的塑性性能，通常以试样拉断后的标距长度 l_1 与其原长 l 之差除以 l 的形式(表示成百分数)来表示，即

$$\delta = \frac{l_1 - l}{l} \times 100\% \tag{3-13}$$

δ 称为**断后伸长率**，低碳钢的 $\delta = 20\% \sim 30\%$。此值的大小表示材料在拉断前能发生的最大塑性变形程度，是衡量材料塑性的一个重要指标。工程上一般认为 $\delta \geqslant 5\%$ 的材料为塑性材料，$\delta < 5\%$ 的材料为脆性材料。

2) 断面收缩率

衡量材料塑性的另一个指标为断面收缩率，用 ψ 表示，其定义为

$$\psi = \frac{A - A_1}{A} \times 100\% \tag{3-14}$$

其中，A_1 为试样拉断后断口处的最小横截面面积。低碳钢的 ψ 一般在 60% 左右。

3.5.2 铸铁拉(压)时的力学性质

图 3.20 所示是铸铁在拉伸时的 σ-ε 曲线，这是一条微弯曲线，即应力应变不成正比。但由于直到拉断时试样的变形都非常小，且没有屈服阶段、强化阶段和局部变形阶段，因此，在工程计算中，通常以总应变为 0.1% 时 σ-ε 曲线的割线(如图 3.20 所示的虚线)斜率来确定其弹性模量，称为**割线弹性模量**。衡量脆性材料拉伸强度的唯一指标是材料的抗拉强度 σ_b。

与塑性材料不同，脆性材料在拉伸和压缩时的力学性能有较大的区别。如图 3.21 所示，绘出了铸铁在拉伸(虚线)和压缩(实线)时的 σ-ε 曲线，比较这两条曲线可以看出：①无论拉伸还是压缩，铸铁的 σ-ε 曲线都没有明显的直线阶段，所以应力-应变关系只是近似地符合胡克定律；②铸铁在压缩时无论强度还是延伸率都比在拉伸时要大得多，因此这种材料宜用作受压构件。

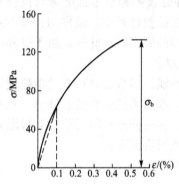

图 3.20 铸铁拉伸 σ-ε 曲线

铸铁试样受压破坏的情形如图 3.22 所示，其破坏面与轴线大致成 35°～40° 倾角。

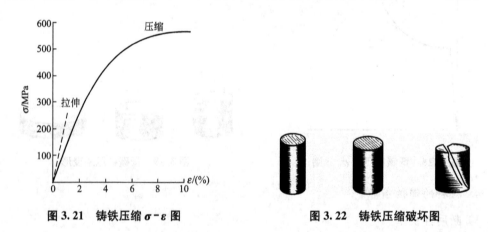

图 3.21 铸铁压缩 σ-ε 图　　　　图 3.22 铸铁压缩破坏图

3.5.3 其他材料拉(压)时的力学性质

1. 金属材料

对于其他金属材料，σ-ε 曲线并不都像低碳钢那样具备四个阶段。如图 3.23 所示为几种典型的金属材料在拉伸时的 σ-ε 曲线。可以看出，这些材料的共同特点是断后伸长率 δ 均较大，它们和低碳钢一样都属于塑性材料。但是有些材料(如铝合金)没有明显的屈服阶段，国家标准(GB/T 228—2002)规定，取塑性应变为 0.2% 时所对应的应力值作为**名义屈**

服极限，以 $\sigma_{0.2}$ 表示，如图 3.24 所示。确定 $\sigma_{0.2}$ 的方法是：在 ε 轴上取 0.2% 的点，过此点作平行于 σ-ε 曲线的直线段的直线(斜率亦为 E)，与 σ-ε 曲线相交的点所对应的应力即为 $\sigma_{0.2}$。

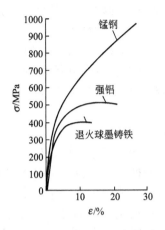

图 3.23 其他金属材料拉伸 σ-ε 图

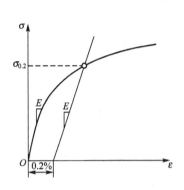

图 3.24 条件屈服应力

2. 非金属材料

1) 混凝土

混凝土是由水泥、石子和砂加水搅拌均匀经水化作用后而成的人造材料，是典型的脆性材料。混凝土的抗拉强度很小，为压缩强度的 1/5～1/20(见图 3.25)，因此，一般都用作压缩构件。混凝土的标号也是根据其压缩强度标定的。

试验时将混凝土做成正立方体试样，两端由压板传递压力，压坏时有两种形式：①压板与试样端面间加润滑剂以减小摩擦力，压坏时沿纵向开裂，如图 3.26(a)所示；②压板与试样端面间不加润滑剂，由于摩擦力大，压坏时是靠近中间剥落而形成两个对接的截锥体，如图 3.36(b)所示。两种破坏形式所对应的压缩强度也有差异。

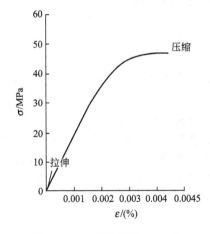

图 3.25 混凝土压缩 σ-ε 图

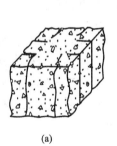

图 3.26 混凝土压缩破坏现象

2) 木材

木材的力学性能随应力方向与木纹方向间倾角大小的不同而有很大的差异，即木材的力学性能具有方向性，故其被称为各向异性材料。图 3.27 所示为木材在顺纹拉伸、顺纹

压缩和横纹压缩的 σ-ε 曲线，由图可见，顺纹压缩的强度要比横纹压缩的高，顺纹压缩的强度稍低于顺纹的拉伸强度，但受木节等缺陷的影响较小，因此在工程中广泛用作柱、斜撑等承压构件。由于木材的力学性能具有方向性，因而在设计计算中，其弹性模量 E 和许用应力 $[\sigma]$，都应随应力方向与木纹方向间倾角的不同而采用不同的数量，详情可参阅 GB 50005—2003《木结构设计规范》。

3）玻璃钢

玻璃钢是由玻璃纤维作为增强材料，与热固性树脂黏合而成的一种复合材料。玻璃钢的主要优点是质量轻、强度高、成形工艺简单、耐腐蚀、抗震性能好，且拉、压时的力学性能基本相同，因此，玻璃钢作为结构材料在工程中得到广泛应用。

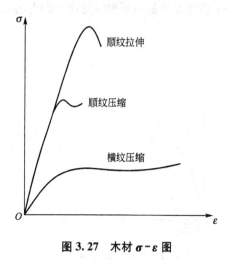

图 3.27 木材 σ-ε 图

3.5.4 塑性材料和脆性材料的主要区别

综合上述关于塑性材料和脆性材料的力学性能，归纳其区别如下：

（1）多数塑性材料在弹性变形范围内，应力与应变成正比关系，符合胡克定律；多数脆性材料在拉伸或压缩时 σ-ε 图一开始就是一条微弯曲线，即应力与应变不成正比关系，不符合胡克定律，但由于 σ-ε 曲线的曲率较小，所以在应用上假设它们成正比关系。

（2）塑性材料断裂时断后伸长率大，塑性性能好；脆性材料断裂时断后伸长率很小，塑性性能很差。所以塑性材料可以压成薄片或抽成细丝，而脆性材料则不能。

（3）表征塑性材料力学性能的指标有弹性模量、弹性极限、屈服强度、抗拉强度、断后伸长率和断面收缩率等；表征脆性材料力学性能的只有弹性模量和抗拉强度。

（4）多数塑性材料在屈服阶段以前，抗拉和抗压的性能基本相同，所以应用范围广；多数脆性材料抗压性能远大于抗拉性能，且价格低廉、便于就地取材，所以主要用于制作受压构件。

（5）塑性材料承受动荷载的能力强，脆性材料承受动荷载的能力很差，所以承受动荷载作用的构件多由塑性材料制作。

值得注意的是，在常温、静载条件下，根据拉伸试验所得材料的断后伸长率，将材料区分为塑性材料和脆性材料。但是，材料是塑性的还是脆性的，将因材料所处的温度、加载速度和应力状态等条件的不同而不同。例如，具有尖锐切槽的低碳钢试样，在轴向拉伸时将在切槽处发生突然的脆性断裂。又如，将铸铁放在高压介质下作拉伸试验，拉断时也会发生塑性变形和颈缩现象。

3.5.5 许用应力及强度计算

1. 许用应力

前面已经介绍了杆件在拉伸或压缩时最大工作应力的计算，以及材料在荷载作用下所表现的力学性能。但是，杆件是否会因强度不够而发生破坏，只有把杆件的最大工作应力与材料的强度指标联系起来，才有可能作出判断。

前述试验表明，当正应力达到抗拉强度 σ_b 时，会引起断裂，当正应力达到屈服强度 σ_s 时，将产生屈服或出现显著的塑性变形。构件工作时发生断裂是不容许的，构件工作时发生屈服或出现显著的塑性变形一般也是不容许的。所以，从强度方面考虑，断裂是构件破坏或失效的一种形式，同样，屈服也是构件失效的一种形式，一种广义的破坏。

根据上述情况，通常将抗拉强度与屈服强度统称为**极限应力**，并用 σ_u 表示。对于脆性材料，抗拉强度 σ_b 是唯一强度指标，因此以抗拉强度作为极限应力，即 $\sigma_u=\sigma_b$；对于塑性材料，由于其屈服强度 σ_s 小于抗拉强度 σ_b，故通常以屈服强度作为极限应力，即 $\sigma_u=\sigma_s$；对于无明显屈服阶段的塑性材料，则用 $\sigma_{0.2}$ 作为 σ_u，即 $\sigma_u=\sigma_{0.2}$。

杆件的最大工作应力 σ_{max} 应小于材料的极限应力 σ_u，而且还要有一定的安全储备。因此，在确定材料的极限应力后，除以一个大于 1 的系数 n，所得结果称为**许用应力或容许应力**，即

$$[\sigma]=\frac{\sigma_u}{n} \qquad (3-15)$$

式中，n 称为**安全因数**。各种材料在不同工作条件下的安全因数或许用应力，可从有关规范或设计手册中查到。在一般静强度计算中，对于塑性材料，按屈服强度所规定的安全因数 n_s，通常取为 1.5～2.2；对于脆性材料，按抗拉强度所规定的安全因数 n_b，通常取为 3.0～5.0，甚至更大。

几种常用材料在一般情况下的许用应力值如表 3-2 所示。

表 3-2 几种常用材料的许用应力约值

材料名称	牌号	轴向拉伸/MPa	轴向压缩 MPa
低碳钢	Q235	140～170	140～170
低合金钢	16Mn	230	230
灰口铸铁		35～55	160～200
木材（顺纹）		5.5～10.0	8～16
混凝土	C20	0.44	7
混凝土	C30	0.6	10.3

说明：适用于常温、静载和一般工作条件下的拉杆和压杆。

2. 强度计算

根据上述强度条件式(3-5a)、式(3-5b)，可以解决三方面强度计算问题：

（1）强度校核。已知荷载、杆件尺寸及材料的许用应力，根据强度条件校核是否满足强度要求，即计算最大工作应力与 $[\sigma]$ 作比较，即

$$\sigma_{max}=\left(\frac{F_N}{A}\right)_{max}$$

（2）选择截面尺寸。已知荷载及材料的许用应力，确定杆件所需的最小横截面面积。对于等截面拉（压）杆，其所需横截面面积为

$$A \geqslant \frac{F_{N,\max}}{[\sigma]}$$

(3) 确定承载能力。已知杆件的横截面面积及材料的许用应力，根据强度条件可以确定杆能承受的最大轴力，即

$$F_{N,\max} \leqslant A[\sigma]$$

根据轴力与外力的关系即可求出承载力。

下面通过例题来理解强度条件的应用。

【例题 3.4】 一钢筋混凝土组合屋架，如图 3.28(a)所示，受均布荷载 q 作用，屋架的上弦杆 AC 和 BC 由钢筋混凝土制成，下弦杆 AB 为 Q235 钢制成的圆形截面钢拉杆。已知：$q=10\text{kN/m}$，$l=8.8\text{m}$，$h=1.6\text{m}$，钢的许用应力 $[\sigma]=170\text{MPa}$，试设计钢拉杆 AB 的直径。

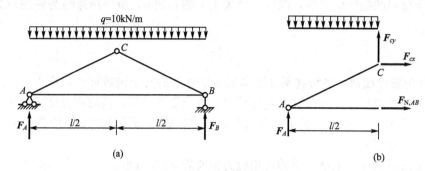

图 3.28 例题 3.4 图

解：
(1) 求支反力 F_A 和 F_B。因屋架及荷载对称，所以

$$F_A = F_B = \frac{1}{2}ql = \frac{1}{2} \times 10 \times 8.8 \text{kN} = 44 \text{kN}$$

(2) 用截面法求拉杆内力 $F_{N,AB}$，取左半个屋架为分离体，受力如图 3.28(b)所示。由

$$\sum M_C = 0, \quad F_A \times 4.4 - q \times \frac{l}{2} \times \frac{l}{4} - F_{N,AB} \times 1.6 = 0$$

得

$$F_{N,AB} = \left(F_A \times 4.4 - \frac{1}{8}ql^2\right)/1.6 = \frac{44 \times 4.4 - \frac{1}{8} \times 10 \times 8.8^2}{1.6}\text{kN} = 60.5\text{kN}$$

(3) 设计 Q235 钢拉杆的直径。由强度条件：

$$\frac{F_{N,AB}}{A} = \frac{4F_{N,AB}}{\pi d^2} \leqslant [\sigma]$$

得

$$d \geqslant \sqrt{\frac{4F_{N,AB}}{\pi[\sigma]}} = \sqrt{\frac{4 \times 60.5 \times 10^3}{\pi \times 170}}\text{mm} = 21.29\text{mm}$$

小　结

1. 轴力和轴力图

轴向拉伸和压缩变形时，杆件任一截面上的内力，其作用线与杆的轴线重合，这种内力称为轴力，用 F_N 表示。当轴力的方向与截面的外法线方向一致时，杆件受拉，规定轴力为正，称为拉力；反之，杆件受压，轴力为负，称为压力。计算内力的方法，称为截面法。轴力沿杆件轴线变化的图线，称为轴力图。

2. 拉(压)杆内的应力

应力是受力杆件某一截面上一点处的内力集度。

拉(压)杆横截面上只有正应力 σ，且均匀分布，设轴力为 F_N，横截面面积为 A，则有

$$\sigma = \frac{F_N}{A}$$

规定 σ 的正负与轴力相同，拉应力为正，压应力为负。

3. 拉(压)杆的变形

绝对变形：$\quad \Delta l = l_1 - l \quad \Delta d = d_1 - d$

相对变形：$\quad \varepsilon = \dfrac{\Delta l}{l} \quad \varepsilon' = \dfrac{\Delta d}{d}$

泊松比：$\quad \mu = \left| \dfrac{\varepsilon'}{\varepsilon} \right|$

胡克定律：$\quad \Delta l = \dfrac{F_N l}{EA} \quad \varepsilon = \dfrac{\sigma}{E}$

当拉、压杆有两个以上的外力作用时，各段变形的代数和即为杆的总变形：

$$\Delta l = \sum \frac{F_{Ni} l_i}{(EA)_i}$$

4. 强度条件

为了保证拉(压)杆在工作时不致因强度不够而破坏，杆内的最大工作应力 σ_{max} 不得超过材料的许用应力 $[\sigma]$，即

$$\sigma_{max} = \left(\frac{F_N}{A} \right)_{max} \leqslant [\sigma]$$

材料的极限应力除以一个大于 1 的安全因数 n，所得结果称为许用应力，即

$$[\sigma] = \frac{\sigma_u}{n}$$

利用强度条件，可以解决三种强度计算问题：①强度校核；②选择截面尺寸；③确定承载能力。

资 料 阅 读

中国国家大剧院

中国国家大剧院位于北京市中心天安门广场西，人民大会堂西侧，西长安街以南，由

国家大剧院主体建筑及南北两侧的水下长廊、地下停车场、人工湖、绿地组成，总占地面积 $11.89×10^4 m^2$，总建筑面积约 $16.5×10^4 m^2$，其中主体建筑 $10.5×10^4 m^2$，地下附属设施 $6×10^4 m^2$。总投资额 26.88 亿元人民币（大剧院最新公布的造价数字是 31 亿元人民币）。主体建筑由外部围护钢结构壳体和内部 2416 个坐席的歌剧院、2017 个坐席的音乐厅、1040 个坐席的戏剧院、公共大厅及配套用房组成。外部围护钢结构壳体呈半椭球形，其平面投影东西方向长轴长度为 212.20m，南北方向短轴长度为 143.64m，建筑物高度为 46.285m，基础埋深的最深部分达到 −32.5m。椭球形屋面主要采用钛金属板饰面，中部为渐开式玻璃幕墙。椭球壳体外环绕人工湖，湖面面积达 $35500m^2$，各种通道和入口都设在水面下。国家大剧院高 46.68m，比人民大会堂低 3.32m。但其实际高度要比人民大会堂高很多，因为国家大剧院 60% 的建筑在地下，其地下的高度有 10 层楼那么高。国家大剧院工程于 2001 年 12 月 13 日开工，于 2007 年 9 月建成。

中国国家大剧院的几个之最。

（1）世界最大穹顶：国家大剧院整个壳体钢结构重达 6475t，东西向长轴跨度 212.2m，是目前世界上最大的穹顶。

（2）北京最深建筑：国家大剧院地下最深处为 −32.5m，相当于往地下挖了 10 层楼的深度，成为北京最深的建筑。

（3）亚洲最大管风琴：音乐厅内的管风琴共有 6500 根发音管，是亚洲最大的管风琴，造价达 3000 万元人民币。

思 考 题

1. 试论证杆件横截面各点处的正应力若相等，则截面上法向分布内力的合力必通过横截面的形心。反之，法向分布内力的合力虽通过横截面的形心，但正应力在横截面上各点处却不一定相等。

2. 什么是平面假设？作此假设的依据是什么？为什么推导横截面上的正应力时必须先作出这个假设？

3. 什么是强度条件？根据强度条件可以解决工程实际中的哪些问题？

4. 胡克定律有几种表达形式？它的适用范围是什么？何谓拉压刚度？

5. 低碳钢在拉伸过程中表现为几个阶段？有哪几个特征值、各代表何含义？

习 题

3-1 试求如图 3.29 所示各杆 1—1、2—2、3—3 截面上的轴力，并作轴力图。

3-2 试求如图 3.30 所示阶梯状直杆横截面 1—1，2—2 和 3—3 上的轴力，并作轴力图。若横截面面积 $A_1=200mm^2$，$A_2=300mm^2$，$A_3=400mm^2$，求横截面上的应力。

3-3 在如图 3.31 所示的结构中,所有各杆都是钢制的,横截面面积均等于 $3\times10^{-3}\text{m}^2$,力 $F=100\text{kN}$。试求各杆的应力。

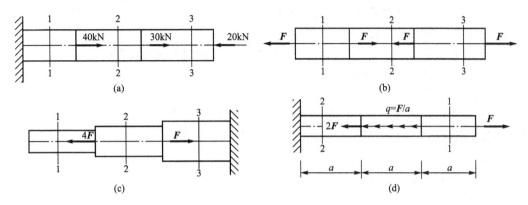

图 3.29 习题 3-1 图

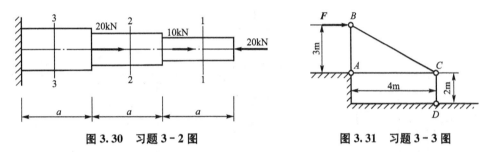

图 3.30 习题 3-2 图

图 3.31 习题 3-3 图

3-4 一根等直杆受力如图 3.32 所示。已知杆的横截面面积 A 和材料的弹性模量 E。试作轴力图,并求杆端 D 的位移。

3-5 已知钢和混凝土的弹性模量分别为 $E_{\text{set}}=200\text{GPa}$,$E_{\text{con}}=28\text{GPa}$,一钢杆和混凝土杆分别受轴向压力作用,试问:

① 当两杆应力相等时,混凝土杆的应变 ε_{con} 为钢杆的应变 ε_{set} 的多少倍?

② 当两杆应变相等时,钢杆的应力 σ_{set} 为混凝土的应力 σ_{con} 的多少倍?

③ 当 $\varepsilon_{\text{set}}=\varepsilon_{\text{con}}=-0.001$ 时,两杆的应力各是多少?

3-6 吊架结构的尺寸及受力情况如图 3.33 所示。水平梁 AB 为变形可忽略的粗钢梁,CA 是钢杆,长 $l_1=2\text{m}$,横截面面积 $A_1=2\text{cm}^2$,弹性模量 $E_1=200\text{GPa}$;DB 是铜杆,长 $l_2=1\text{m}$,横截面面积 $A_2=8\text{cm}^2$,弹性模量 $E_2=100\text{GPa}$,试求:

① 使刚性梁 AB 仍保持水平时,载荷 F 离 DB 杆的距离 x。

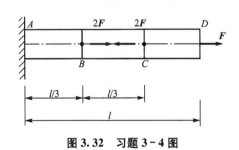

图 3.32 习题 3-4 图

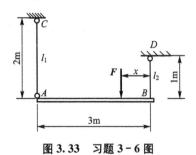

图 3.33 习题 3-6 图

② 如使水平梁的竖向位移不超过 0.2cm，则最大的力 F 应为多少？

3-7 如图 3.34 所示，A 和 B 两点之间原有水平方向的一根直径 $d=1$mm 的钢丝，在钢丝的中点 C 加一竖直荷载 F。已知钢丝产生的线应变为 $\varepsilon=0.0035$，其材料的弹性模量 $E=210$GPa，钢丝的自重不计。试求：

① 钢丝横截面上的应力（假设钢丝经过冷拉，在断裂前可认为符合胡克定律）。
② 钢丝在 C 点下降的距离 Δ。
③ 荷载 F 的值。

3-8 如图 3.35(a)、(b)所示，两根直径不同的实心截面杆，在 B 处焊接在一起，弹性模量均为 $E=200$GPa，受力和尺寸等均标在图中。试求：

① 画轴力图。
② 段杆横截面上的工作应力。
③ 杆的轴向变形总量。

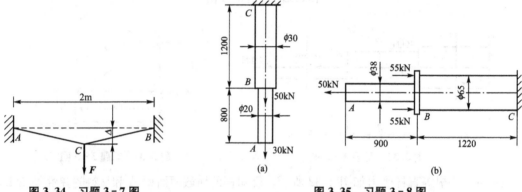

图 3.34 习题 3-7 图   图 3.35 习题 3-8 图

3-9 一结构受力如图 3.36 所示，杆件 AB、AD 均由两根等边角钢组成。已知材料的许用应力 $[\sigma]=170$MPa，试选择杆 AB、AD 的角钢型号。

3-10 图 3.37 所示为等截面直杆，由钢杆 ABC 与铜杆 CD 在 C 处粘接而成。直杆各部分的直径均为 $d=36$mm，受力情况如图所示。若不考虑杆的自重，试求 AC 段和 AD 段杆的轴向形变量 Δl_{AC} 和 Δl_{AD}。

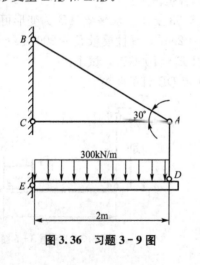
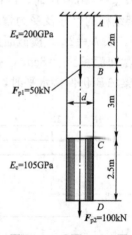

图 3.36 习题 3-9 图   图 3.37 习题 3-10 图

3-11 受轴向拉力 F 作用的箱形薄壁杆如图 3.38 所示。已知该杆的弹性常数为 E、μ，试求 C 与 D 两点间的距离改变量 Δ_{CD}。

3-12 ① 试证明受轴向拉伸（压缩）的圆截面杆横截面沿圆周方向的线应变 ε_s 等于直径方向的线应变 ε_d。

② 一根直径为 $d=10\text{mm}$ 的圆截面杆，在轴向拉力 F 作用下，直径减少 0.0025mm。如材料的弹性模量 $E=210\text{GPa}$，泊松比 $\mu=0.3$。试求轴向拉力 F。

③ 空心圆截面钢杆，外直径 $D=120\text{mm}$，内直径 $d=60\text{mm}$，材料的泊松比 $\mu=0.3$。当其受轴向拉伸时，已知纵向线应变 $\varepsilon=0.001$，试求其壁厚 δ。

3-13 横截面为正方形的木杆，弹性模量 $E=1\times 10^4 \text{MPa}$，截面边长 $a=20\text{cm}$，杆总长 $3l=150\text{cm}$，中段开有长为 l、宽为 $\dfrac{a}{2}$ 的槽，杆的左端固定，受力如图 3.39 所示。求：

① 各段内力和正应力。
② 作杆的轴力图。

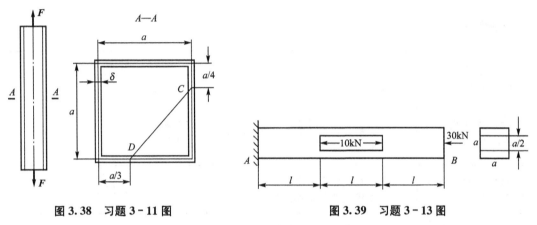

图 3.38　习题 3-11 图　　　　图 3.39　习题 3-13 图

3-14 如图 3.40 所示，油缸盖与缸体采用 8 个螺栓连接。已知油缸内径 $D=350\text{mm}$，油压 $p=1\text{MPa}$。若螺栓材料的许用应力 $[\sigma]=40\text{MPa}$。求螺栓的内径。

3-15 如图 3.41 所示，桁架的两杆材料相同，$[\sigma]=150\text{MPa}$。杆 1 直径 $d_1=15\text{mm}$，杆 2 直径 $d_2=20\text{mm}$，试求此结构所能承受的最大荷载 F。

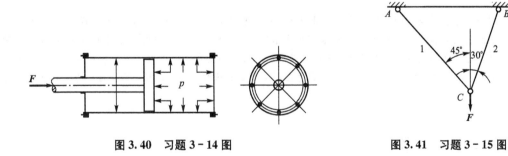

图 3.40　习题 3-14 图　　　　图 3.41　习题 3-15 图

第4章 扭转与剪切

教学目标

了解扭矩与扭矩图的计算
掌握切应力的计算及分布规律
掌握扭转角的计算
了解剪切与挤压的实用计算方法

教学要求

知识要点	能力要求	相关知识
扭矩与扭矩图	(1) 熟练绘制扭矩图	平衡的概念
切应力强度条件及其应用	(1) 掌握切应力的计算及其分布规律 (2) 理解切应力互等定理的分析方法 (3) 掌握强度计算	扭转试验 胡克定律
扭转角的计算及刚度条件	(1) 掌握扭转角的计算 (2) 掌握刚度条件的应用	扭转变形的几何关系
剪切与挤压的实用计算	(1) 了解剪切的实用计算 (2) 了解挤压的实用计算	近似计算

引言

工程中发生扭转变形的杆件很多。如船舶推进轴［见图 4.1(a)］,当主机发动时,带动推进轴转动,这时主机给传动轴作用一力偶 M_e,而螺旋桨由于水的阻力作用给轴一反力偶［见图 4.1(b)］,使推进轴产生扭转变形。单纯发生扭转的杆件不多,但以扭转为其主要变形之一的则不少,如汽车转向盘操纵杆(见图 4.2)、钻探机的钻杆(见图 4.3)等,都存在不同程度的扭转变形。工程中把以扭转为主要变形的直杆称为轴。

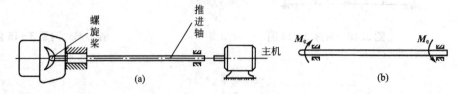

图 4.1 船舶推进轴

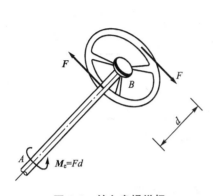

图 4.2 转向盘操纵杆

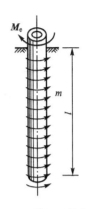

图 4.3 钻探机的钻杆

4.1 扭转的概念

工程中有一类等直杆,其受力和变形特点是:杆件受力偶系作用,这些力偶的作用面都垂直于杆轴(见图 4.4),截面 B 相对于截面 A 转了一个角度 φ,称为**扭转角**。同时,杆表面的纵向线将变成螺旋线。具有以上受力和变形特点的变形,称为**扭转变形**。

本章只讨论薄壁圆管及实心圆截面杆扭转时的应力和变形计算,这是由于等直圆杆的物理性能和横截面的几何形状具有极对称性,在发生扭转变形时,可以用建筑力学的方法来求解。对于非圆截面杆,例如矩形截面杆的受扭问题,因需用到弹性力学的研究方法,故不多论述。

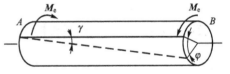

图 4.4 扭转杆

4.2 内力及内力图

4.2.1 内力——扭矩

1. 截面法

设有一圆轴 AB [见图 4.5(a)],受外力偶 M_e 作用。由截面法可知,圆轴任一横截面 $m—m$ 上的内力系必形成一力偶 [见图 4.5(b)],该内力偶的力偶矩称为**扭矩**,并用 T 来表示。扭矩符号可按右手螺旋法则确定,即当力偶矢指向截面的外法线时扭矩为正,反之为负。据此,如图 4.5(b)、图 4.5(c)所示中同一横截面上的扭矩均为正。一般假定截面的扭矩为正。

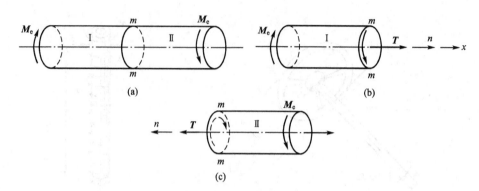

图 4.5 扭矩的符号规定

2. 简便方法

某截面扭矩等于截面一侧所有力偶矩的代数和，即

$$T = \sum M_{ei}$$

其中，各力偶矩以取左侧（取右侧）向左（向右）的力偶矩矢量为正（向右为正），该方法与计算轴力的简便方法类似。

用在传动轴上的外力偶往往有多个，因此，不同轴段上的扭矩也各不相同，可用简便方法计算轴横截面上的扭矩更为方便。

4.2.2 外力偶矩的计算

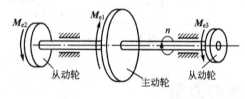

图 4.6 传动轴

传动轴为机械设备中的重要构件，其功能为通过轴的转动以传递动力。对于传动轴等转动构件，往往只知道它所传递的功率和转速。为此，需根据所传递的功率和转速，求出使轴发生扭转的外力偶矩。

设一传动轴（见图 4.6），其转速为 n，轴传递的功率由主动轮输入，然后通过从动轮分配出去。设通过某一轮所传递的功率为 P，则

$$\{M_e\}_{N \cdot m} = 9550 \frac{\{P\}_{kW}}{\{n\}_{r/min}} \quad (4-1)$$

如果功率 P 的单位用马力（1 马力 = 735.5N·m/s），则

$$\{M_e\}_{N \cdot m} = 7024 \frac{\{P\}_{马力}}{\{n\}_{r/min}} \quad (4-2)$$

4.2.3 内力图——扭矩图

为了表明沿杆轴线各横截面上的扭矩的变化情况，从而确定最大扭矩及其所在截面的位置，常需画出扭矩随截面位置变化的曲线，该曲线称为**扭矩图**，可仿照轴力图的做法绘制。

【例题 4.1】 传动轴如图 4.7(a)所示，其转速 $n = 200$r/min，功率由 A 轮输入，B、

C 两轮输出。若不计轴承摩擦所耗的功率,已知:$P_1 = 500\text{kW}$,$P_2 = 150\text{kW}$,$P_3 = 150\text{kW}$ 及 $P_4 = 200\text{kW}$,试作轴的扭矩图。

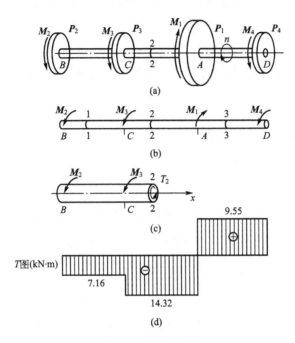

图 4.7 例题 4.1 图

解:

(1) 计算外力偶矩。各轮作用于轴上的外力偶矩分别为

$$M_1 = 9550 \times \frac{500}{200} \text{N} \cdot \text{m} = 23.88 \times 10^3 \text{N} \cdot \text{m} = 23.88 \text{kN} \cdot \text{m}$$

$$M_2 = M_3 = 9550 \times \frac{150}{200} \text{N} \cdot \text{m} = 7.16 \times 10^3 \text{N} \cdot \text{m} = 7.16 \text{kN} \cdot \text{m}$$

$$M_4 = 9550 \times \frac{200}{200} \text{N} \cdot \text{m} = 9.55 \times 10^3 \text{N} \cdot \text{m} = 9.55 \text{kN} \cdot \text{m}$$

(2) 由轴的计算简图 [见图 4.7(b)],可计算各段轴的扭矩。先计算 CA 段内任一横截面 2—2 上的扭矩。沿截面 2—2 将轴截开,并研究左边一段的平衡,由图 4.7(c) 可知:

$$\sum M_x = 0, \quad T_2 + M_2 + M_3 = 0$$

得

$$T_2 = -M_2 - M_3 = -14.32 \text{kN} \cdot \text{m}$$

同理,在 BC 段内

$$T_1 = -M_2 = -7.16 \text{kN} \cdot \text{m}$$

在 AD 段内

$$T_3 = M_4 = 9.55 \text{kN} \cdot \text{m}$$

(3) 根据以上数据,作扭矩图 [见图 4.7(d)]。由扭矩图可知,$T_{\max}$ 发生在 CA 段内,其值为 $14.32 \text{kN} \cdot \text{m}$。

可以用简便方法计算各截面扭矩,结果与上述相同,建议读者自行练习。

4.3 圆轴扭转时的应力与强度计算

上节阐明了圆轴扭转时，横截面上内力系合成的结果是一力偶，现在进一步分析内力系在横截面上的分布情况，以便建立横截面上的应力与扭矩的关系。下面先研究薄壁圆筒的扭转应力。

4.3.1 薄壁圆筒扭转时的应力

1. 试验现象

设一薄壁圆筒[见图 4.8(a)]，壁厚 δ 远小于其平均半径 $r_0 \left(\delta \leqslant \dfrac{r_0}{10} \right)$，两端受一对大小相等，转向相反的外力偶作用。加力偶前，在圆筒表面刻上一系列的纵向线和圆周线，从而形成一系列的矩形格子。扭转后，可看到下列变形情况[见图 4.8(b)]：

(1) 各圆周线绕轴线发生了相对转动，但形状、大小及相互之间的距离均无变化，且仍在原来的平面内。

(2) 所有的纵向线倾斜了同一微小角度 γ，变为平行的螺旋线。在小变形时，纵向线仍看作为直线。

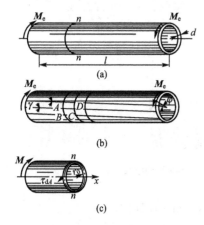

图 4.8 薄壁圆筒的扭转

2. 试验结论

(1) 扭转变形时，横截面的大小、形状及轴向间距不变，说明圆筒纵向与横向均无变形，线应变 ε 为零，由胡克定律 $\sigma = E\varepsilon$，可得横截面上正应力 σ 为零。

(2) 扭转变形时，相邻横截面间相对转动，截面上各点相对错动，发生剪切变形，故横截面上只有切应力，其方向沿各点相对错动的方向，即与半径垂直。

(3) 圆筒表面上每个格子的直角也都改变了相同的角度 γ，这种直角的改变量 γ 称为**切应变**。这个切应变和横截面上沿圆周切线方向的切应力是相对应的。由于相邻两圆周线间每个格子的直角改变量相等，并根据材料均匀连续的假设，可以推知沿圆周各点处切应力的方向与圆周相切，且其数值相等。至于切应力沿壁厚方向的变化规律，由于壁厚 δ 远小于其平均半径 r_0，故可近似地认为沿壁厚方向各点处切应力的数值无变化。

3. 切应力的计算

根据上述分析可得，薄壁圆筒扭转时横截面上各点处的切应力 τ 值均相等，其方向与圆周相切，如图 4.8(c)所示。于是，由横截面上内力与应力间的静力关系，得

$$\int_A \tau \mathrm{d}A \cdot r = T$$

由于 τ 为常数,且对于薄壁圆筒,r 可用其平均半径 r_0 代替,而积分 $\int_A \mathrm{d}A = A = 2\pi r_0 \delta$ 为圆筒横截面积,将其代入上式,得

$$\tau = \frac{T}{2\pi r_0^2 \delta} = \frac{T}{2A_0 \delta} \tag{4-3}$$

式中,$A_0 = \pi r_0^2$。

一般内、外直径之比 $\geqslant 0.95$ 时可用式(4-3)计算切应力。由图 4.8(b)所示的几何关系,可得薄壁圆筒表面上的切应变 γ 和相距为 l 的两端面间的相对扭转角 φ 之间的关系式:

$$\gamma = \varphi r / l \tag{4-4}$$

式中,r 为薄壁圆筒的外半径。

4. 剪切胡克定律

通过薄壁圆筒的扭转试验可以发现,当外力偶矩在某一范围内时,相对扭转角 φ 与扭矩 T 成正比,如图 4.9(a)所示。利用式(4-3)和式(4-4),即得 τ 与 γ 间的线性关系[见图 4.9(b)]为

$$\tau = G\gamma \tag{4-5}$$

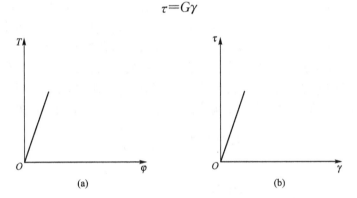

图 4.9 剪切胡克定律

上式称为材料的**剪切胡克定律**,式中的比例常数 G 称为材料的**切变模量**,其量纲与弹性模量 E 的相同。钢材的切变模量约为 80GPa。

应该注意,剪切胡克定律只有在切应力不超过材料的剪切比例极限 τ_P 时才适用。

4.3.2 圆轴扭转时横截面上的切应力

为了分析圆截面轴的扭转应力,首先观察其变形。

取一等截面圆轴,并在其表面等间距地画上一系列的纵向线和圆周线,从而形成一系列的矩形格子。然后在轴两端施加一对大小相等、转向相反的外力偶。可观察到下列变形情况(见图 4.10):各圆周线绕轴线发生了相对旋转,但形状、大小及相互之间的距离均无变化,所有的纵向线倾斜了同一微小角度 γ。

根据上述现象,对轴内变形作如下假设:变形后,横截面仍保持平面,其形状、大小

与横截面间的距离均不改变,而且,半径仍为直线。简言之,圆轴扭转时,各横截面如同刚性圆片,仅绕轴线作相对旋转。此假设称为圆轴扭转时的**平面假设**。

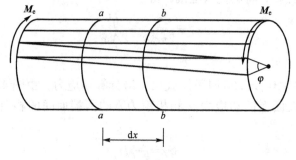

图 4.10 圆轴的扭转

由此可得如下推论:横截面上只有切应力而无正应力。横截面上任一点处的切应力均沿其相对错动的方向,即与半径垂直。

下面将从几何、物理与静力学三个方面来研究切应力的大小及分布规律。

1. 几何方面

为了确定横截面上各点处的应力,从圆杆内截取长为 dx 的微段(见图 4.11)进行分析。根据变形现象,右截面相对于左截面转了一个微扭转角 $d\varphi$,因此其上的任意半径 O_2D 也转动了同一角度 $d\varphi$。由于截面转动,杆表面上的纵向线 AD 倾斜了一个角度 γ。由切应变的定义可知,γ 就是横截面周边上任一点 A 处的切应变。同时,经过半径 O_2D 上任意点 G 的纵向线 EG 在杆变形后也倾斜了一个角度 γ_ρ,即为横截面半径上任一点 E 处的切应变。设 G 点至横截面圆心点的距离为 ρ,由图 4.11(a)所示的几何关系可得

$$\gamma_\rho \approx \tan\gamma_\rho = \frac{\overline{GG'}}{\overline{EG}} = \frac{\rho d\varphi}{dx}$$

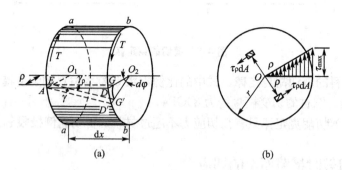

图 4.11 横截面上的应力分析

即

$$\gamma_\rho = \rho \frac{d\varphi}{dx} \tag{4-6}$$

式中,$\dfrac{d\varphi}{dx}$ 为扭转角沿杆长的变化率,对于给定的横截面,该值是个常量,所以,此式表明切应变 γ_ρ 与 ρ 成正比,即沿半径按直线规律变化。

2. 物理方面

由剪切胡克定律可知，在剪切比例极限范围内，切应力与切应变成正比，所以，横截面上距圆心距离为 ρ 处的切应力为

$$\tau_\rho = G\gamma_\rho = G\rho \frac{\mathrm{d}\varphi}{\mathrm{d}x} \tag{4-7}$$

由式(4-7)可知，在同一半径 ρ 的圆周上各点处的切应力 τ_ρ 值均相等，其值与 ρ 成正比。实心圆截面杆扭转切应力沿任一半径的变化情况如图 4.12(a)所示。由于平面假设同样适用于空心圆截面杆，因此空心圆截面杆扭转切应力沿任一半径的变化情况如图 4.12(b)所示。

3. 静力学方面

横截面上切应力表达式(4-7)中的 $\mathrm{d}\varphi/\mathrm{d}x$ 在截面一定时是个常数，通过静力学分析可确定该常数。在距圆心距离为 ρ 处的微面积 $\mathrm{d}A$ 上，作用有微剪力 $\tau_\rho \mathrm{d}A$（见图 4.13），它对圆心 O 的力矩为 $\rho\tau_\rho\mathrm{d}A$。在整个横截面上，所有微力矩之和等于该截面的扭矩，即

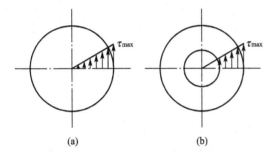

图 4.12 切应力分布规律

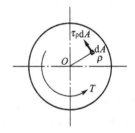

图 4.13 切应力与扭转的关系

$$\int_A \rho\tau_\rho \mathrm{d}A = T$$

将式(4-7)代入上式，经整理后即得

$$G\frac{\mathrm{d}\varphi}{\mathrm{d}x}\int_A \rho^2 \mathrm{d}A = T$$

式中，积分 $\int_A \rho^2 \mathrm{d}A$ 称为横截面的**极惯性矩 I_P**，则有

$$\frac{\mathrm{d}\varphi}{\mathrm{d}x} = \frac{T}{GI_P} \tag{4-8}$$

式(4-6)为圆轴扭转变形的基本公式，将其代入式(4-7)，即得

$$\tau_\rho = \frac{T}{I_P}\rho \tag{4-9}$$

式(4-9)即圆轴扭转时横截面上任一点处切应力的计算公式。

由式(4-9)可知，当 ρ 等于最大值 $d/2$ 时，即在横截面周边上的各点处，切应力将达到最大，其值为

$$\tau_{\max} = \frac{T}{I_P} \cdot \frac{d}{2}$$

在上式中，极惯性矩与半径都为横截面的几何量，令

$$W_P = \frac{I_P}{d/2}$$

那么

$$\tau_{\max} = \frac{T}{W_P} \qquad (4-10)$$

式中，W_P 称为**扭转截面系数**，其单位为 m^3。圆截面的扭转截面系数为

$$W_P = \frac{I_P}{d/2} = \frac{\pi d^3}{16}$$

空心圆截面的扭转截面系数为

$$W_P = \frac{I_P}{D/2} = \frac{\pi(D^4-d^4)}{16D} = \frac{\pi D^3}{16}(1-\alpha^4)$$

式中，$\alpha = d/D$。

应该指出，式(4-8)与式(4-9)仅适用于圆截面轴，而且，横截面上的最大切应力不得超过材料的剪切比例极限。

另外，由横截面上切应力的分布规律可知，越是靠近杆轴处切应力越小，故该处材料强度没有得到充分利用。如果将这部分材料挖下来放到周边处，就可以较充分地发挥材料的作用，达到经济的效果。从这方面看，空心圆截面杆比实心圆截面杆合理。

4.3.3 切应力互等定理

前面研究了等直圆杆扭转时横截面上的应力。为了全面了解杆内任一点的所有截面上的应力情况，下面研究任意斜截面上的应力，从而找出最大应力及其作用面的方位，为强度计算提供依据。

在圆杆的表面处任取一单元体，如图 4.14(a)所示。图中左右两侧面为杆的横截面，上下两侧面为径向截面，前后两侧面为圆柱面。在其前后两侧面上无任何应力，故可将其改为用平面图表示，如图 4.14(b)所示。由于单元体处于平衡状态，故由平衡条件 $\sum F_y = 0$ 可知，单元体在左右两侧面上的内力元素 $\tau_x \mathrm{d}y\mathrm{d}z$ 为大小相等、指向相反的一对力，并组成一个力偶，其矩为 $(\tau_x \mathrm{d}y\mathrm{d}z)\mathrm{d}x$。为了满足另两个平衡条件 $\sum F_x = 0$ 和 $\sum M_z = 0$，在单元体的上下两平面上将有大小相等、指向相反的一对内力元素 $\tau_y \mathrm{d}x\mathrm{d}z$，并组成其矩为 $(\tau_y \mathrm{d}x\mathrm{d}z)\mathrm{d}y$ 的力偶。由 $(\tau_x \mathrm{d}y\mathrm{d}z)\mathrm{d}x = (\tau_y \mathrm{d}x\mathrm{d}z)\mathrm{d}y$，得

$$\tau_x = -\tau_y \qquad (4-11)$$

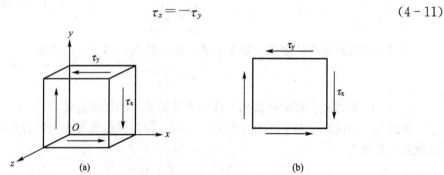

图 4.14 斜截面上的应力

式(4-11)表明，两相互垂直平面上的切应力 τ_x 和 τ_y 数值相等，且均指向(或背离)这两平面的交线，这称为**切应力互等定理**。该定理具有普遍意义，在同时有正应力的情况下同样成立。

4.3.4 强度计算

为确保圆杆在扭转时不被破坏，其横截面上的最大工作切应力 τ_{max} 不得超过材料的许用切应力 $[\tau]$，即要求

$$\tau_{max} \leqslant [\tau] \tag{4-12}$$

式(4-12)为圆杆扭转强度条件。

对于等直圆杆，其最大工作应力存在于最大扭矩所在横截面(危险截面)的周边上任一点处，这些点即为**危险点**。于是，上述强度条件可表示为

$$\tau_{max} = \frac{T_{max}}{W_P} \leqslant [\tau] \tag{4-13}$$

利用强度条件可进行强度校核、选择截面或计算许可荷载。

理论与实验研究均表明，材料纯剪切时的许用应力 $[\tau]$ 与许用正应力 $[\sigma]$ 之间存在下述关系：

对于塑性材料

$$[\tau] = (0.5 \sim 0.577)[\sigma]$$

对于脆性材料

$$[\tau] = (0.8 \sim 1.0)[\sigma_t]$$

式中，$[\sigma_t]$ 为许用拉应力。

【例题 4.2】 某传动轴，轴内的最大扭矩 $T = 1.5 \text{kN} \cdot \text{m}$，若许用切应力 $[\tau] = 50 \text{MPa}$，试按下列两种方案确定轴的横截面尺寸，并比较其质量。①实心圆截面轴的直径 d_1。②空心圆截面轴，其内、外径之比为 $d/D = 0.9$。

解：

(1) 确定实心圆轴的直径。由强度条件式(4-13)式得

$$W_P \geqslant \frac{T_{max}}{[\tau]}$$

而实心圆轴的扭转截面系数为

$$W_P = \frac{\pi d_1^3}{16}$$

那么，实心圆轴的直径为

$$d_1 \geqslant \sqrt[3]{\frac{16T}{\pi[\tau]}} = \sqrt[3]{\frac{16 \times (1.5 \times 10^6)}{3.14 \times 50}} \text{mm} = 53.5 \text{mm}$$

(2) 确定空心圆轴的内、外径。由扭转强度条件以及空心圆轴的扭转截面系数可知，空心圆轴的外径为

$$D \geqslant \sqrt[3]{\frac{16T}{\pi(1-\alpha^4)[\tau]}} = \sqrt[3]{\frac{16 \times (1.5 \times 10^6)}{3.14 \times (1-0.9^4) \times 50}} \text{mm} = 76.3 \text{mm}$$

而其内径为

$$d=0.9D=0.9\times76.3\text{mm}=68.7\text{mm}$$

(3) 质量比较。上述空心与实心圆轴的长度与材料均相同，所以，两者的质量之比 β 等于其横截面之比，即

$$\beta=\frac{\pi(D^2-d^2)}{4}\times\frac{4}{\pi d_1^2}=\frac{76.3^2-68.7^2}{53.5^2}=0.385$$

上述数据充分说明，空心轴远比实心轴轻。

【例题 4.3】 阶梯形圆轴如图 4.15(a)所示，AB 段直径 $d_1=100\text{mm}$，BC 段直径 $d_2=80\text{mm}$。扭转力偶矩 $M_A=14\text{kN}\cdot\text{m}$，$M_B=22\text{kN}\cdot\text{m}$，$M_C=8\text{kN}\cdot\text{m}$。已知材料的许用切应力 $[\tau]=85\text{MPa}$，试校核该轴的强度。

解：

(1) 作扭矩图。用截面法求得 AB、BC 段的扭矩，扭矩图如图 4.14(b)所示。

(2) 强度校核。由于两段轴的直径不同，因此分别校核两段轴的强度。

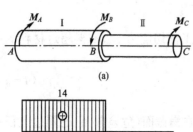

图 4.15 例题 4.3 图

AB 段 $\quad\tau_{\text{I,max}}=\dfrac{T_1}{W_{P1}}=\dfrac{14\times10^6}{\dfrac{\pi}{16}\times(100)^3}\text{MPa}=71.34(\text{MPa})<[\tau]$

BC 段 $\quad\tau_{\text{II,max}}=\dfrac{T_2}{W_{P2}}=\dfrac{8\times10^6}{\dfrac{\pi}{16}\times(80)^3}\text{MPa}=79.62\text{MPa}<[\tau]$

因此，该轴满足强度要求。

4.4 圆轴扭转时的变形与刚度计算

4.4.1 扭转变形的计算

如前所述，轴的扭转变形，是用两横截面绕轴线的相对扭转角 φ 来度量。

由式(4-8)可知，微段 $\text{d}x$ 的扭转角变形为

$$\text{d}\varphi=\frac{T}{GI_P}\text{d}x$$

因此，相距 l 的两横截面间的扭转角为

$$\varphi=\int_l\text{d}\varphi=\int_l\frac{T}{GI_P}\text{d}x$$

由此可见，对于长为 l、扭矩 T 为常数的等截面圆轴，由上式得两端横截面间的扭转角为

$$\varphi=\frac{Tl}{GI_P} \tag{4-14}$$

φ 的单位为 rad。式(4-14)表明，扭转角 φ 与扭矩 T、轴长 l 成正比，与 GI_P 成反比。

GI_P 称为圆轴的**扭转刚度**。

4.4.2 圆轴扭转时的刚度计算

等直圆轴扭转时,除需满足强度要求外,有时还需满足刚度要求。例如机器的传动轴如扭转角过大,将会使机器在运转时产生较大的振动,或影响机床的加工精度等。圆轴在扭转时各段横截面上的扭矩可能并不相同,各段的长度也不相同。因此,在工程实际中,通常是限制扭转角沿轴线的变化率 $\mathrm{d}\varphi/\mathrm{d}x$ 或单位长度内的扭转角,使其不超过某一规定的许用值 $[\theta]$。由式(4-6)可知,扭转角的变化率为

$$\theta = \frac{\mathrm{d}\varphi}{\mathrm{d}x} = \frac{T}{GI_P}$$

所以,圆轴扭转的刚度条件为

$$\theta_{\max} = \left(\frac{T}{GI_P}\right)_{\max} \leqslant [\theta] \tag{4-15a}$$

对于等截面圆轴,则要求

$$\frac{T_{\max}}{GI_P} \leqslant [\theta] \tag{4-15b}$$

式中,$[\theta]$ 为单位长度许用扭转角,其常用单位是 $(°)/\mathrm{m}$,而单位长度扭转角的单位是 $\mathrm{rad/m}$,须将其单位换算,于是可得

$$\frac{T_{\max}}{GI_P} \times \frac{180}{\pi} \leqslant [\theta] \tag{4-15c}$$

对于一般的传动轴,$[\theta]$ 为 $(0.5~2°)/\mathrm{m}$。对于精密机器的轴,$[\theta]$ 常取 $0.15°\sim0.3°/\mathrm{m}$ 之间。具体数值可在机械设计手册中查出。

【**例题 4.4**】 一汽车传动轴简图如图 4.16(a)所示,转动时输入的力偶矩 $M_e = 9.56\mathrm{kN\cdot m}$,轴的内外直径之比 $\alpha = \frac{1}{2}$。钢的许用切应力 $[\tau] = 40\mathrm{MPa}$,切变模量 $G = 80\mathrm{GPa}$,许可单位长度扭转角 $[\theta] = 0.3°/\mathrm{m}$。试按强度条件和刚度条件选择轴的直径。

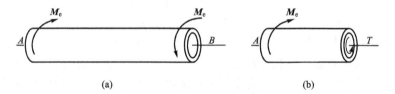

图 4.16 例题 4.4 图

解:

(1) 求扭矩 T。用截面法截取左段为分离体 [见图 4.16(b)],根据平衡条件得

$$T = M_e = 9.56\mathrm{kN\cdot m}$$

(2) 根据强度条件确定轴的外径。由

$$W_P = \frac{\pi D^3}{16}(1-\alpha^4) = \frac{\pi D^3}{16}\left[1-\left(\frac{1}{2}\right)^4\right] = \frac{\pi D^3}{16} \times \frac{15}{16}$$

和

$$\frac{T_{\max}}{W_P} \leqslant [\tau]$$

得 $D \geqslant \sqrt[3]{\dfrac{16T}{\pi(1-\alpha^4)[\tau]}} = \sqrt[3]{\dfrac{16\times(9.56\times10^3)\times16}{15\pi(40\times10^6)}}\text{m} = 109\times10^{-3}\text{m} = 109\text{mm}$

(3) 根据刚度条件确定轴的外径。由

$$I_P = \dfrac{\pi D^4}{32}(1-\alpha^4) = \dfrac{\pi D^4}{16}\left[1-\left(\dfrac{1}{2}\right)^4\right] = \dfrac{\pi D^4}{32}\times\dfrac{15}{16}$$

和

$$\dfrac{T_{\max}}{GI_P}\times\dfrac{180}{\pi}\leqslant[\theta]$$

得

$$D \geqslant \sqrt[4]{\dfrac{T}{G\times\dfrac{\pi}{32}(1-\alpha^4)}\times\dfrac{180}{\pi}\times\dfrac{1}{[\theta]}}$$

$$= \sqrt[4]{\dfrac{32\times(9.56\times10^3)\times16}{(80\times10^9)\pi\times15}\times\dfrac{180}{\pi}\times\dfrac{1}{0.3}}\text{m}$$

$$= 125.5\times10^{-3}\text{m} = 125.5\text{mm}$$

所以，空心圆轴的外径不能小于 125.5mm，内径不能小于 62.75mm。

4.5 剪切变形

4.5.1 剪切变形的概念

剪切是杆件的基本变形形式之一，当杆件受大小相等、方向相反、作用线相距很近的一对横向力作用［见图 4.17(a)］时，杆件发生剪切变形。此时，截面 cd 相对于截面 ab 将发生错动，见图 4.17(b)所示。若变形过大，杆件将在 cd 面和 ab 面之间的某一截面 m—m 处被剪断，m—m 截面称为**剪切面**。剪切面的内力称为**剪力**，与之相对应的应力为**切应力**。

工程实际中，承受剪切的构件很多，特别是在连接件中更为常见。例如机械中的轴与齿轮间的键连接(见图 4.18)，桥梁桁架节点处的铆钉(或螺栓)连接(见图 4.19)，吊装重物的销轴连接(见图 4.20)等。铆钉、螺栓、键等起连接作用的零件，统称为连接件。连接件的变形往往是比较复杂的，而其本身的尺寸又比较小，在工程实际中，通常按照连接件的破坏可能性，采用既能反映受力的基本特征，又能简化计算的假设，计算其名义应力，然后根据直接试验的结果，确定其许用应力，来进行强度计算。这种简化计算的方法，称为**工程实用计算法**。连接件的强度计算，在整个结构设计中占有重要的地位。

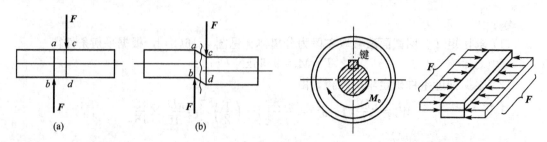

图 4.17　剪切变形　　　　　　　　　　图 4.18　键连接

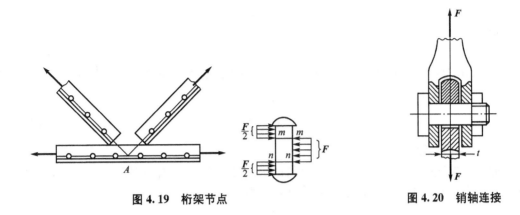

图 4.19 桁架节点　　　　图 4.20 销轴连接

4.5.2　剪切的实用计算

在连接件中，铆钉和螺栓连接是较为典型的连接方式，其强度计算对其他连接形式具有普遍意义。下面就以铆钉连接为例来说明连接件的强度计算。

对图 4.21 所示的铆接结构，实际分析表明，它的破坏可能有下列三种形式：

（1）铆钉沿剪切面 $m—m$ 被剪断，如图 4.21(b) 所示。

（2）由于铆钉与连接板孔壁之间的局部挤压，使铆钉或板孔壁产生显著的塑性变形，从而导致连接松动而失效，如图 4.21(c) 所示。

（3）连接板沿被铆钉孔削弱了的 $n—n$ 截面被拉断，如图 4.21(d) 所示。

上述三种破坏形式均发生在连接接头处。若要保证连接结构安全正常地工作，首先要保证连接接头的正常工作。因此，往往要对上述三种情况进行强度计算。

铆钉的受力图如图 4.21(b) 所示，板对铆钉的作用力是分布力，此分布力的合力等于作用在板上的力 $\boldsymbol{F}$。用一假想截面沿剪切面 $m—m$ 将铆钉截为上、下两部分，暴露出剪切面上的内力 $\boldsymbol{F}_S$ ［见图 4.22(a)］，即为**剪力**。取其中一部分为分离体，由平衡方程

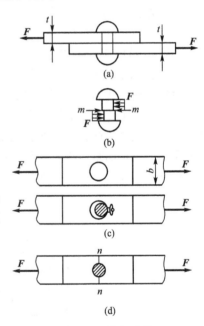

图 4.21　铆钉连接

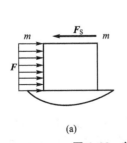
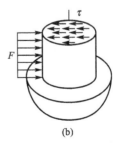

图 4.22　剪切面上的切应力

$$\sum F_x = 0, \quad F - F_S = 0$$

得

$$F_S = F$$

在剪切实用计算中，假设剪切面上的切应力均匀分布[见图4.22（b）]，于是，剪切面上的名义切应力为

$$\tau = \frac{F_S}{A_S} \tag{4-16}$$

式中，A_S 为剪切面的面积。

通过直接试验，得到剪切破坏时材料的极限切应力 τ_u，再除以安全因数，即得材料的许用切应力 $[\tau]$。于是，剪切强度条件可表示为

$$\tau = \frac{F_S}{A_S} \leqslant [\tau] \tag{4-17}$$

试验表明，对于钢连接件的许用切应力 $[\tau]$ 与许用正应力 $[\sigma]$ 之间，有如下关系：

$$[\tau] = (0.6 \sim 0.8)[\sigma]$$

4.5.3　挤压的实用计算

在图4.21(c)所示的铆钉连接中，在铆钉与连接板相互接触的表面上，将发生彼此间的局部承压现象，称为**挤压**。挤压面上所受的压力称为**挤压力**，记作 F_{bs}。因挤压而产生的应力称为**挤压应力**。铆钉与铆钉孔壁之间的接触面为圆柱形曲面，挤压应力 σ_{bs} 的分布如图4.23(a)所示，其最大值发生在 A 点，直径两端 B、C 处等于零。要精确计算这样分布的挤压应力是比较困难的。在工程计算中，当挤压面为圆柱面时，取实际挤压面在直径平面上的投影面积，作为计算挤压面积 A_{bs}。在挤压实用计算中，用挤压力除以计算挤压面积得到名义挤压应力，即

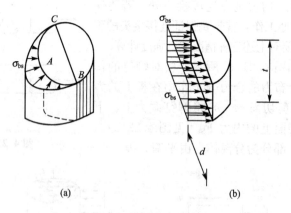

图4.23　挤压应力的计算

$$\sigma_{bs} = \frac{F_{bs}}{A_{bs}} \tag{4-18}$$

然后，通过直接试验，并按名义挤压应力的计算公式得到材料的极限挤压应力，再除以安全因数，即得许用挤压应力 $[\sigma_{bs}]$。于是，挤压强度条件可表示为

$$\sigma_{bs}=\frac{F_{bs}}{A_{bs}}\leqslant [\sigma_{bs}] \tag{4-19}$$

试验表明，对于钢连接件的许用挤压应力 $[\sigma_{bs}]$ 与许用正应力 $[\sigma]$ 之间，有如下关系：
$$[\sigma_{bs}]=(1.7\sim 2.0)[\sigma]$$

应当注意，挤压应力是在连接件与被连接件之间相互作用的，因而，当两者材料不同时，应校核其中许用挤压应力较低的材料的挤压强度。另外，当连接件与被连接件的接触面为平面时，计算所得的挤压面积 A_{bs} 即为实际挤压面的面积。

【**例题 4.5**】 两块钢板用三个直径相同的铆钉连接，如图 4.24(a)所示。已知钢板宽度 $b=100\text{mm}$，厚度 $t=10\text{mm}$，铆钉直径 $d=20\text{mm}$，铆钉许用切应力 $[\tau]=100\text{MPa}$，许用挤压应力 $[\sigma_{bs}]=300\text{MPa}$，钢板许用拉应力 $[\sigma]=160\text{MPa}$。试求许可荷载 $[F]$。

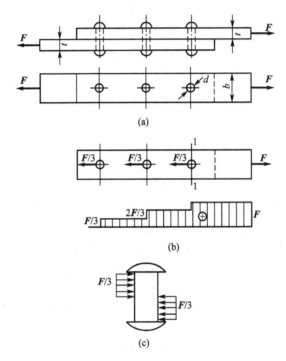

图 4.24 例题 4.5 图

解：

(1) 按剪切强度条件求 F。由于各铆钉的材料和直径均相同，且外力作用线通过铆钉组受剪面的形心，可以假定各铆钉所受剪力相同。因此，铆钉及连接板的受力情况如图 4.24(b)所示。每个铆钉所受的剪力为
$$F_S=\frac{F}{3}$$

根据剪切强度条件式(4-17)
$$\tau=\frac{F_S}{A_S}\leqslant [\tau]$$

可得
$$F\leqslant 3[\tau]\frac{\pi d^2}{4}=3\times 100\times \frac{3.14\times 20^2}{4}\text{N}=94200\text{N}=94.2\text{kN}$$

(2) 按挤压强度条件求 F。由上述分析可知，每个铆钉承受的挤压力为

$$F_{bs}=\frac{F}{3}$$

根据挤压强度条件式(4-19)

$$\sigma_{bs}=\frac{F_{bs}}{A_{bs}}\leqslant[\sigma_{bs}]$$

可得

$$F\leqslant 3[\sigma_{bs}]A_{bs}=3[\sigma_{bs}]dt=3\times300\times20\times10\text{N}=180000\text{N}=180\text{kN}$$

(3) 按连接板抗拉强度求 F。由于上下板的厚度及受力是相同的，所以分析其一即可。图 4.24(b)所示的是上板的轴力图。1—1 截面内力最大而截面面积最小，为危险截面，则有

$$\sigma=\frac{F_{N1-1}}{A_{1-1}}=\frac{F}{A_{1-1}}\leqslant[\sigma]$$

由此可得

$$F\leqslant[\sigma](b-d)t=160\times(100-20)\times10\text{N}=128000\text{N}=128\text{kN}$$

根据以上计算结果，应选取最小的荷载值作为此连接结构的许用荷载。故取

$$[F]=94.2\text{kN}$$

4.5.4 连接构件的强度计算

铆钉连接在建筑结构中被广泛采用。铆接的方式主要有搭接［见图 4.25(a)］、单盖板对接［见图 4.24(b)］和双盖板对接［见图 4.25(c)］三种。搭接和单盖板对接中的铆钉具有一个剪切面，称为**单剪**，双盖板对接中的铆钉具有两个剪切面，称为**双剪**。在搭接和单盖板对接中，由铆钉的受力可见，铆钉(或钢板)显然将发生弯曲。在铆钉组连接中［见图 4.26］，由于铆钉和钢板的弹性变形，两端铆钉的受力与中间铆钉的受力并不完全相同。为简化计算，在铆钉组的计算中假设：①不论铆接的方式如何，均不考虑弯曲的影响；②若外力的作用线通过铆钉组受剪面的形心，且同一组内各铆钉的材料与直径均相同，则每个铆钉的受力也相同。

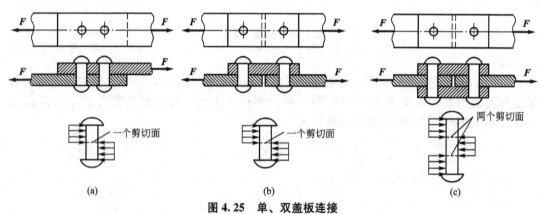

图 4.25 单、双盖板连接

按照上述假设，就可得到每个铆钉的受力 F_1 为

$$F_1=\frac{F}{n}$$

式中，n 为铆钉组中的铆钉个数。

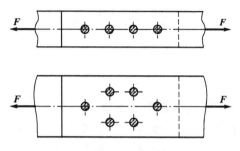

图 4.26 铆钉组连接

小 结

1. 扭矩及扭矩图

圆轴扭转变形时，任一横截面上的内力系形成一力偶，该内力偶的力偶矩称为扭矩，用 T 表示。为了表明沿杆轴线各横截面上的扭矩的变化情况，从而确定最大扭矩及其所在截面的位置，常需画出扭矩随截面位置变化的曲线，这种曲线称为扭矩图，或称为 T 图。

2. 外力偶矩的计算

$$\{M_e\}_{N \cdot m} = 9550 \frac{\{P\}_{kW}}{\{n\}_{r/min}} \quad \{M_e\}_{N \cdot m} = 7024 \frac{\{P\}_{马力}}{\{n\}_{r/min}}$$

3. 圆轴扭转时的应力与强度条件

(1) 薄壁圆筒的扭转应力：

$$\tau = \frac{T}{2\pi r_0^2 \delta} = \frac{T}{2A_0 \delta}$$

(2) 圆截面轴扭转时横截面上的应力：$\tau_\rho = \frac{T}{I_P}\rho$

(3) 强度条件：$\tau_{max} = \frac{T_{max}}{W_P} \leqslant [\tau]$

4. 圆轴扭转时的变形与刚度条件

(1) 扭转变形公式：$\varphi = \frac{Tl}{GI_P}$

(2) 圆轴扭转刚度条件：$\frac{T_{max}}{GI_P} \times \frac{180}{\pi} \leqslant [\theta]$

5. 连接件的强度计算

(1) 剪切实用计算：$\tau = \frac{F_S}{A_S} \leqslant [\tau]$

(2) 挤压实用计算：$\sigma_{bs} = \frac{F_{bs}}{A_{bs}} \leqslant [\sigma_{bs}]$

资料阅读

台北 101 大楼

为了抵抗因高空强风及台风吹拂造成的摇晃,大楼内设置了"调谐质块阻尼器"(tunedmass damper,又称"调质阻尼器"),是在 88~92 层挂置一个重达 660t 的巨大钢球,利用摆动来减缓建筑物的晃动幅度。据台北 101 告示牌所言,这也是全世界唯一开放的、可供游客观赏的巨型阻尼器,更是目前全球最大的阻尼器。防震措施方面,台北 101 采用新式的"巨型结构"(mega structure),在大楼的四个外侧各有两支巨柱,共八支巨柱,每支截面长 3m、宽 2.4m,自地下 5 层贯通至地上 90 层,柱内灌入高密度混凝土,外以钢板包覆。

从许多方面来说,台北 101 大楼运用了许多当代摩天大楼中最先进的技术。大楼内使用了光缆和卫星网络连线,每秒的传输速率最高可达 1GB。此外,日本东芝(TOSHIBA)公司制造了两台全世界最快的电梯,能够在 39s 之内从 5 层上升至位于 89 层的观景台。而游客也能从楼梯上到位在 91 层的室外观景台。

思 考 题

1. 什么是剪切变形?杆件在怎样的外力作用下会发生剪切变形?
2. 切应力 τ 与正应力 σ 的区别是什么?挤压应力 σ_{bs} 和一般的压应力 σ 有何区别?
3. 圆轴扭转时切应力在横截面上是如何分布的?
4. 空心圆轴的外径为 D,内径为 d,则其扭转截面系数为 $W_P = \dfrac{\pi D^3}{16} - \dfrac{\pi d^3}{16}$,此式正确否?为什么?
5. 何谓"扭转角"?其单位是什么?如何计算圆轴扭转时的扭转角?何谓"扭转刚度"?圆轴扭转的刚度条件是如何建立的?

习 题

4-1 试作图4.27所示各杆的扭矩图。

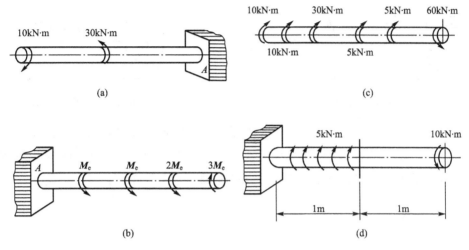

图4.27 习题4-1图

4-2 如图4.28所示,一传动轴做匀速转动,转速$n=200$r/min,轴上装有五个轮子,主动轮Ⅱ输入的功率为60kW,从动轮Ⅰ、Ⅲ、Ⅳ、Ⅴ依次输出18kW、12kW、22kW和8kW。试作轴的扭矩图。

4-3 一钻探机的功率为10kW,转速$n=180$r/min。钻杆钻入土层的深度$l=40$m,如图4.29所示。如土壤对钻杆的阻力可看作是均匀分布的力偶,试求分布力偶的集度m,并作钻杆的扭矩图。

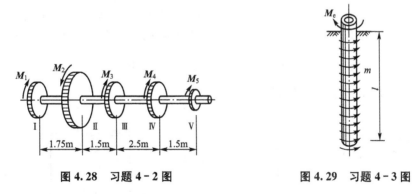

图4.28 习题4-2图　　　　图4.29 习题4-3图

4-4 空心钢轴的外径$D=100$mm,内径$d=50$mm。已知间距$l=2.7$m的两横截面的相对扭转角$\varphi=1.8°$,材料的切变模量$G=80$GPa,试求:

① 轴内的最大切应力。

② 当轴以$n=80$r/min的速度旋转时,轴所传递的功率。

4-5 如图4.30所示一等直圆杆,已知$d=40$mm,$a=400$mm,$G=80$GPa,$\varphi_{DB}=1°$。试求:

① 最大切应力。
② 截面 A 相对于截面 C 的扭转角。

4-6 如图 4.31 所示，一圆截面杆左端固定、右端自由，在全长范围内受均布力偶矩作用，其集度为 m，设杆材料的切变模量为 G，截面的极惯性矩为 I_P，杆长为 l，试求自由端的扭转角 φ_B。

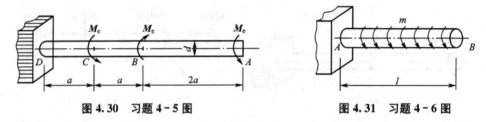

图 4.30　习题 4-5 图　　　　图 4.31　习题 4-6 图

4-7 如图 4.32 所示，一薄壁钢管受扭矩 $M_e = 2\mathrm{kN \cdot m}$ 作用。已知：$D = 60\mathrm{mm}$，$d = 50\mathrm{mm}$，$E = 210\mathrm{GPa}$。已测得管壁上相距 $l = 200\mathrm{mm}$ 的 AB 两截面的相对扭转角 $\varphi_{AB} = 0.43°$，试求材料的泊松比。（提示：各向同性材料的三个弹性常数 E、G、μ 间的关系为 $G = \dfrac{E}{2(1+\mu)}$）

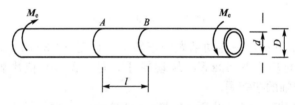

图 4.32　习题 4-7 图

4-8 直径 $d = 25\mathrm{mm}$ 的钢圆杆，受 60kN 的轴向拉力作用时，在标距为 200mm 的长度内伸长了 0.113mm。当其承受一对 $M_e = 0.2\mathrm{kN \cdot m}$ 的扭转外力偶矩作用时，在标距为 200mm 的长度内相对扭转了 $0.732°$ 的角度。试求钢材的弹性常数 E、和 μ。

4-9 如图 4.33 所示，实心圆轴与空心圆轴通过牙嵌离合器相连接。已知轴的转速 $n = 100\mathrm{r/min}$，传递功率 $P = 10\mathrm{kW}$，许用切应力 $[\tau] = 80\mathrm{MPa}$，$\dfrac{d_1}{d_2} = 0.6$。试确定实心轴的直径 d，空心轴的内外径 d_1 和 d_2。

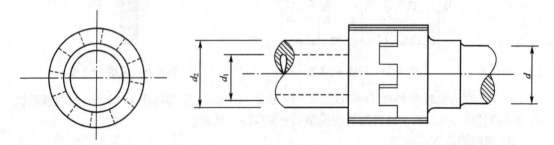

图 4.33　习题 4-9 图

4-10 图 4.34 所示为等直圆杆，已知外力偶矩 $M_A=2.99\text{kN}\cdot\text{m}$，$M_B=7.2\text{kN}\cdot\text{m}$，$M_C=4.21\text{kN}\cdot\text{m}$，许用切应力 $[\tau]=70\text{MPa}$，许可单位长度扭转角 $[\theta]=1°/\text{m}$，切变模量 $G=80\text{GPa}$。试确定该轴的直径 d。

4-11 传动轴的转速为 $n=500\text{r/min}$，主动轮 1 输入功率 $P_1=368\text{kW}$，从动轮 2 和 3 分别输出功率 $P_2=147\text{kW}$，$P_3=221\text{kW}$。已知 $[\tau]=70\text{MPa}$，$G=80\text{GPa}$，$[\theta]=1°/\text{m}$，如图 4.35 所示。

① 试确定 AB 段的直径 d_1 和 BC 段的直径 d_2。
② 若 AB 和 BC 两段选用同一直径，试确定直径 d。
③ 主动轮和从动轮应如何安排才比较合理？

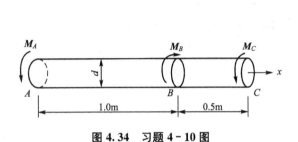

图 4.34 习题 4-10 图 　　　　图 4.35 习题 4-11 图

4-12 如图 4.36 所示为冲床的冲头。在力 F 作用下，冲剪钢板，设板厚 $t=10\text{mm}$，板材料的剪切强度极限 $\tau_b=360\text{MPa}$，当需冲剪一个直径 $d=20\text{mm}$ 的圆孔，试计算所需的力 F 等于多少？

4-13 图 4.37 所示为一正方形截面的混凝土柱，浇筑在混凝土基础上。基础分两层，每层厚为 t。已知 $F=200\text{kN}$，假定地基对混凝土板的反力均匀分布，混凝土的许用剪切应力 $[\tau]=1.5\text{MPa}$。试计算为使基础不被剪坏，所需厚度 t。

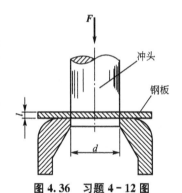

图 4.36 习题 4-12 图

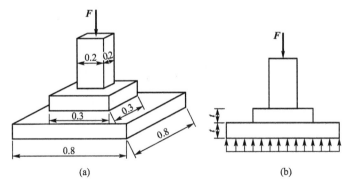

图 4.37 习题 4-13 图

4-14 试校核图 4.38 所示的拉杆头部的剪切强度和挤压强度。已知图中尺寸 $D=32\text{mm}$，$d=20\text{mm}$ 和 $h=12\text{mm}$，杆的许用切应力 $[\tau]=100\text{MPa}$，许用挤压应力为

$[\sigma_{bs}]=240\text{MPa}$。

4-15 拉力 $F=80\text{kN}$ 的螺栓连接如图 4.39 所示。已知 $b=80\text{mm}$，$\delta=10\text{mm}$，$d=22\text{mm}$，螺栓的许用切应力 $[\tau]=130\text{MPa}$，钢板的许用挤压应力 $[\sigma_{bs}]=300\text{MPa}$。许用拉应力 $[\sigma]=170\text{MPa}$。试校核接头强度。

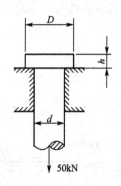

图 4.38 习题 4-14 图

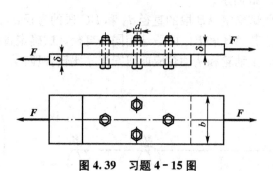

图 4.39 习题 4-15 图

第5章 平面弯曲

教学目标

了解平面弯曲的概念
掌握弯曲内力图的绘制
掌握弯曲应力及强度计算
掌握弯曲变形及刚度计算

教学要求

知识要点	能力要求	相关知识
平面弯曲的概念	(1) 理解平面弯曲的概念	荷载对称性的概念
绘制内力图	(1) 重点掌握剪力图、弯矩图的画法	平面曲线方程的建立 曲线极值、凹向的确定 叠加原理
强度计算	(1) 了解正应力公式的推导过程 (2) 掌握正应力、切应力的强度计算 (3) 了解梁的合理设计方法	曲率的概念 胡克定律 等效的概念
弯曲变形及刚度计算	(1) 了解积分法求梁变形的方法 (2) 理解叠加法求变形的方法 (3) 了解刚度计算方法	积分计算 叠加原理

引言

工程结构中常用的一类构件,当其受到垂直于轴线的横向外力或纵向平面内外力偶的作用时,其轴线变形后成为曲线,这种变形即为**弯曲变形**。如楼板梁[见图 5.1(a)]、阳台挑梁[见图 5.1(b)]、土压力

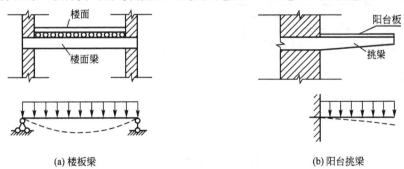

(a) 楼板梁　　　　　　　　　　　　　(b) 阳台挑梁

图 5.1　工程中的简单梁

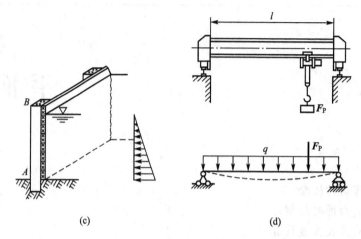

图 5.1 工程中的简单梁(续)

作用下的挡土墙[见图 5.1(c)]及桥式起重机的钢梁[见图 5.1(d)]等。它们承受的荷载都垂直于构件，使其轴线由原来的直线变成曲线。

5.1 平面弯曲概述

5.1.1 平面弯曲的概念

在工程中经常使用的梁，其横截面都具有对称轴，对称轴与梁轴线构成的平面为纵向对称平面，当所有外力均作用在该纵向对称平面内时，梁的轴线必将弯成一条位于该对称面内的平面曲线，如图 5.2(a)所示，这种弯曲称为**平面弯曲**，其计算简图如图 5.2(b)所示。若梁不具有纵向对称面，或者梁虽具有纵向对称面但外力并不作用在纵向对称面内，这种弯曲统称**非平面弯曲**，平面弯曲是弯曲问题中最简单、最基本的情况。本章以平面弯曲为主，讨论梁横截面上的内力、应力和变形计算。

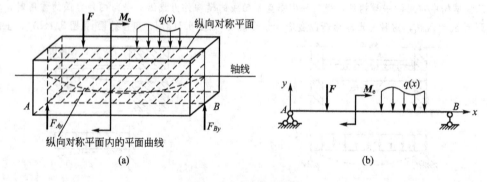

图 5.2 梁的平面弯曲

5.1.2 梁的计算简图

以弯曲为主要变形的构件称为**梁**。如果一个梁只有三个支座反力，则可由平面一般力系的三个独立的平衡方程求出，这种能用平衡方程求出全部未知力的梁称为静定梁，否则称为超静定梁。超静定梁的求解将在第10～13章中讨论。工程上常用的三种简单静定梁：悬臂梁、简支梁和外伸梁，如图 5.3(a)、(b)、(c)所示。另外，还有连续梁，如图 5.3(d)所示。

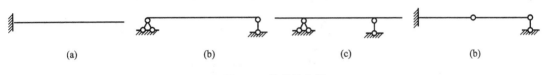

图 5.3 简单静定梁

5.2 梁的内力及内力图

5.2.1 梁的内力——剪力、弯矩

当作用在梁上的全部外力(包括荷载和支反力)均为已知时，任一横截面上的内力可由截面法确定。

1. 截面法

现以图 5.4 所示的简支梁为例。首先由平衡方程求出约束反力 F_A、F_B。取点 A 为坐标轴 x 的原点，根据求内力的截面法，可计算任一横截面 m—m 上的内力。由平衡方程

$$\sum F_y = 0, \quad F_A - F_S = 0$$

可得

$$F_S = F_A$$

内力 F_S 称为截面的剪力。另外，由于 F_A 与 F_S 构成一力偶，因而，可断定 m—m 上一定存在一个与其平衡的内力偶，其力偶矩为 M，对 m—m 截面的形心取矩，建立平衡方程：

$$\sum M_C = 0, \quad M - F_A x = 0$$

可得

$$M = F_A x$$

内力偶矩 M，称为截面的弯矩。由此

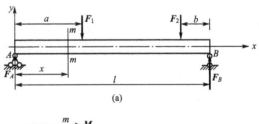

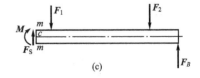

图 5.4 梁的弯曲内力

可以确定，梁弯曲时截面内力有两项——剪力和弯矩。

根据作用与反作用定律，如取右段为研究对象，用相同的方法也可以求得 $m—m$ 截面上的内力。但要注意，其数值与上述两式相等，方向和转向却与其相反，如图 5.4(c) 所示。

2. 内力的符号

剪力、弯矩的符号做如下假设：截面上的剪力相对所取的分离体上任一点均产生顺时针转动趋势，这样的剪力为正的剪力［见图 5.5(a)］，反之为负的剪力［见图 5.5(b)］；截面上的弯矩使得所取分离体下部受拉为正［见图 5.5(c)］，反之为负［见图 5.5(d)］。

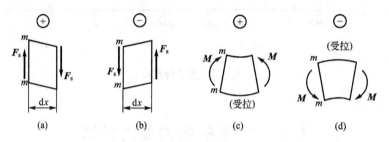

图 5.5 梁的内力符号

3. 简便方法

某截面的剪力等于该截面一侧所有竖向外力的代数和，即

$$F_s = \sum F_i$$

某截面的弯矩等于该截面一侧所有外力或力偶对该截面形心之矩的代数和，即

$$M = \sum M_i$$

需要指出：代数和中竖向外力或力矩（力偶矩）的正负号与剪力或弯矩的正负号规定一致。

简便方法求内力的优点无须切开截面、取分离体、进行受力分析以及列出平衡方程，可以根据截面一侧梁段上的外力直接写出截面的剪力和弯矩。这种方法大大简化了求内力的计算步骤，但要特别注意代数和中竖向外力或力（力偶）矩的正负号。

【例题 5.1】 图 5.6 所示为一在整个长度上受线性分布荷载作用的悬臂梁。已知最大荷载集度 q_0，几何尺寸如图所示。试求 C、B 两点处横截面上的剪力和弯矩。

解：

当求悬臂梁横截面上的内力时，若取包含自由端的截面一侧的梁段来计算，则不必求出支反力。用求内力的简便方法，可直接写出横截面 C 上的剪力 F_{SC} 和弯矩 M_C，即

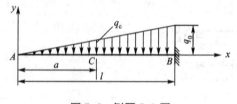

图 5.6 例题 5.1 图

$$F_{SC} = \sum_{i=1}^{n} F_i = -\frac{q_C}{2}a, \quad M_C = -\frac{q_C}{2}a \cdot \frac{1}{3}a = -\frac{q_C}{6}a^2$$

由三角形比例关系，可得

$$q_C = \frac{a}{l} q_0$$

则

$$F_{SC} = -\frac{q_0 a^2}{2l}, \quad M_C = -\frac{q_0 a^3}{6l}$$

可见,简便方法求内力,计算过程非常简单。

5.2.2 梁的内力图——剪力图、弯矩图

一般情况下,梁横截面上的内力是随横截面的位置而变化的,即不同的横截面有不同的剪力和弯矩。设横截面沿梁轴线的位置用坐标 x 表示,以 x 为横坐标,以剪力或弯矩为纵坐标绘出的曲线,即为梁的剪力图和弯矩图。作内力图的步骤是,首先画一条基线(x 轴)平行且等于梁的长度;然后,习惯上将正值的剪力画在 x 轴上方,负值的剪力画在 x 轴下方,而将正值的弯矩画在 x 轴的下方,负值的弯矩画在 x 轴的上方,也就是画在梁的受拉侧,如图 5.7 所示。作内力图的主要目的就是能很清楚地看到梁上内力(剪力、弯矩)的最大值发生在哪个截面,以便对该截面进行强度校核。另外,根据梁的内力图还可以进行梁的变形计算。

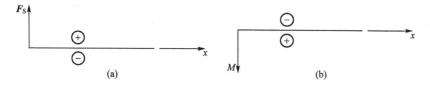

图 5.7 梁的剪力、弯矩图坐标系

1. 内力方程

将剪力、弯矩写成 x 的函数称为内力方程,即

$$F_S = F_S(x), \quad M = M(x)$$

由剪力方程、弯矩方程可以判断内力图的形状,即可绘出内力图。

【例题 5.2】 图 5.8(a)所示的简支梁,在全梁上受集度为 q 的均布荷载作用。试作梁的剪力图和弯矩图。

解:

对于简支梁,需先计算其支反力。由于荷载及支反力均对称于梁跨的中点,因此,两支反力[见图 5.8(a)]相等。即

$$F_A = F_B = \frac{ql}{2}$$

任意横截面 x 处的剪力和弯矩方程可写成(x 截面左侧):

$$F_S(x) = F_A - qx = \frac{ql}{2} - qx \quad (0 \leqslant x \leqslant l)$$

$$M(x) = F_A x - qx \cdot \frac{x}{2} = \frac{qlx}{2} - \frac{qx^2}{2} \quad (0 \leqslant x \leqslant l)$$

由上式可知,剪力图为一倾斜直线,弯矩图为抛物线。斜直线确定线上两点,而抛物线至少需要确定三个点才能画出曲线$\left(x=0,\ M=0,\ x=l,\ M=0,\ x=\dfrac{l}{2},\ M=\dfrac{ql^2}{8}\right)$。剪力图和弯矩图如图 5.8(b)、(c)所示。

由内力图可见,梁在梁跨中截面上的弯矩值为最大,$M_{\max}=\dfrac{ql^2}{8}$,而该截面上 $F_S=0$;两支座内侧横截面上的剪力值为最大,$F_{S,\max}=\left|\dfrac{ql}{2}\right|$。

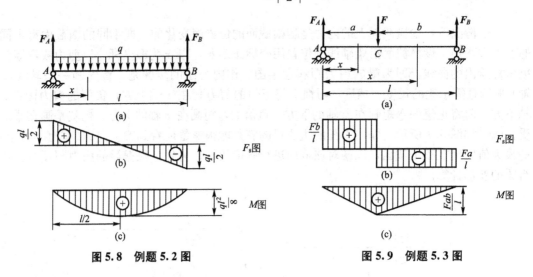

图 5.8　例题 5.2 图　　　　　图 5.9　例题 5.3 图

【例题 5.3】 图 5.9(a)所示的简支梁在 C 处受集中荷载 F 作用。试作梁的剪力图和弯矩图。

解:

首先由平衡方程 $\sum M_B=0$ 和 $\sum M_A=0$,分别计算支反力[见图 5.9(a)]为

$$F_A=\dfrac{Fb}{l},\quad F_B=\dfrac{Fa}{l}$$

由于梁在 C 处有集中荷载 F 的作用,显然,在集中荷载两侧的梁段,其剪力和弯矩方程均不相同,故需将梁分为 AC 和 CB 两段,分别写出其剪力和弯矩方程。

对于 AC 段梁,其剪力和弯矩方程分别为(x 截面左侧)

$$F_S(x)=F_A \quad (0\leqslant x\leqslant a) \tag{a}$$

$$M(x)=F_A x \quad (0\leqslant x\leqslant a) \tag{b}$$

对于 CB 段梁,剪力和弯矩方程为(x 截面左侧)

$$F_S(x)=F_A-F=-\dfrac{F(l-b)}{l}=-\dfrac{Fa}{l} \quad (a\leqslant x\leqslant l) \tag{c}$$

$$M(x)=F_A x-F(x-a)=\dfrac{Fa}{l}(l-x) \quad (a\leqslant x\leqslant l) \tag{d}$$

由式(a)、式(c)可知,左、右两梁段的剪力图各为一条平行于 x 轴的直线。由式(b)、式(d)可知,左、右两段的弯矩图各为一条斜直线。根据这些方程绘出的剪力图和弯矩图如图 5.9(b)、(c)所示。

由图可见，在 $b>a$ 的情况下，AC 段梁任一横截面上的剪力值为最大，$F_{S,\max}=\dfrac{Fb}{l}$；而集中荷载作用处横截面上的弯矩为最大，$M_{\max}=\dfrac{Fab}{l}$；在集中荷载作用处，左、右两侧截面上的剪力值不相等。

【例题 5.4】 图 5.10(a)所示的简支梁在 C 点处受矩为 M_e 的集中力偶作用。试作梁的剪力图和弯矩图。

解：

由于梁上只有一个外力偶作用，因此与之平衡的约束反力也一定构成一反力偶，即 A、B 处的约束反力为

$$F_A=\frac{M_e}{l},\quad F_B=\frac{M_e}{l}$$

由于力偶不影响剪力，故全梁可由一个剪力方程表示，即

$$F_S(x)=F_A=\frac{M_e}{l}\quad(0\leqslant x<a) \tag{a}$$

而弯矩则要分段建立：

AC 段 $\quad M(x)=F_A=\dfrac{M_e}{l}x\quad(0\leqslant x<a)\tag{b}$

CB 段 $\quad M(x)=F_A x-M_e=-\dfrac{M_e}{l}(l-x)\quad(a<x\leqslant l)\tag{c}$

由式(a)可知，整个梁的剪力图是一条平行于 x 轴的直线。由式(b)、式(c)可知，左、右两梁段的弯矩图各为一条斜直线。根据各方程的适用范围，就可分别绘出梁的剪力图和弯矩图，如图 5.10(b)、(c)所示。由图可见，在集中力偶作用处，左、右两侧截面上的弯矩值有突变。若 $b>a$，则最大弯矩发生在集中力偶作用处的右侧横截面上，$M_{\max}=\dfrac{M_e b}{l}$（负值）。

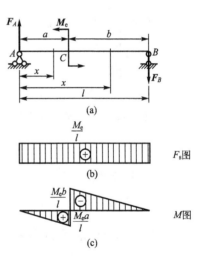

图 5.10 例题 5.4 图

由［例题 5.3］和［例题 5.4］所画的剪力图和弯矩图，可以归纳出如下规律。

(1) 在集中力或集中力偶作用处，梁的内力方程应分段建立。推广而言，在梁上外力不连续处（即在集中力、集中力偶作用处和分布荷载开始或结束处），梁的弯矩方程和弯矩图应该分段。

(2) 在梁上集中力作用处，剪力图有突变，梁上受集中力偶作用处，弯矩图有突变。突变值等于左、右两侧内力代数差的绝对值，并且突变值等于突变截面上所受的外力（集中力或集中力偶）值。如：［例题 5.3］中图 5.9(b)所示的截面为突变截面，该截面的突变值 $=\left|\dfrac{Fb}{l}-\left(-\dfrac{Fa}{l}\right)\right|=|F|$；又如［例题 5.4］中图 5.10(c)所示的突变值 $=\left|\dfrac{M_e a}{l}-\left(-\dfrac{M_e b}{l}\right)\right|=|M_e|$。

(3) 集中力作用截面处，弯矩图上有尖角，如图 5.9(c)所示；集中力偶作用截面处，

剪力图无变化,如图 5.10(b)所示。

(4) 全梁的最大剪力和最大弯矩可能发生在全梁或各段梁的边界截面,或极值点的截面处。

2. 简便方法

所谓简便方法,就是利用剪力、弯矩与荷载间的关系作内力图。这三者关系在上述例题中已经可以看到。如［例题 5.3］的图 5.9 中,AC、CB 段内荷载为零,则剪力图是水平线,弯矩图是一斜直线;而在［例题 5.2］的图 5.8 中,AB 段内的荷载集度 $q(x)=$ 常数,则对应的剪力图就是斜直线,而弯矩图则是二次曲线。由此可以推断,荷载、剪力及弯矩三者之间一定存在着必然联系。下面具体推导出这三者间的关系。

1) $q(x)$、$F_S(x)$ 和 $M(x)$ 间的关系

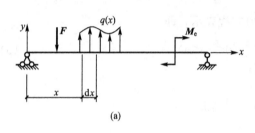

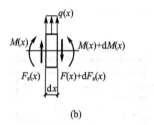

图 5.11 梁的荷载、剪力和弯矩间的关系

设梁受荷载作用如图 5.11(a)所示,建立坐标系如图 5.11(a)所示,并规定:分布荷载的集度 $q(x)$ 向上为正,向下为负。在分布荷载的梁段上取一微段 dx,设坐标为 x 处横截面上的剪力和弯矩分别为 $F_S(x)$ 和 $M(x)$,该处的荷载集度 $q(x)$,在 $x+dx$ 处横截面上的剪力和弯矩分别为 $F_S(x)+dF_S(x)$ 和 $M(x)+dM(x)$。又由于 dx 是微小的一段,所以可认为 dx 段上的分布荷载是均布的,即 $q(x)$ 等于常值,则 dx 段梁受力如图 5.11(b)所示,根据平衡方程

$$\sum F_y = 0,$$
$$F_S(x) - [F_S(x) + dF_S(x)] + q(x)dx = 0$$

得到

$$\frac{dF_S(x)}{dx} = q(x) \tag{5-1}$$

对 $x+dx$ 截面形心取矩并建立平衡方程:

$$\sum M_C = 0, \quad [M(x)+dM(x)] - M(x) - F_S(x)dx - \frac{q(x)}{2}(dx)^2 = 0$$

略去上式中的二阶无穷小量 $(dx)^2$,则可得

$$\frac{dM(x)}{dx} = F_S(x) \tag{5-2}$$

将式(5-2)代入式(5-1),又可得

$$\frac{d^2M(x)}{dx^2} = q(x) \tag{5-3}$$

以上三式即为荷载集度 $q(x)$、剪力 $F_S(x)$ 和弯矩 $M(x)$ 三者之间的关系式。

2) 内力图的特征

由式(5-1)可见,剪力图上某点处的切线斜率等于该点处荷载集度的大小;由式(5-2)可见,弯矩图上某点处的斜率等于该点处剪力的大小;由式(5-3)可见,弯矩图的凹向取决于荷载集度的正负号。

下面通过式(5-1)、式(5-2)和式(5-3)讨论几种特殊情况。

(1) 当 $q(x)=0$ 时，由式(5-1)、式(5-2)可知：$F_S(x)$ 一定为常量，$M(x)$ 是 x 的一次函数，即没有均布荷载作用的梁段上，剪力图为水平直线，弯矩图为斜直线。

(2) 当 $q(x)=$ 常数时，由式(5-1)、式(5-2)可知：$F_S(x)$ 是 x 的一次函数，$M(x)$ 是 x 的二次函数，即有均布荷载作用的梁段上剪力图为斜直线，弯矩图为二次抛物线。

(3) 当 $q(x)$ 为 x 的一次函数时，由式(5-1)、式(5-2)可知：$F_S(x)$ 是 x 的二次函数，$M(x)$ 是 x 的三次函数，即三角形均布荷载作用的梁段上剪力图为抛物线，弯矩图为三次曲线。

3) 极值的讨论

由前面分析可知，当梁上作用均布荷载时，梁的弯矩图即为抛物线，这就存在极值的凹向和极值位置的问题。如何判断极值的凹向呢？数学中是由曲线的二阶导数来判断的。假如曲线方程为 $y=f(x)$，则当 $y''>0$ 时，有极小值；当 $y''<0$ 时，有极大值。仿照数学的方法来确定弯矩图的极值凹向。则当 $M''(x)=q(x)>0$ 时，弯矩图有极小值；当 $M''(x)=q(x)<0$ 时，弯矩图有极大值。也就是说，当 $q(x)$ 方向向上作用时，$M(x)$ 图有极小值；当 $q(x)$ 方向向下作用时，$M(x)$ 图有极大值，具体形式如图 5.12 所示。

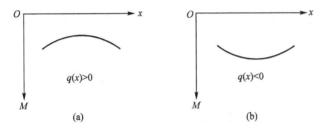

图 5.12　弯矩图的凹向和极值

注意 $M(x)$ 图的正值向下，与数学中的坐标有所区别。

下面讨论极值的位置。在式(5-2)中，令 $M'(x)=F_S(x)=0$，即可确定弯矩图极值的位置 x。由此可得：剪力为零的截面即为弯矩的极值截面。或者说，弯矩的极值截面上剪力一定为零。

应用 $q(x)$、$F_S(x)$ 和 $M(x)$ 间的关系，可检验所作剪力图或弯矩图的正确性，或直接作梁的剪力图和弯矩图。现将有关 $q(x)$、$F_S(x)$ 和 $M(x)$ 间的关系以及剪力图和弯矩图的一些特征汇总整理，见表 5-1，以供参考。

表 5-1　梁在几种荷载作用下剪力图与弯矩图的特征

一段梁上的外力的情况	向下的均布荷载	无荷载	集中力 F	集中力偶 M_e
剪力图上的特征	由左至右向下倾斜的直线 ⊕ 或 ⊖	一般为水平直线 ⊕ 或 ⊖	在 C 处突变，突变方向为由左至右下台阶	在 C 处无变化

(续)

弯矩图上的特征	开口向上的抛物线的某段 ⌣ 或 ⌣⌣	一般为斜直线 ╲ 或 ╱	在C处有尖角，尖角的指向与集中力方向相同 ╲╱ 或 ╲╱	在C处突变，突变方向为由左至右下台阶
最大弯矩所在截面的可能位置	在$F_S=0$的截面		在剪力突变的截面	在紧靠C点的某一侧的截面

4) 作内力图的步骤

(1) 分段(集中力、集中力偶、分布荷载的起点和终点处要分段)。

(2) 判断各段内力图形状(利用表5-1所示内容)。

(3) 确定控制截面内力(割断分界处的截面)。

(4) 画出内力图。

(5) 校核内力图(突变截面和端面的内力)。

【例题 5.5】 试用简便方法作如图5.13(a)所示静定梁的剪力图和弯矩图。

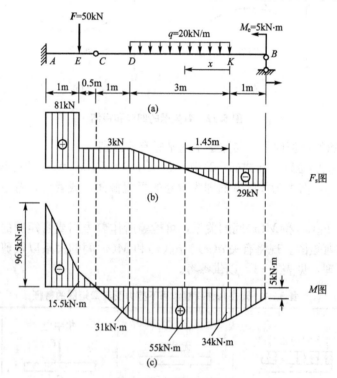

图 5.13　例题 5.5 图

解：

已求得梁的支反力为

$$F_A=81\text{kN}, \quad F_B=29\text{kN}, \quad M_{RA}=96.5\text{kN}\cdot\text{m}$$

由于梁上外力将梁分为四段，需分段绘制剪力图和弯矩图。

(1) 绘制剪力图。因 AE、ED、KB 三段梁上无分布荷载,即 $q(x)=0$,该三段梁上的 F_S 图为水平直线。应当注意在支座 A 及截面 E 处有集中力作用,F_S 图有突变,要分别计算集中力作用处的左、右两侧截面上的剪力值。各段分界处的剪力值为

AE 段:$F_{SA右}=F_{SE左}=F_A=81\text{kN}$

ED 段:$F_{SE右}=F_{SD}=F_A-F=(81-50)\text{kN}=31\text{kN}$

DK 段:$q(x)$ 等于负常量,F_S 图应为向右下方倾斜的直线,因截面 K 上无集中力,则可取右侧梁段来研究,截面 K 上的剪力为

$$F_{SK}=-F_B=-29\text{kN}$$

KB 段: $\qquad F_{SB左}=-F_B=-29\text{kN}$

还需求出 $F_S=0$ 的截面位置。设该截面距 K 为 x,于是在截面 x 上的剪力为零,即

$$F_{Sx}=-F_B+qx=0$$

得

$$x=\frac{F_B}{q}=\frac{29\times10^3}{20\times10^3}\text{m}=1.45\text{m}$$

由以上各段的剪力值并结合微分关系,便可绘出剪力图,如图 5.13(b)所示。

(2) 绘制弯矩图。因 AE、ED、KB 三段梁上 $q(x)=0$,故三段梁上的 M 图应为斜直线。各段分界处的弯矩值为

$$M_A=-M_{RA}=-96.5\text{kN}\cdot\text{m}$$
$$M_E=-M_{RA}+F_A\times1=[-96.5\times10^3+(81\times10^3)\times1]\text{N}\cdot\text{m}$$
$$=-15.5\times10^3\text{N}\cdot\text{m}=-15.5\text{kN}\cdot\text{m}$$
$$M_D=[-96.5\times10^3+(81\times10^3)\times2.5-(50\times10^3)\times1.5]\text{N}\cdot\text{m}$$
$$=31\times10^3\text{N}\cdot\text{m}=31\text{kN}\cdot\text{m}$$
$$M_{B左}=M_e=5\text{kN}\cdot\text{m}$$
$$M_K=F_B\times1+M_e=[(29\times10^3)\times1+5\times10^3]\text{N}\cdot\text{m}$$
$$=34\times10^3\text{N}\cdot\text{m}=34\text{kN}\cdot\text{m}$$

显然,在 ED 段的中间铰 C 处的弯矩 $M_C=0$。

DK 段:该段梁上 $q(x)$ 为负常量,M 图为向下凸的二次抛物线。在 $F_S=0$ 的截面上弯矩有极限值,其值为

$$M_{极值}=F_B\times2.45+M_e-\frac{q}{2}\times1.45^2$$
$$=\left[(29\times10^3)\times2.45+5\times10^3-\frac{20\times10^3}{2}\times1.45^2\right]\text{N}\cdot\text{m}$$
$$=55\times10^3\text{N}\cdot\text{m}=55\text{kN}\cdot\text{m}$$

根据以上各段分界处的弯矩值和在 $F_S=0$ 处的 $M_{极值}$,并根据微分关系,便可绘出该梁的弯矩图,如图 5.13(c)所示。

【例题 5.6】 试作如图 5.14(a)所示刚架的内力图。

解:

刚架的内力计算方法,原则上与静定梁相同,但刚架内力图既有弯矩图又有剪力图,还有轴力图。通常先求反力,然后逐杆绘制内力图。假定弯矩图画在杆件受拉一侧,不需标注正负号;剪力和轴力可画在杆件的任一侧,但必须注明正负号。

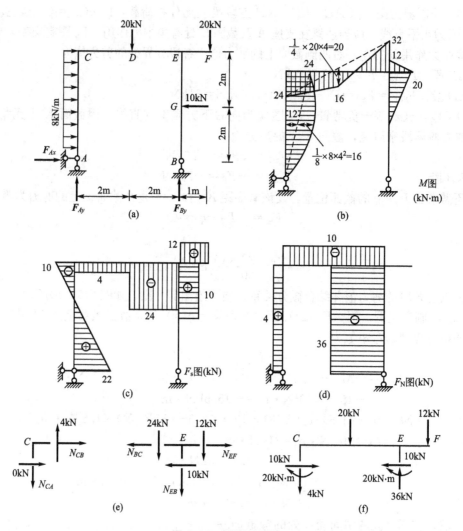

图 5.14 例题 5.6 图

为明确不同截面的内力,在内力符号后面加两个脚标。如 M_{CA} 表示 AC 杆件 C 端弯矩。

解：

(1) 计算支反力。考虑刚架整体平衡有

$$\sum x=0, \quad F_{Ax}=(10-8\times 4)\text{kN}=-22\text{kN}(\leftarrow)$$

$$\sum M_B=0, \quad F_{Ay}=\frac{-8\times 4\times 2+20\times 2-12\times 1+10\times 2}{4}\text{kN}$$

$$=(-16+10-3+5)\text{kN}=-4\text{kN}(\downarrow)$$

$$\sum M_A=0, \quad F_{By}=\frac{8\times 4\times 2+20\times 2+12\times 5-10\times 2}{4}$$

$$=(16+10+15-5)\text{kN}=36\text{kN}(\uparrow)$$

验算：$\sum y=-20-12+36-4=0$，满足。

(2) 画弯矩图。先计算各杆段的端弯矩，然后绘图。

AC 杆：$M_{AC}=0$

$M_{CA}=(22\times4-8\times4\times2)\text{kN}\cdot\text{m}=24\text{kN}\cdot\text{m}$（拉右侧）

用区段叠加法给出 AC 杆段弯矩图，应用虚线连接杆端弯矩 M_{AC} 和 M_{CA}，再叠加该杆段为简支梁在均布荷载作用下的弯矩图。

CE 杆：$$M_{CE}=\left(22\times4-\frac{1}{2}\times8\times4^2\right)\text{kN}=24\text{kN}（拉下侧）$$

$$M_{EC}=(12\times1+10\times2)\text{kN}\cdot\text{m}=32\text{kN}\cdot\text{m}（拉上侧）$$

用区段叠加法可绘出 CE 杆的弯矩图。

EF 杆：$$M_{EF}=12\times1\text{kN}\cdot\text{m}=12\text{kN}\cdot\text{m}（拉上侧）$$

$$M_{FE}=0$$

杆段中无荷载，将 M_{EF} 和 M_{FE} 用直线连接。

BE 杆：可分为 BG 和 GE 两段计算，其中 $M_{BG}=M_{GB}=0$ 该段内弯矩为零．

GE 段：$$M_{GE}=0$$

$$M_{EG}=10\times2\text{kN}\cdot\text{m}=20\text{kN}\cdot\text{m}（拉右侧）$$

杆段内无荷载，弯矩图为一斜直线。

对于 BE 杆也可将其作为一个区段，先算出杆端弯矩 M_{BE} 和 M_{EB}，然后用区段叠加法作出弯矩图。

刚架整体弯矩图如图 5.14(b)所示。

(3) 画剪力图。用截面法逐杆计算杆端剪力和杆内控制截面剪力，各杆按单跨静定梁画出剪力图。

AC 杆：$F_{S,AC}=22(\text{kN})$，$F_{S,CA}=(22-8\times4)\text{kN}=-10\text{kN}$

CE 杆：其中 CD 段，$F_{S,CD}=F_{S,DC}=-4\text{kN}$

DE 段：$F_{S,DE}=F_{S,ED}=(-4-20)\text{kN}=-24\text{kN}$

EF 杆：$F_{S,EF}=F_{S,FE}=12\text{kN}$

BE 杆：其中 BG 段，$F_{S,BG}=F_{S,GB}=0$

GE 段：$F_{S,GE}=F_{S,EG}=10\text{kN}$

绘出刚架剪力图，如图 5.14(c)所示。

(4) 绘轴力图。用截面法选杆计算各杆轴力。

AC 杆：$F_{N,AC}=F_{N,CA}=4\text{kN}（拉）$

CE 杆：$F_{N,CE}=F_{N,EC}=(22-8\times4)\text{kN}=-10\text{kN}（压）$

EF 杆：$F_{N,EF}=F_{N,FE}=0$

BE 杆：$F_{N,BE}=F_{N,EB}=-36\text{kN}（压）$

给出刚架轴力图，如图 5.14(d)所示。轴力图也可以根据剪力图绘制。分别取节点 C、E 为分离体，如图 5.14(e)所示（图中未画出弯矩）。

节点 C：由 $\sum x=0$，$F_{N,CE}=-10\text{kN}（压）$

由 $\sum y=0$，$F_{N,CA}=4\text{kN}（拉力）$

节点 E：由 $\sum x=0$，$F_{N,EF}=(-10+10)\text{kN}=0$

由 $\sum y=0$，$F_{N,EB}=(-24-12)\text{kN}=-36\text{kN}（压）$

(5) 校核内力图。截取横梁 CF 为分离体，如图 5.14(f)所示。

由于 $\sum M_C=24+20+20\times2+12\times5-36\times4=0$

$\sum x = 10 - 10 = 0$

$\sum y = 36 - 4 - 20 - 12 = 0$

故满足平衡条件。

【例题 5.7】 一端固定的 1/4 圆环在其轴线平面内受集中荷载 F 作用，如图 5.15(a) 所示。试作曲杆的弯矩图。

解：

对于环状曲杆，应用极坐标表示其横截面位置。取环的中心 O 为极点，以 OB 为极轴，并用 φ 表示横截面的位置，[见图 5.15(a)]。对于曲杆，弯矩图仍画在受拉测。曲杆的弯矩方程为

$$M(\varphi) = Fx = FR\sin\varphi \quad \left(0 \leqslant \varphi \leqslant \frac{\pi}{2}\right)$$

在上式所适用的范围内，对 φ 取不同的值，算出各相应横截面上的弯矩，连接这些点，即为曲杆的弯矩图，[见图 5.15(b)]。由图可见，曲杆的最大弯矩在固定端处的 A 截面上，其值为 FR。

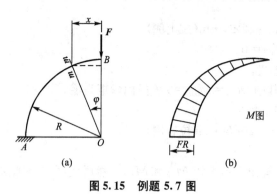

图 5.15 例题 5.7 图

3. 叠加原理

当梁在荷载作用下为小变形时，其跨长的改变可略去不计。因而，在求梁的支反力、剪力和弯矩时，均可按其原始尺寸进行计算，而得到的结果均与梁上荷载呈线性关系。在这种情况下，当梁上受几个荷载共同作用时，可以将其表示成荷载作用的叠加形式，即图 5.16(a) 表示成图 5.16(b) 和图 5.16(c) 的叠加，对应的弯矩图分别为图 5.16(d) 和图 5.16(e)。则某一横截面上的弯矩就等于梁在各项荷载单独作用下同一横截面上弯矩的代数和，即

$$M(x) = Fx - \frac{qx^2}{2}$$

$M(x)$ 中的第一项是集中荷载 F 单独作用下梁的弯矩，第二项是均布荷载 q 单独作用下梁的弯矩 $-\frac{qx^2}{2}$。最后的弯矩图即为图 5.16(d) 和图 5.16(e) 中对应纵坐标叠加，如图 5.16(f) 所示。

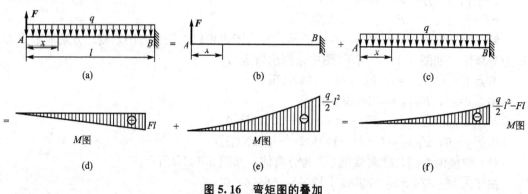

图 5.16 弯矩图的叠加

5.3 弯曲应力

5.2 节讨论了梁的内力计算，在这一节中将研究梁的应力计算，目的是为了对梁进行强度计算。

对应梁的两个内力即剪力和弯矩，可以分析出构成这两个内力的分布内力的形式。如横截面切向内力 F_S，一定是由切向的分布内力构成，即存在切应力 τ；而横截面的弯矩 M 一定是由法向的分布内力构成，即存在正应力 σ。所以梁的横截面上一般是既有正应力，又有切应力。

5.3.1 试验分析及假设

为了分析横截面上正应力的分布规律，先研究横截面上任一点纵向线应变沿截面的分布规律，为此可通过试验观察其变形现象。假设梁具有纵向对称面，梁加载前，先在其侧面画上一组与轴线平行的纵向线（如 a—a、b—b，代表纵向平面）和与轴线垂直的横向线（如 m—m、n—n，代表横截面），如图 5.17(a)所示。然后在梁的两端加上一对矩为 M_e 的力偶，如图 5.17(b)所示。变形后，可以看到下列现象。

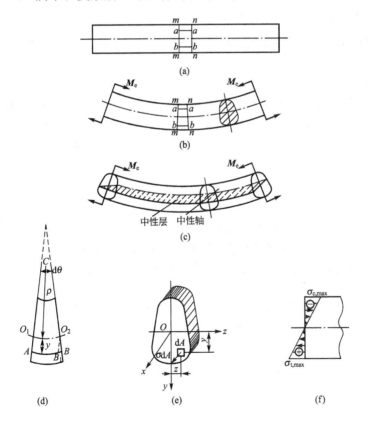

图 5.17 纯弯曲时梁横截面上的正应力

所有横向直线(m—m，n—n)仍保持为直线，但它们相互间转了一个角度，且仍与纵向曲线(a—a，b—b)垂直。

各纵向直线都弯成了圆弧线，靠近顶面的纵向线变短，靠近底面的纵向线伸长。根据上面的试验现象，可作如下分析和假设：

(1) 梁的横截面在变形前是平面的变形后仍为平面，并绕垂直于纵对称面的某一轴转动，但仍垂直于梁变形后的轴线，这就是所谓的**平面假设**。

(2) 根据平面假设和变形现象，可将梁看成是由一层层的纵向纤维组成，假设各层纤维之间无挤压，即各纤维只受到轴向拉伸或压缩。进而得出结论，梁在变形后，同一层纤维变形是相同的。

(3) 由于上部各层纤维缩短，下部各层纤维伸长，而梁的变形又是连续的，因此判定中间必有一层纤维既不伸长也不缩短，此层称为中性层。中性层与横截面的交线称为**中性轴**，如图 5.17(c) 所示。中性轴将横截面分为受拉区和受压区。

以上研究了纯弯曲变形的规律，根据以上假设得到的理论结果，在长期的实践中已经得到检验，且与弹性理论的结果相一致。

5.3.2 纯弯曲梁横截面上的正应力

以纯弯曲梁为例，推导正应力的公式及其分布规律。

1. 正应力公式的推导

与推导圆轴扭转时横截面上的切应力公式一样，仍然从几何、物理和静力三个方面进行分析。

1) 几何方面

将梁的轴线取为 x 轴，横截面的对称轴取为 y 轴，在纯弯曲梁中截取一微段 $\mathrm{d}x$，由平面假设可知，梁在弯曲时，两横截面将绕中性轴 z 相对转过一个角度 $\mathrm{d}\theta$，如图 5.17(d) 所示。设 O_1—O_2 代表中性层，$O_1O_2=\mathrm{d}x$，设中性层的曲率半径为 ρ，则距中性层为 y 处的纵向线应变为

$$\varepsilon=\frac{AB-O_1O_2}{\mathrm{d}x}=\frac{(\rho+y)\mathrm{d}\theta-\rho\mathrm{d}\theta}{\rho\mathrm{d}\theta}=\frac{y}{\rho} \tag{5-4}$$

式(5-4)表明，当截面内力一定的情况下，中性层的曲率 $1/\rho$ 是一定值。由此可见，只要平面假设成立，则纵向纤维的线应变与该点到中性轴的距离 y 成正比，或者说，横截面上任一点处的纵向线应变 ε 沿横截面呈线性分布。

2) 物理方面

因为假设了各纵向纤维间无挤压，每一层纤维都是受拉或受压。于是，当材料处于线弹性范围内，且拉压的弹性模量相等($E_t=E_c=E$)，则由胡克定律得

$$\sigma=E\varepsilon$$

将式(5-4)代入上式，得

$$\sigma=E\varepsilon=E\frac{y}{\rho} \tag{5-5}$$

即，横截面上任一点处的正应力与该点到中性轴的距离成正比，且距中性轴等远处各点的

正应力相等。

3) 静力方面

前面虽然得到了正应力沿横截面的分布规律，但是，要确定正应力的数值，还必须确定曲率 $1/\rho$ 及中性轴的位置；这些问题将通过静力学关系来解决。在横截面上距中性轴 y 处取一微面积 dA，如图 5.17(e)所示。作用在其上的法向内力 σdA，构成了垂直于横截面的空间平行力系，故可组成下列三个内力分量：

$$F_N = \int_A \sigma dA \tag{5-6}$$

$$M_y = \int_A z\sigma dA \tag{5-7}$$

$$M_z = \int_A y\sigma dA \tag{5-8}$$

根据梁上只有外力偶 M_e 的受力条件可知，M_z 就是横截面上的弯矩 M，其值为 M_e、F_N 和 M_y 均等于零。再将式(5-2)代入上述各式，得

$$F_N = \frac{E}{\rho}\int_A y dA = \frac{E}{\rho}S_z = 0 \tag{5-9}$$

$$M_y = \frac{E}{\rho}\int_A zy dA = \frac{E}{\rho}I_{yz} = 0 \tag{5-10}$$

$$M_z = \frac{E}{\rho}\int_A y^2 dA = \frac{E}{\rho}I_z = M \tag{5-11}$$

为满足式(d)，$\frac{E}{\rho} \neq 0$，则有 $S_z = A \cdot y_C = 0$，可见，横截面积 $A \neq 0$，必有截面形心坐标 $y_C = 0$，由此可得结论：中性轴必通过截面形心。

式(5-10)是自然满足的。因为 $\frac{E}{\rho} \neq 0$，只有 $I_{yz} = 0$，而对于惯性积，只要截面 y、z 轴中有一个是对称轴(如 y 轴)，则其惯性积 I_{yz} 就必为零。

最后由式(5-11)，可确定曲率，即

$$\frac{1}{\rho} = \frac{M}{EI_z} \tag{5-12}$$

由式(5-12)可见，梁的弯曲程度与截面的弯矩 M 成正比，与 EI_z 成反比，EI_z 称为截面的抗弯刚度。将式(5-12)代入正应力表达式(5-5)，则有

$$\sigma = \frac{M}{I_z} \times y \tag{5-13}$$

2. 正应力的分布规律

在式(5-13)中，M 为截面的弯矩，I_z 为截面对中性轴的惯性矩，y 为所求应力点的纵坐标。正应力沿横截面的分布规律为线性分布，如图 5.17(f)所示。需要注意，当所求的点是在受拉区时，求得的正应力为拉应力；所求的点是在受压区时，求得的正应力为压应力。因此，在计算某点的正应力时，其数值就由式(5-7)计算，式中的 M、y 都取绝对值，最后正应力是拉应力还是压应力取决于该点是在受拉区还是受压区。

3. 横截面最大正应力

由正应力沿截面的分布规律可知，最大的正应力是在距中性轴最远处，即

$$\sigma_{\max} = \frac{M}{I_z} y_{\max} \tag{5-14a}$$

若令

$$W_z = \frac{I_z}{y_{\max}}$$

则

$$\sigma_{\max} = \frac{M}{W_z} \quad (5-14b)$$

式中，W_z 为抗弯截面系数，它与截面的形状和尺寸有关，其量纲为［长度］³。

宽度为 b，高度为 h 的矩形截面：$W_z = \dfrac{I_z}{y_{\max}} = \dfrac{bh^3/12}{h/2} = \dfrac{bh^2}{6}$

直径为 d 的圆截面：$W_z = \dfrac{I_z}{y_{\max}} = \dfrac{\pi d^4/64}{d/2} = \dfrac{\pi d^3}{32}$

对于各种型钢截面的抗弯截面系数，可从**附录 C** 的型钢表中查到。

5.3.3 梁横截面上的切应力

现在以矩形截面梁为例，推导横截面的切应力。矩形截面梁如图 5.18(a)所示，在纵向对称面内承受任意荷载作用。设横截面高度为 h，宽度为 b。

1. 矩形截面梁横截面上的切应力

图 5.18(a)所示为矩形截面梁，在纵向对称面内承受任意荷载作用。设横截面高度为 h，宽度为 b。现在研究切应力沿横截面的分布规律。首先用 $m-m$、$n-n$ 两横截面假想地从梁中取出长为 dx 的一段，两截面受力如图 5.18(b)所示。然后，在横截面上纵坐标为 y 处用一个纵向截面 $A-B$ 将该微段的下部切出，如图 5.18(c)所示。设横截面上 y 处的切应力为 τ，则由切应力互等定理可知，纵截面 $A-B$ 上的切应力为 τ'，数值上等于 τ。因此，当切应力 τ' 确定后，τ 也随之确定。下面讨论如何确定 τ'。

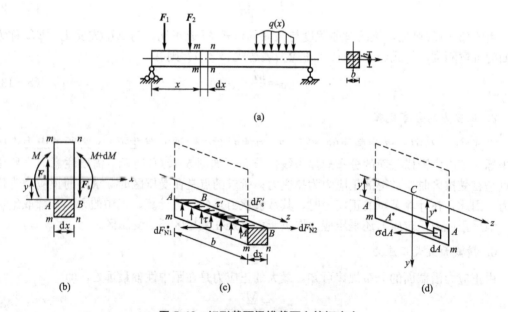

图 5.18 矩形截面梁横截面上的切应力

1) 切应力公式的推导

对于狭长矩形截面，由于梁的侧面上无切应力，故横截面上侧面边各点处的切应力必与侧边平行，且沿截面宽度变化不大。于是，可作如下两个假设：①横截面上各点处的切应力均与侧边平行；②横截面上距中性轴等远处的切应力大小相等。根据上述假设所得到的解与弹性理论的解相比较，可以发现，对狭长矩形截面梁，上述假设完全可用，对一般高度大于宽度的矩形截面梁，在工程设计中也是适用的。

如图 5.18(b)所示，两横截面上的弯矩在一般情况下是不相等的，它们分别为 M 和 $M+\mathrm{d}M$，两截面上距中性轴为 y^* 处的弯曲正应力分别为 σ_1 和 σ_2。设微段下部横截面的面积为 A^*，在横截面内取一微面积 $\mathrm{d}A$，则面积 $\mathrm{d}A$ 上的轴向力为 $\sigma \mathrm{d}A$，如图 5.18(d)所示。则面积 A^* 上的轴向合力分别为 F_{N1}^* 与 F_{N2}^*，如图 5.18(c)所示。建立轴向力平衡条件：

$$\sum F_x = 0, \quad F_{N1}^* - F_{N2}^* + \mathrm{d}F_S' = 0 \tag{5-15}$$

由图 5.18(d)可知

$$F_{N1}^* = \int_{A^*} \sigma_1 \mathrm{d}A = \int_{A^*} \frac{My^*}{I_z} \mathrm{d}A = \frac{M}{I_z} \int_{A^*} y^* \mathrm{d}A = \frac{M}{I_z} S_z^* \tag{5-16}$$

$$F_{N2}^* = \int_{A^*} \sigma_2 \mathrm{d}A = \int_{A^*} \frac{M+\mathrm{d}M}{I_z} y^* \mathrm{d}A = \frac{M+\mathrm{d}M}{I_z} S_z^* \tag{5-17}$$

式中，$S_z^* = \int_{A^*} y^* \mathrm{d}A$ 为面积 A^* 对横截面中性轴的静矩。

由于 τ' 沿微段 $\mathrm{d}x$ 长度上变化很小，故其增量可略去不计，即认为：τ' 在纵截面 $A-B$ 上为常数，于是得到

$$\mathrm{d}F_S' = \tau' b \mathrm{d}x \tag{5-18}$$

将式(5-16)、式(5-17)和式(5-18)代入式(5-15)，经简化得

$$\tau' = \frac{\mathrm{d}M}{\mathrm{d}x} \cdot \frac{S_z^*}{I_z b}$$

代入弯矩与剪力间的微分关系，上式即为

$$\tau' = \frac{F_S S_z^*}{I_z b}$$

由切应力互等定理 $\tau' = \tau$，故有

$$\tau = \frac{F_S S_z^*}{I_z b} \tag{5-19}$$

式(5-19)即为矩形截面等直梁在对称弯曲时横截面上任一点处切应力的计算公式。式中，I_z 为整个横截面对其中性轴的惯性矩，b 为矩形截面的宽度，F_S 为横截面上的剪力，S_z^* 为面积 A^* 对 z 轴的静矩。τ 的方向与剪力 F_S 的方向相同。

2) 切应力沿横截面的分布规律

由式(5-9)可见，在截面一定的情况下，F_S、I_z 和 b 均为常数。因此，τ 沿截面高度的变化情况就由 S_z^* 来确定，也就是说，S_z^* 与坐标 y 的关系就是 τ 与 y 的关系，即

$$S_z^* = \int_{A^*} y^* \mathrm{d}A = A^* \bar{y} = \left[b\left(\frac{h}{2} - y\right) \right] \cdot \left[y + \frac{1}{2}\left(\frac{h}{2} - y\right) \right] = \frac{1}{2} b\left(\frac{h^2}{4} - y^2\right)$$

式中，$\bar{y}$ 为面积 A^* 的形心坐标。

将上式代入式(5-19)，可得

$$\tau = \frac{1}{2}\frac{F_S}{I_z}\left(\frac{h^2}{4} - y^2\right) \tag{5-20}$$

3) 横截面最大切应力

由式(5-20)可见，矩形截面梁的切应力 τ 沿截面高度是按抛物线分布规律变化的。当 y 等于 $\pm\frac{h}{2}$ 时，即在横截面上距中性轴最远处，切应力 $\tau=0$；当 $y=0$ 时，即在中性轴上各点处，切应力达到最大值[见图 5.19 所示]，即

$$\tau_{max} = \frac{1}{2}\frac{F_S h^2}{I_z \, 4} = \frac{F_S h^2}{8\dfrac{bh^3}{12}} = \frac{3}{2}\frac{F_S}{bh} = \frac{3}{2}\frac{F_S}{A} \tag{5-21}$$

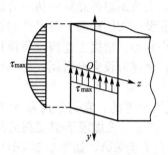

图 5.19 切应力沿横截面的分布规律

式中，A 为横截面的面积，$A=bh$。

由此得出结论：矩形截面梁横截面上的最大切应力发生在中性轴各点处，其值为平均切应力的 1.5 倍。

2. 其他截面梁的切应力

对于其他形状的对称截面，均可应用上面的推导方法，求得切应力的近似解，并且横截面上的最大切应力通常在中性轴上各点处。因此，下面对于工字形、环形和圆形截面梁，主要讨论其中性轴上各点处的最大切应力 τ_{max}。

1) 工字形截面梁的切应力

工字形截面由腹板和上、下翼缘组成。在横力弯曲条件下，翼缘和腹板上均有切应力存在。先研究其横截面腹板上一点处的切应力 τ，如图 5.20(a)所示。由于腹板是狭长矩形，因此可以采用前述两条假设。故可以直接按式(5-19)求出腹板上距中性轴为 y 处各点的切应力，即

$$\tau = \frac{F_S S_z^*}{I_z d} \tag{5-22}$$

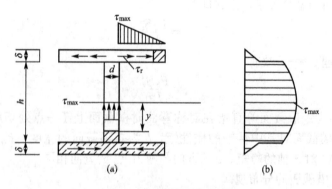

图 5.20 工字形截面梁

式中，d 为腹板厚度；S_z^* 为距中性轴为 y 的横线以外部分的横截面面积[如图 5.20(a)所示的阴影线面积]对中性轴的静矩。

对 S_z^* 的计算结果表明，切应力沿腹板高度同样是按二次抛物线规律变化的[见图 5.20(b)]，其最大切应力也发生在中性轴上，它是整个横截面上的最大切应力，其值为

$$\tau_{\max} \frac{F_S S_{z,\max}^*}{I_z d} \qquad (5-23)$$

式中，$S_{z,\max}^*$ 为中性轴一侧的半个工字形截面面积对中性轴的静矩。

在具体计算 $\tau_{\max}$ 时，对轧制工字钢，式(5-22)中 $\dfrac{S_{z,\max}^*}{I_z}$ 就是型钢规格表中给出的比值 $\dfrac{I_x}{S_x}$，至于工字形截面翼缘的切应力，由于翼缘的上、下表面无切应力，因此翼缘上平行于 y 轴的切应力沿翼缘厚度线性分布，如图 5.20(b)所示。又由于翼缘很薄，平行于 y 轴的切应力分量很小，故可忽略不计。对于翼缘而言，与翼缘长边平行的切应力分量 τ_z 是主要的。τ_z 的计算可仿照矩形截面中所用的方法来求解，假定水平切应力沿翼缘厚度是均匀分布的，则

$$\tau_z = \frac{F_S S_z^*}{I_z \delta} \qquad (5-24)$$

式中，S_z^* 为翼缘阴影面积对中性轴的静矩；δ 为翼缘的厚度。

但由于翼缘上的最大切应力 $\tau_{z,\max}$ 小于腹板上的 $\tau_{\max}$，所以在一般情况下不必计算。如图 5.20(a)所示，水平切应力沿翼缘长度线性分布。计算表明，工字形截面的上、下翼缘主要承担弯矩，而腹板则主要承担剪力。

T形、槽形截面有几个矩形组成，它们的腹板也是狭长矩形，故腹板上的切应力沿其高度按二次抛物线规律分布，可用式(5-19)计算横截面上的切应力，最大切应力仍发生在截面的中性轴上，如图 5.21 所示。

图 5.21　T形、槽形截面梁

2）圆形截面梁的切应力

研究结果表明，圆形截面的最大切应力仍发生在中性轴上，最大切应力沿中性轴均匀分布，其方向平行于剪力 F_S，如图 5.22 所示。仿照推导矩形截面切应力公式的方法，得圆形截面上的最大切应力为

$$\tau_{\max} = \frac{F_S S_{z,\max}^*}{I_z b} = \frac{F_S}{(\pi d^4/64)} \cdot \frac{d^3/12}{d}$$
$$= \frac{4}{3} \cdot \frac{F_S}{A}$$

式中，$A = \dfrac{\pi d^2}{4}$ 为圆形截面的面积。

可见，圆形截面的最大切应力是平均切应力的 $4/3$ 倍或 1.33 倍。根据工程应用，只需要确定 $\tau_{\max}$ 就可以了。

3）薄壁圆环形截面梁的切应力

对于薄壁圆环形截面，其最大切应力

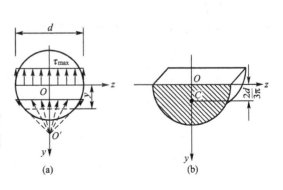

图 5.22　圆形截面梁

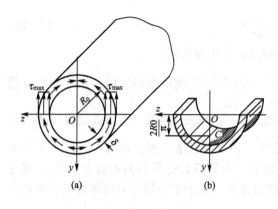

图 5.23 薄壁圆环形截面梁

τ_{max} 仍发生在中性轴上，如图 5.23 所示。最大切应力利用式(5-22)可得

$$\tau_{max}=\frac{F_S S_{z,max}^*}{I_z d}=\frac{F_S}{\pi R^3 \delta}\cdot\frac{2R_0^2\delta}{2\delta}=2\frac{F_S}{A}$$

式中，$A=2\pi R_0\delta$ 为环形截面的面积；R_0 为平均半径。

由此可知，薄壁圆环形截面梁横截面上的最大切应力是其平均切应力的 2 倍。

综上所述，无论横截面是什么形式，其最大切应力均发生在中性轴上，其值可按式(5-23)计算。

5.3.4 梁的强度计算

1. 纯弯曲理论的推广

当梁上作用有垂直梁的荷载时，梁的弯曲称为横力弯曲，这时横截面上既有弯矩又有剪力，也就是说横截面上不仅有正应力，而且有切应力，切应力使截面发生翘曲，还引起纤维间的挤压应力。因此，平面假设和纵向纤维间无挤压都不成立，但按弹性理论的分析结果指出，对于工程实际中常用的梁，应用式(5-13)来计算梁在横力弯曲时横截面上的正应力所得的结果比实际的正应力略偏低一些，但足以满足工程中的精度要求，且梁的跨高比越大，其误差就越小。因此，可以忽略切应力和挤压应力的影响。结论是：式(5-13)仍可用来计算横力弯曲时等直梁横截面上的正应力，但式中的弯矩 M 应该用相应截面上的弯矩 $M(x)$ 代替，即，对于梁的平面弯曲，正应力公式可以统一写成下列形式：

$$\sigma=\frac{M(x)}{I_z}\times y \tag{5-25a}$$

该公式在推导过程中依据下列条件：
(1) 平面假设。
(2) 各纵向纤维间无挤压。
(3) 材料在线弹性范围内，且拉、压时的弹性模量相等。
(4) 具有纵向对称平面的等直梁。
上述条件也就是正应力公式的适用条件。

2. 正应力的强度条件

按照单轴应力状态下强度条件的形式，梁的正应力强度条件可表示为：最大工作正应力 σ_{max} 不能超过材料的许用弯曲正应力 $[\sigma]$，即

$$\sigma_{max}\leqslant [\sigma] \tag{5-25b}$$

对于具有关于 z 轴对称的截面(如圆形、矩形、工字形等截面)，最大工作正应力就是指危险截面(M_{max} 截面)上危险点(W_z 对应的点)处的正应力，强度条件也可写成：

$$\sigma_{max}=\frac{M_{max}}{W_z}\leqslant [\sigma] \tag{5-25c}$$

关于材料许用弯曲正应力的确定，一般就以材料的许用拉应力作为其许用弯曲的正应力。事实上，由于弯曲和轴向拉伸时杆横截面上正应力的变化规律不同，材料在弯曲和轴向拉伸时的强度并不相同，因而在某些设计规范中所规定的许用弯曲正应力就比其许用拉应力略高。对于用铸铁等脆性材料制成的梁，由于材料的许用拉应力和许用压应力不同，而梁截面的中性轴往往也不是对称轴，因此梁的最大工作拉应力和最大工作压应力（注意两者往往不发生在同一截面上）要求分别不超过材料的许用拉应力和许用压应力，即

$$\left.\begin{array}{l}\sigma_{\max,t} \leqslant [\sigma_t] \\ \sigma_{\max,c} \leqslant [\sigma_c]\end{array}\right\} \tag{5-26}$$

3. 切应力的强度条件

横力弯曲下的等直梁，除了保证正应力的强度外，还需要满足切应力强度要求。等直梁的最大切应力一般是在剪力最大横截面上的中性轴处。由于在中性轴上的各点处的正应力为零，所以中性轴处各点的应力状态为纯剪切应力状态，其强度条件可以按纯剪力应力状态下的强度条件表示，即

$$\tau_{\max} \leqslant [\tau]$$

或写成

$$\tau_{\max} = \frac{F_{S,\max} \cdot S_{z,\max}^*}{I_z d} \leqslant [\tau] \tag{5-27}$$

式中，$[\tau]$ 为材料在横力弯曲时的许用切应力。

在进行梁的强度计算时，必须同时满足正应力和切应力强度条件。通常情况是，先按正应力强度条件选择截面或确定许用荷载，然后按切应力进行强度校核。对于细长梁，梁的强度取决于正应力，按正应力强度条件选择截面或确定许用荷载后，一般不再需要进行切应力强度校核。但在几种特殊情况下，需要校核梁的切应力：

（1）梁的跨度较短，或在支座附近有较大的荷载作用。在这种情况下，梁的弯矩较小，而剪力却很大。

（2）铆接或焊接的组合截面（如工字形）钢梁，当其腹板厚度与梁高度之比小于型钢截面的相应比值时，腹板的切应力较大。

（3）木材在顺纹方向抗剪强度较差，木梁在横力弯曲时可能因中性层上的切应力过大而使梁沿中性层发生剪切破坏。

4. 强度条件的应用

（1）校核强度。

（2）确定最小截面尺寸。

（3）确定许可荷载。

【例题 5.8】 跨长 $l=2m$ 的铸铁梁受力如图 5.24(a)所示。已知材料的拉、压许用应力分别为 $[\sigma_t]=30\text{MPa}$ 和 $[\sigma_c]=90\text{MPa}$。试根据截面最为合适的要求，确定 T 形截面梁横截面的尺寸 δ[见图 5.24(b)]，并校核梁的强度。

解：

要使截面最为合理，应使梁的同一危险截面上的最大拉应力与最大压应力[见图 5.24(c)]之比 $\sigma_{t,\max}/\sigma_{c,\max}$ 与相应的许用应力之比 $[\sigma_t]/[\sigma_c]$ 相等。由于 $\sigma_{t,\max}=\dfrac{My_1}{I_z}$ 和 $\sigma_{c,\max}=$

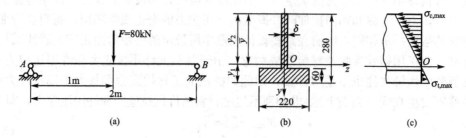

图 5.24 例题 5.8 图

$\dfrac{My_2}{I_z}$，并已知 $\dfrac{[\sigma_t]}{[\sigma_c]}=\dfrac{30}{90}=\dfrac{1}{3}$，所以

$$\dfrac{\sigma_{t,\max}}{\sigma_{c,\max}}=\dfrac{y_1}{y_2}=\dfrac{1}{3} \tag{a}$$

式(a)就是确定中性轴即形心轴位置 $\bar{y}$ [见图 5.24(b)] 的条件。考虑到 $y_1+y_2=280\text{mm}$，即得

$$\bar{y}=y_2=210\text{mm} \tag{b}$$

显然，$\bar{y}$ 值与横截面尺寸有关，根据形心坐标公式（见附录 A）及图 5.24(b)中所示尺寸，并利用式(b)可列出

$$\bar{y}=\dfrac{(280-60)\times\delta\times\left(\dfrac{280-60}{2}\right)+60\times 220\times\left(280-\dfrac{60}{2}\right)}{(280-60)\times\delta+60\times 220}\text{mm}$$

$$=210\text{mm}$$

由此求得 $\delta=24\text{mm}$ \hfill (c)

确定 δ 后进行强度校核。为此，由平行移轴公式（见附录 A）计算截面对中性轴的惯性矩 I_z 为

$$I_z=\dfrac{24\times 220^3}{12}+24\times 220\times(210-110)^2+$$

$$\dfrac{220\times 60^3}{12}+220\times 60\times\left(280-210-\dfrac{60}{2}\right)^2 \text{mm}^4$$

$$=99.2\times 10^6\text{mm}^4=99.2\times 10^{-6}\text{m}^4$$

梁中最大弯矩在梁中点处，即

$$M_{\max}=\dfrac{Fl}{4}=\dfrac{80\times 10^3\times 2}{4}\text{N}\cdot\text{m}=40\times 10^3\text{N}\cdot\text{m}=40\text{kN}\cdot\text{m}$$

于是，由式(5-8a)即得梁的最大拉压应力，并据此校核强度：

$$\sigma_{t,\max}=\dfrac{M_{\max}y_1}{I_z}=\dfrac{40\times 10^3\times 70\times 10^{-3}}{99.2\times 10^{-6}}\text{Pa}$$

$$=28.2\times 10^6\text{Pa}=28.2\text{MPa}<[\sigma_t]$$

$$\sigma_{c,\max}=\dfrac{M_{\max}y_2}{I_z}=\dfrac{40\times 10^3\times 210\times 10^{-3}}{99.2\times 10^{-6}}\text{Pa}$$

$$=84.7\times 10^6\text{Pa}=84.7\text{MPa}<[\sigma_c]$$

可见，梁满足强度条件。

【例题 5.9】 试利用型钢表为如图 5.25 所示的悬臂梁选择一工字形截面。已知 $F=40\text{kN}$，$l=6\text{m}$，$[\sigma]=150\text{MPa}$。

解：

首先作悬臂梁的弯矩图，图 5.25(b) 所示悬臂梁的最大弯矩发生在固定端处，其值为

$$M_{\max}=Fl=40\times10^3\times6\text{kN}\cdot\text{m}=240\text{kN}\cdot\text{m}$$

应用式 (5-8b)，计算梁所需的抗弯截面系数：

$$W_z\geqslant\frac{M_{\max}}{[\sigma]}=\frac{240\times10^3}{150\times10^6}\text{m}^3=1.60\times10^{-3}\text{m}^3=1600\text{cm}^3$$

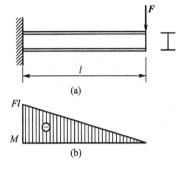

图 5.25 例题 5.9 图

由附录 C 型钢表中查得，45c 号工字钢，其 $W'_z=1570\text{cm}^3$ 与算得的 $W'_z=1600\text{cm}^3$ 最为接近，相差不到 5%，这在工程设计中是允许的，故选 45c 号工字钢。

【例题 5.10】 一外伸铸铁梁受力如图 5.26(a) 所示。材料的许用拉应力为 $[\sigma_t]=40\text{MPa}$，许用压应力为 $[\sigma_c]=100\text{MPa}$，试按正应力强度条件校核梁的强度。

解：

(1) 作梁的弯矩图。由图 5.26(b) 可知，最大负弯矩在截面 B 上，其值为 $M_B=20\text{kN}\cdot\text{m}$，最大正弯矩在截面 E 上，其值为 $M_E=10\text{kN}\cdot\text{m}$。

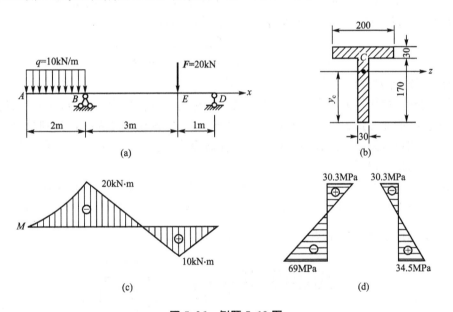

图 5.26 例题 5.10 图

(2) 确定中性轴的位置和计算截面对中性轴的惯性矩 I_z。横截面形心 C 位于对称轴 y 上，C 点到截面下边缘距离为

$$y_C=\frac{S_z}{A}=\frac{y_{1C}A_1+y_{2C}A_2}{A_1+A_2}=\frac{200\times30\times185+30\times170\times85}{200\times30+30\times170}\text{mm}$$
$$=139\text{mm}$$

故中性轴距离底边 139mm，如图 5.26(c) 所示。

截面对中性轴 z 的惯性矩，可以利用附录 A 中平行移轴公式计算，即

$$I_z = \left(\frac{200 \times 30^3}{12} + 200 \times 30 \times 46^2 + \frac{30 \times 170^3}{12} + 30 \times 170 \times 54^2\right) \text{m}^4$$
$$= 40.3 \times 10^{-6} \text{m}^4$$

(3) 校核梁的强度。由于梁的截面对中性轴不对称,且正、负弯矩的数值较大,故截面 E 与 B 都可能是危险截面,须分别算出这两个截面上的最大拉、压应力,然后校核强度。

截面 B 上的弯矩 M_B 为负弯矩,故截面 B 上的最大拉、压应力分别发生在上、下边缘[见图 5.26(d)],其大小为

$$\sigma_{t,\max,B} = \frac{M_B y_2}{I_z} = \frac{20 \times 10^3 \times 61 \times 10^{-3}}{40.3 \times 10^{-6}} \text{MPa} = 30.3 \text{MPa}$$

$$\sigma_{c,\max,B} = \frac{M_B y_1}{I_z} = \frac{20 \times 10^3 \times 139 \times 10^{-3}}{40.3 \times 10^{-6}} \text{MPa} = 69 \text{MPa}$$

截面 E 上的弯矩 M_E 为正弯矩,故截面 E 上的最大压、拉应力分别发生在上、下边缘[见图 5.23(d)],其大小为

$$\sigma_{t,\max,E} = \frac{M_E y_1}{I_z} = \frac{10 \times 10^3 \times 139 \times 10^{-3}}{40.3 \times 10^{-6}} \text{MPa} = 34.5 \text{MPa}$$

$$\sigma_{c,\max,E} = \frac{M_E y_2}{I_z} = \frac{10 \times 10^3 \times 61 \times 10^{-3}}{40.3 \times 10^{-6}} \text{MPa} = 15.1 \text{MPa}$$

比较以上计算结果,可知,该梁的最大拉应力 $\sigma_{t,\max}$ 发生在截面 E 下边缘各点,而最大压应力 $\sigma_{c,\max}$ 发生在截面 B 下边缘各点,作强度校核如下:

$$\sigma_{t,\max} = \sigma_{t,\max,E} = 34.5 \text{MPa} < [\sigma_t] = 40 \text{MPa}$$
$$\sigma_{c,\max} = \sigma_{c,\max,B} = 69 \text{MPa} < [\sigma_c] = 90 \text{MPa}$$

所以,该梁的抗拉和抗压强度都是足够的。

对于抗拉、抗压性能不同,截面上下又不对称的梁进行强度计算时,一般来说,对最大正弯矩所在截面和最大负弯矩所在截面均需进行强度校核。计算时,分别绘出最大正弯矩所在截面的正应力分布图和最大负弯矩所在截面的正应力分布图,然后寻找最大拉应力和最大压应力进行强度校核。

【例题 5.11】 图 5.27(a)所示为两端铰支的矩形截面木梁,受均布荷载作用,荷载集度 $q = 10 \text{kN/m}$。已知木材的许用应力 $[\sigma] = 12 \text{MPa}$,顺纹许用应力 $[\tau] = 1.5 \text{MPa}$,设 $\frac{h}{b} = \frac{3}{2}$。试选择木材的截面尺寸,并进行切应力的强度校核。

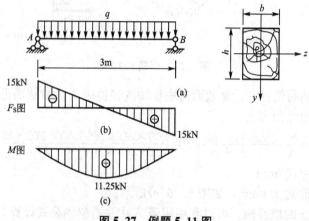

图 5.27 例题 5.11 图

解:

(1) 作梁的剪力图和弯矩图。木梁的剪力图和弯矩图如图 5.27(b)、(c)所示。由图可知，最大弯矩和最大的剪力分别发生在跨中截面上和支座 A，B 处，其值分别为

$$M_{max} = 11.25 \text{kN} \cdot \text{m}, \quad F_{S,max} = 15 \text{kN}$$

(2) 按正应力强度条件选择截面。由弯曲正应力强度条件得

$$W_z \geq \frac{M_{max}}{[\sigma]} = \frac{11.25 \times 10^3}{12 \times 10^6} \text{m}^3 = 0.00094 \text{m}^3$$

又因 $h = \frac{3}{2}b$，则有

$$W_z = \frac{bh^2}{6} = \frac{3b^3}{8}$$

故可求得

$$b = \sqrt[3]{\frac{8W_z}{3}} = \sqrt[3]{\frac{8 \times 0.00094}{3}} \text{mm} = 0.135 \text{mm}$$

$$h = 0.2 \text{m} = 200 \text{mm}$$

(3) 校核梁的切应力强度。最大切应力发生在中性层，由矩形截面梁最大切应力式(5-21)得

$$\tau_{max} = \frac{3}{2} \frac{F_{S,max}}{A} = \frac{3 \times 15 \times 10^3}{2 \times 0.135 \times 0.2} \text{MPa}$$
$$= 0.56 \text{MPa} < [\tau] = 1.5 \text{MPa}$$

故所选木梁尺寸满足切应力强度要求。

5.4 梁的变形

5.4.1 梁变形的描述

梁在平面弯曲变形后，其轴线由直线变成了一条光滑连续的平面曲线，如图 5.28 所示。梁变形后的轴线称为**挠曲线**。由于是在线弹性范围内的挠曲线，所以又称**弹性曲线**。梁的变形用横截面的两个位移来度量，即线位移 w 和转角位移 θ。所谓线位移是指横截面的形心(即轴线上的点)在垂直于梁轴线方向的位移，又称该截面的**挠度**。所谓转角位移是

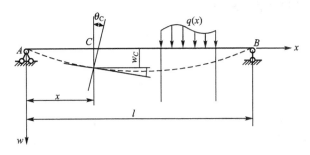

图 5.28 梁的弯曲变形

指横截面绕中性轴转动的角度,又称该截面的**转角**。某截面 C 在梁变形后,其挠度和转角可分别表示为 w_C 和 θ_C,如图 5.28 所示。

注意到梁弯曲成曲线后,在 x 轴方向也是有线位移的。但在小变形情况下,梁的挠度远小于跨长,横截面形心沿 x 轴方向的线位移与挠度相比属于高阶微量,故可忽略不计。因此**挠曲线方程**可表示为

$$w = f(x) \tag{5-28}$$

因为挠曲线是一平坦曲线,小变形情况下梁的转角一般不超过 1°,由方程式(5-28)可求得转角 θ 的表达式:

$$\theta \approx w' = f'(x) \tag{5-29}$$

即挠曲线上任一点处切线的斜率 w' 可足够精确地代表该点处横截面的转角 θ,式(5-28)可称为**转角方程**。由此可见,梁任一横截面挠度和转角,只要已知其一,便可求得另一个,包括它的大小和方向或转向。或者说,只要确定了挠曲线方程,即可求得任一横截面的转角和挠度。在图 5.28 所示的坐标系中,假定向下的挠度为正,反之为负,量纲为 [长度];顺时针转向的转角为正,反之为负,量纲为 [弧度]。

5.4.2 梁变形的计算

1. 挠曲线近似微分方程

通过前面已经知道,度量等直梁弯曲变形程度的是变形曲线的曲率,即挠曲线的曲率。因此,为求得梁的挠曲线方程,可利用曲率 k 与弯矩 M 间的物理关系,即式(5-11):

$$k = \frac{1}{\rho} = \frac{M}{EI}$$

横力弯曲时,M 和 ρ 都是 x 的函数,即

$$k(x) = \frac{1}{\rho(x)} = \frac{M(x)}{EI} \tag{5-30}$$

式(5-27)中,实际上是忽略了剪力对梁位移的影响。另外,从数学方面来看,平面曲线的曲率可表示为

$$\frac{1}{\rho} = \left| \frac{w''}{(1+w'^2)^{3/2}} \right| \tag{5-31}$$

由前面分析可知,w' 表示的是挠曲线切线的斜率,w'' 是用来判断挠曲线的凹向。小变形情况下,挠曲线是一平坦曲线,因此 w' 很小,w'^2 更小,与 1 相比可算是高阶微量,故可略去不计。式(5-31)可近似地写为

$$\frac{1}{\rho} = |w''| \tag{5-32}$$

将式(5-30)代入式(5-31),得

$$|w''| = \frac{M(x)}{EI} \tag{5-33a}$$

根据弯矩符号的规定,当挠曲线下凸时,$M>0$,有极大值,而 $w''<0$;当挠曲线上凸时,$M<0$,有极小值,而 $w''>0$。因此可见,M 与 w'' 的正负号正好相反。于是式(5-30)可写为

$$w'' = -\frac{M(x)}{EI} \tag{5-33b}$$

式(5-33a)中略去了剪力 F_S 的影响，并略去了 w'^2 项，故称梁的**挠曲线近似微分方程**。由式(5-33a)可见，只要能建立梁的弯矩方程，即可通过两次积分，求得梁的转角和挠度。

2. 积分法求梁的变形

对于等直梁，EI 为常数，式(5-33a)可写成

$$EIw'' = -M(x) \tag{5-34a}$$

当全梁各横截面上的弯矩可用一个弯矩方程表示时，梁的挠曲线近似微分方程仅有一个。将式(5-33b)的两边同时积分一次，可得

$$EIw' = -\int M(x)\mathrm{d}x + C \tag{5-34b}$$

再积分一次，即得

$$EIw = -\int\left[\int M(x)\mathrm{d}x\right]\mathrm{d}x + Cx + D \tag{5-35}$$

式(5-34a)和式(5-34b)中出现的两个积分常数 C 和 D，可通过梁的支承条件确定。

当梁上弯矩由 n 个弯矩方程表示时，就有 n 个挠曲线近似微分方程，则积分常数有 $2n$ 个。那么这些积分常数的确定不仅要考虑支承条件，同时要考虑变形连续条件。这两种条件统称边界条件。上述这种通过两次积分求梁挠度和转角的方法称为**积分法**。

3. 积分常数的确定

积分常数可以通过支承条件和变形连续条件来确定。

1) 支承条件

所谓支承条件或约束条件，即梁在支座处的挠度和转角是可确定的，如图 5.29 所示。图 5.29(a)中悬臂梁的固定端处，有两个支承条件：

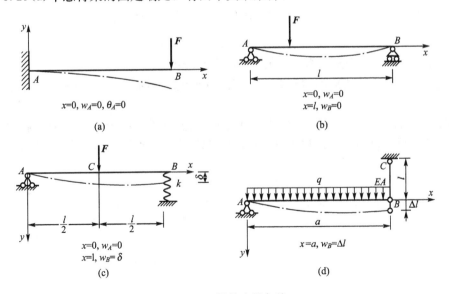

图 5.29 梁的支承条件

$$x=0 \text{ 时}, \quad w_A=0$$
$$x=l \text{ 时}, \quad \theta_A=0$$

图 5.29(b)中，简支梁的两个支承条件：

$$x=0 \text{ 时}, \quad w_A=0$$
$$x=l \text{ 时}, \quad w_B=0$$

特殊情况，当支座处发生位移时，其支承条件应等于对应处的变形。

图 5.29(c)中，支座 B 处是弹性支承，则 B 处的支承条件应为

$$x=l \text{ 时}, \quad w_B=\delta$$

式中，δ 为弹簧的变形量，可由弹簧力确定，即 $F_B=k\delta$，k 为弹簧刚度，则 $\delta=\dfrac{F_B}{k}$，而 F_B 由平衡方程确定。

图 5.29(d)中，B 处是弹性杆件，则 B 处的支承条件为 $x=a$ 时，$w_B=\Delta l$。其中，Δl 是弹性杆件的变形量，可由拉(压)杆的变形公式计算，即

$$\Delta l=\dfrac{F_{NB}l}{EA}$$

2）变形连续条件

所谓变形连续条件是指梁的任一横截面左、右两侧的转角和挠度是相等的。如图 5.30 所示，C 处的连续条件为

$$x=l \text{ 时}, \quad \theta_{C左}=\theta_{C右}$$
$$x=l \text{ 时}, \quad w_{C左}=w_{C右}=0$$

对于中间铰的左、右两侧截面虽然挠度相等，但转角可以不等，图 5.30 所示 B 处的连续条件可写为

$$x=\dfrac{l}{2} \text{ 时}, \quad w_{B左}=w_{B右}$$

从式(5-34a)和式(5-34b)中可以看出，由于 x 为自变量，在坐标原点即 $x=0$ 处的定积分 $\int_0^0 M(x)\mathrm{d}x$ 和 $\int_0^0\left[\int_0^0 M(x)\mathrm{d}x\right]\mathrm{d}x$ 恒等于零，因此积分常数：

$$C=EIw'|_{x=0}=EI\theta_0, \quad D=EIw_0$$

式中，θ_0 和 w_0 分别代表坐标原点处截面的转角和挠度。

由此看来，对于简支梁问题有 $D=0$，对于悬臂梁问题有 $C=0$、$D=0$，下面的例题会验证这一点。

【例题 5.12】 图 5.31 所示一弯曲刚度为 EI 的简支梁，在全梁上受集度为 q 的均布荷载作用。试求梁的挠曲线方程和转角方程，并确定其最大挠度 $w_{\max}$ 和最大转角 $\theta_{\max}$。

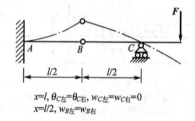

$x=l, \theta_{C左}=\theta_{C右}, w_{C左}=w_{C右}=0$
$x=l/2, w_{B左}=w_{B右}$

图 5.30 梁的变形连续条件

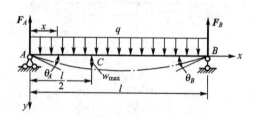

图 5.31 例题 5.12 图

解：

由对称关系可知梁的两支反力为

$$F_A = F_B = \frac{ql}{2}$$

梁的弯矩方程为

$$M(x) = \frac{ql}{2}x - \frac{1}{2}qx^2 = \frac{q}{2}(lx - x^2) \tag{a}$$

将式(a)中的 $M(x)$ 代入式(5-33b)，得

$$EIw'' = -M(x) = -\frac{q}{2}(xl - x^2)$$

再通过两次积分，可得

$$EIw' = -\frac{q}{2}\left(\frac{lx^2}{2} - \frac{x^3}{3}\right) + C \tag{b}$$

$$EIw = -\frac{q}{2}\left(\frac{lx^3}{6} - \frac{x^4}{12}\right) + Cx + D \tag{c}$$

在简支梁中，边界条件是左、右两铰支座处的挠度均等于零，即

在 $x=0$ 处， $w=0$

在 $x=l$ 处， $w=0$

将边界条件代入式(c)，可得

$$D = 0$$

和

$$EIw\big|_{x=l} = -\frac{q}{2}\left(\frac{l^4}{6} - \frac{l^4}{12}\right) + Cl = 0$$

从而解出

$$C = \frac{ql^3}{24}$$

于是，得梁的转角方程和挠曲线方程分别为

$$\theta = w' = \frac{q}{24EI}(l^3 - 6lx^2 + 4x^3) \tag{d}$$

和

$$w = \frac{qx}{24EI}(l^3 - 2lx^2 + x^3) \tag{e}$$

由于梁上外力及边界条件对于梁跨中点是对称的，因此梁的挠曲线也应是对称的。由图 5.31 可见，两支座处的转角绝对值相等，且均为最大值。分别以 $x=0$ 及 $x=l$ 代入式(d)，可得最大转角值为

$$\theta_{\max} = \begin{cases} \theta_A \\ \theta_B \end{cases} = \pm \frac{ql^3}{24EI}$$

又因挠曲线为一光滑曲线，故在对称的挠曲线中，最大挠度必在梁跨中点 $x=l/2$ 处。所以其最大挠度值为

$$w_{\max} = w\big|_{x=\frac{l}{2}} = \frac{ql/2}{24EI}\left(l^3 - 2l \times \frac{l^2}{4} + \frac{l^3}{8}\right) = \frac{5ql^4}{384EI}$$

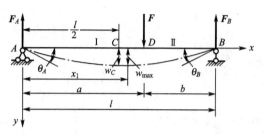

图 5.32 例题 5.13 图

【例题 5.13】 图 5.32 所示为一弯曲刚度为 EI 的简支梁,在 D 点处受一集中荷载 F 作用。试求梁的挠曲线方程和转角方程,并确定其最大挠度和最大转角。

解:

梁的两个支反力为

$$F_A = F\frac{b}{l}, \quad F_B = F\frac{a}{l} \quad \text{(a)}$$

对于 Ⅰ 和 Ⅱ 两段梁,其弯矩方程分别为

$$M_1 = F_A x = F\frac{b}{l}x \quad (0 \leqslant x \leqslant a) \quad \text{(b')}$$

$$M_2 = F\frac{b}{l}x - F(x-a) \quad (a \leqslant x \leqslant l) \quad \text{(b'')}$$

分别求得梁段 Ⅰ 和 Ⅱ 的挠曲线微分方程及其积分,见表 5-2。

表 5-2 梁段 Ⅰ 和 Ⅱ 的挠曲线微分方程及其积分

梁段 Ⅰ $(0 \leqslant x \leqslant a)$	梁段 Ⅱ $(a \leqslant x \leqslant l)$
挠曲线微分方程:	挠曲线微分方程:
$EIw_1'' = -M_1 = -F\dfrac{b}{l}x$ (c')	$EIw_2'' = -M_2 = -F\dfrac{b}{l}x + F(x-a)$ (c'')
积分一次:	积分一次:
$EIw_1' = -F\dfrac{b}{l} \times \dfrac{x^2}{2} + C_1$ (d')	$EIw_2' = -F\dfrac{b}{l} \times \dfrac{x^2}{2} + \dfrac{F(x-a)^2}{2} + C_2$ (d'')
再积分一次:	再积分一次:
$EIw_1 = -F\dfrac{b}{l} \times \dfrac{x^3}{6} + C_1 x + D$ (e')	$EIw_2 = -F\dfrac{b}{l} \times \dfrac{x^3}{6} + \dfrac{F(x-a)^3}{6} + C_2 x + D_2$ (e'')

4. 叠加法求梁的变形

当弯曲变形很小,材料在线弹性范围内工作时,梁变形后其跨长的改变可忽略不计,且梁的挠度和转角均与作用在梁上的荷载成线性关系。因此,对于 n 种荷载同时作用,弯矩可以叠加,变形也可以叠加。即当梁在各个荷载作用时,某一截面上的挠度和转角,就等于各个荷载单独作用下该截面的挠度和转角的代数和,此即为求梁变形的叠加法。

附录 D 中给出了梁在每种荷载单独作用下的挠度和转角表,利用表中的结果和叠加法,计算梁在复杂荷载作用下的变形较为简便。

【例题 5.14】 一弯曲刚度为 EI 的简支梁受荷载如图 5.33(a)所示。试按叠加原理求跨中点

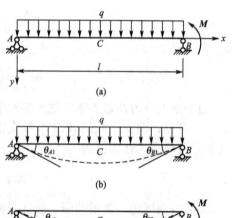

图 5.33 例题 5.14 图

的挠度和支座处截面的转角 θ_A 和 θ_B。

解：

梁上的荷载可以分为两项简单荷载，如图 5.33(b)、(c)所示。由附录 B 可以查出两者分别作用时梁的相应位移值，然后按叠加原理，即得所求的位移值。

梁中点最大挠度为

$$w_{max} = \frac{5ql^4}{384EI_z} + \frac{M_e l^2}{16EI}$$

$$\theta_A = \theta_{Aq} + \theta_{AM} = \frac{ql^3}{24EI_z} + \frac{M_e l}{6EI}$$

$$\theta_B = \theta_{Bq} + \theta_{BM} = -\frac{ql^3}{24EI_z} - \frac{M_e l}{3EI}$$

5.5 梁的刚度计算

所谓刚度条件就是对变形的限制条件。若梁的变形超过了规定的限度，就会影响其正常工作。如桥梁的挠度过大，就会在机车通过时产生很大的振动，机床主轴的挠度过大将会影响其加工精度等。因此，按强度条件设计了梁的截面后，往往还需对梁进行刚度校核。

在各类工程设计中，对构件弯曲变形的许可值有不同的规定，对于梁的挠度，其许可值通常用许可的挠度与跨长之比 $\left[\dfrac{w}{l}\right]$ 作为标准。梁的转角用 $[\theta]$ 表示许可转角。梁的刚度条件可写为

$$\left. \begin{aligned} \frac{w_{max}}{l} &\leqslant \left[\frac{w}{l}\right] \\ \theta_{max} &\leqslant [\theta] \end{aligned} \right\} \quad (5-36)$$

在土建工程中，$\left[\dfrac{w}{l}\right]$ 值取在 $\dfrac{1}{250} \sim \dfrac{1}{1000}$ 范围内。在机械中的主轴，$\left[\dfrac{w}{l}\right]$ 值则限制在 $\dfrac{1}{5000} \sim \dfrac{1}{10000}$ 范围内，$[\theta]$ 值常限制在 $0.005 \sim 0.001$ rad 范围内。关于梁或轴的许用位移值，可从有关规范或手册中查得。

特别需要说明的是，一般土建工程中的梁，强度条件如能满足，刚度条件一般都能满足。因此，在设计梁时，刚度要求常处于从属地位。但当对构件的位移限制很严时，刚度条件则可能起控制作用。

【例题 5.15】 图 5.34(a)所示电动葫芦的轨道拟用一根工字型钢制作，荷载 $F=30$ kN，可沿全梁移动，已知材料 $[\sigma]=170$ MPa，$[\tau]=100$ MPa，$E=2.1\times 10^5$ MPa；

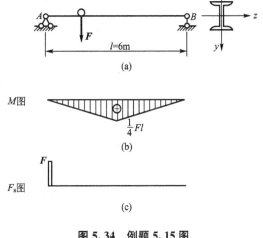

图 5.34 例题 5.15 图

梁的许用挠度 $[w]=15\text{mm}$，不计梁的自重，试确定工字钢的型号。

解：

(1) 画内力图。当荷载 F 移动到梁跨中点时，产生最大弯矩 $M_{\max}$；当移动到支座附近，产生最大剪力 $F_{S,\max}$。这两种最不利位置的 M 图、F_S 图如图 5.34(b)、(c)所示。

$$M_{\max}=\frac{Fl}{4}=\frac{30\times 6}{4}\text{kN}\cdot\text{m}=45\text{kN}\cdot\text{m}$$

$$F_{S,\max}=F=30\text{kN}$$

(2) 由正应力强度条件选择截面。梁跨中点截面的上、下边缘各点是危险点。由

$$\sigma_{\max}=\frac{M_{\max}}{W_z}\leqslant[\sigma]$$

得

$$W_z\geqslant\frac{M_{\max}}{[\sigma]}=\frac{45\times 10^3}{170\times 10^6}\text{m}^3=265\times 10^{-6}\text{m}^3=265\text{cm}^3$$

查型钢表 C，选 22a 型工字钢，有

$$W_z=309\text{cm}^3,\quad I_z=3400\text{cm}^4,\quad I_z:S_{z,\max}^*=18.9,\quad d=7.5\text{mm}$$

(3) 切应力强度校核。支座内侧截面的中性轴上各点处切应力最大，即

$$\tau_{\max}=\frac{F_{S,\max}\cdot S_{z,\max}^*}{I_z d}$$

$$=\frac{30\times 10^3}{7.5\times 10^{-3}}\times\frac{1}{18.9\times 10^{-2}}\text{Pa}$$

$$=21.2\times 10^6\text{Pa}=21.2\text{MPa}<[\tau]$$

满足切应力强度要求。

(4) 刚度校核。最大挠度发生在梁跨中点，由附录 B 可得

$$w_{\max}=\frac{Fl^3}{48EI_z}$$

即

$$w_{\max}=\frac{30\times 10^3\times 6^3}{48\times 2.1\times 10^{11}\times 3.4\times 10^{-5}}\text{m}=18.9\times 10^{-3}\text{m}=18.9\text{mm}>[w]$$

可见，刚度条件不满足要求，应加大工字钢截面以减小变形。

如改用 25a 型工字钢，$I_z=5020\text{cm}^4$，则有

$$w_{\max}=\frac{30\times 10^3\times 6^3}{48\times 2.1\times 10^{11}\times 5020\times 10^{-8}}\text{m}=12.8\times 10^{-3}\text{m}=12.8\text{mm}<[w]$$

刚度条件满足，故可选用工字钢 25a。

5.6 梁的合理设计

5.6.1 提高梁的弯曲强度

按强度要求设计梁时，主要是依据梁的正应力强度条件：

$$\sigma_{\max}=\frac{M_{\max}}{W_z}$$

由上式可见，要提高梁的承载能力，即降低梁的最大正应力，则可在不减小外荷载、不增加材料的前提下，尽可能地降低最大弯矩，提高抗弯截面系数。

下面介绍几种工程常用的措施。

1. 合理配置支座和荷载

为了降低梁的最大弯矩，可以合理地改变支座位置。图 5.35(a) 所示的悬臂梁，梁中最大弯矩 $M_{max}=\dfrac{ql^2}{2}=0.5ql^2$；将其变为简支梁，$M_{max}=\dfrac{ql^2}{8}=0.125ql^2$［见图 5.35(b)］；而将其变为外伸梁，当 $a=0.207l$ 时，则梁中最大弯矩为 $M_{max}=0.0215ql^2$［见图 5.35(c)］。另外，可以靠增加支座，使其改成超静定梁，也能降低梁的最大弯矩。在荷载不变的情况下，还可以合理地布置荷载，以达到降低最大弯矩的作用。图 5.36(a) 所示的简支梁，其最大弯矩 $M_{max}=\dfrac{Fl}{4}$；若在梁上增加一根辅助梁，这样 F 被分成了作用在主梁上的两个集中力［见图 5.36(b)］，则最大弯矩 $M_{max}=\dfrac{Fl}{8}$ 是原来的一半。或将集中力变成满跨均布荷载 $q=\dfrac{F}{l}$，最大弯矩也可降低。

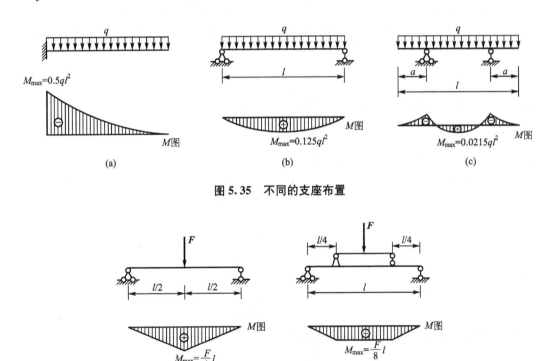

图 5.35 不同的支座布置

图 5.36 不同的荷载分布

2. 合理设计截面形状

当梁所受外力不变时，横截面上的最大正应力与抗弯截面系数成反比。或者说，在截面面积 A 保持不变的条件下，抗弯截面系数越大的梁，其承载能力越强。由于在一般截面中，W与其高度的平方成正比，所以尽可能使横截面面积分布在距中性轴较远的地方，以满足上述要求。

在梁横截面上距中性轴最远的各点处，分别有最大拉应力和最大压应力。为充分发挥材料的潜力，应使两者同时达到材料的许用应力。对于由拉伸和压缩许用应力值相等的建筑钢等塑性材料制成的梁，其横截面应以中性轴为其对称轴。例如，工字形，矩形，圆形和环形截面等。而这些截面的合理程度并不相同。例如，环形比圆形合理，矩形截面立放比扁放合理，而工字钢又比立放的矩形更为合理。对于由压缩强度远高于拉伸强度的铸铁等脆性材料制成的梁，宜采用 T 形等对中性轴不对称的截面，并将其翼缘部分置于受拉侧。在提高 W 的过程中，不可将矩形截面的宽度取得太小，也不可将空心圆、工字形、箱形截面的壁厚取得太小，否则可能出现失稳的问题。总之，在选择梁截面的合理形状时，应综合考虑横截面上的应力情况、材料性能、梁的使用条件及制造工艺等。

3. 合理设计梁的形状——变截面梁

梁的弯矩图形象地反映了弯矩沿梁轴线的变化情况。由于梁内不同横截面上最大正应力是随弯矩值的变化而变化的，因此，在等直梁设计中，只要危险截面上的最大正应力满足强度要求，其余各截面自然满足，并有余量。为节约材料并减轻自重，可以在弯矩较大的梁段采用较大的截面，在弯矩较小的梁段采用较小的截面，这种横截面尺寸沿梁轴线变化的梁称为变截面梁。若使梁各截面上的最大正应力都相等，并均达到材料的许用应力，通常称为等强度梁。由强度条件：

$$\sigma = \frac{M(x)}{W(x)} \leqslant [\sigma]$$

可得到等强度梁各截面的抗弯截面系数为

$$W(x) = \frac{M(x)}{[\sigma]} \tag{5-37a}$$

式中，$M(x)$是等强度梁横截面上的弯矩。

如将宽度不变而高度变化的矩形截面简支梁[见图 11.15(a)]设计成等强度梁，则其高度随截面位置的变化规律 $h(x)$ 可按正应力强度条件确定，即

$$W(x) = \frac{bh(x)^2}{6} = \frac{\frac{F}{2}x}{[\sigma]}$$

可求得

$$h(x) = \sqrt{\frac{3Fx}{b[\sigma]}} \tag{5-37b}$$

但在靠近支座处，应按切应力强度条件确定截面的最小高度，即

$$\tau_{max} = \frac{3}{2}\frac{F_S}{A} = \frac{3}{2}\frac{F/2}{bh_{min}} = [\tau]$$

可得

$$h_{min} = \frac{3F}{4b[\tau]} \tag{5-38}$$

按式(5-37b)确定梁的外形，就是厂房建筑中常用的鱼腹梁，如图 5.37(b)所示。

等强度梁有节约材料的优点，理论上讲，存在等强度梁。但当外荷载比较复杂时，由于其形状的复杂，给制造加工带来很大的困难。所以在工程实际中，通过用等强度梁的设

计思想并结合具体情况,将其修正成易于加工制造的形式。如图 5.37(c)所示的车辆底座下的叠板弹簧等。

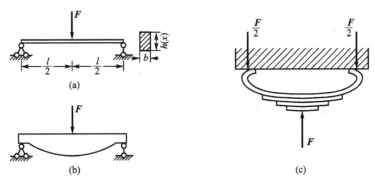

图 5.37 等强度梁

5.6.2 提高梁的刚度

在梁的设计中,不仅要考虑强度,还要考虑变形,即刚度问题。若要提高刚度,就要减少梁的变形。由梁的变形表(见附录 B)可知,若想减小梁的挠度和转角,可以增大梁的抗弯刚度 EI,或减小弯矩。

1. 合理选择截面形状

对于钢材来说,增大 E,即采用高强度钢,不仅成本很高,而且它与低强度钢的 E 值很接近,对增大梁的刚度影响很小,所以采用提高 E 值的办法来提高梁的刚度是不可取的。那么就要从提高 I 入手,而 I 与截面形状有关。在截面面积不变的情况下,采用适当的截面形状使其面积分布在距中性轴较远处,可以增大截面的惯性矩。如工程中常见的工字形、箱形等截面。

2. 合理的加载方式

为了减小梁的最大弯矩,可以改变加载方式,如图 5.36 所示。

3. 合理的支承形式

由于梁的挠度和转角与其跨长的 n 次幂成正比,因此减小梁的跨长也能达到减小梁的挠度和转角的目的。比如将图 5.35(b)所示的支座向里移动变成图 5.35(c)所示。由于图 5.35(c)中外伸部分的荷载使梁产生向上的挠度,因此使梁在两支座间的向下挠度有所减小。另外,靠增加支承也可以减小挠度,但这是超静定问题了。

小 结

1. 弯曲内力及内力图
   内力计算:截面法——①切开截面;②取分离体受力分析;③列平衡方程求内力。
   简便方法——截面剪力(弯矩)=截面一侧所有剪力(弯矩)的代数和。

画内力图方法：内力方程——分段建立内力方程并画出各段内力受力图。
简便方法——利用荷载集度与内力之间的关系画内力图。
叠加原理——用叠加原理画内力图。

2. 弯曲应力及强度计算

梁截面上任一点正应力为

$$\sigma = \frac{M_{(x)}}{I_z} y$$

即正应力与弯矩成正比，且沿截面线性分布。

强度条件为

$$\sigma_{\max} = \frac{M_{\max}}{W_z}$$

式中，$W_z = \frac{I_z}{y_{\max}}$。

对于拉、压许用应力不同的材料，其强度条件为

$$\begin{cases} \sigma_{\max, t} \leqslant [\sigma_t] \\ \sigma_{\max, c} \leqslant [\sigma_c] \end{cases}$$

梁横截面上任一点的切应力为

$$\tau = \frac{F_S S_z^*}{I_z b}$$

即截面上的切应力与剪力成正比，且沿截面按抛物线规律分布。

强度条件为

$$\tau_{\max} = \frac{F_{S,\max} \cdot S_{z,\max}^*}{I_z d} \leqslant [\tau]$$

强度条件的应用：
(1) 校核强度；
(2) 确定梁最小截面尺寸；
(3) 确定支座荷载。

3. 梁的合理设计

主要从两方面考虑：
(1) 提高梁的强度；
(2) 提高梁的刚度。

资料阅读

水 立 方

国家游泳中心又称"水立方"（Water Cube），位于北京奥林匹克公园内，是北京为2008年夏季奥运会修建的主游泳馆，也是2008年北京奥运会标志性建筑物之一。它的设计方案，是经全球设计竞赛产生的"水的立方"（$[H_2O]^3$）方案，它的结构类型是薄膜结构，空间刚架的结构。2003年12月24日开工，在2008年1月28日竣工。其与国家体育场（俗称

鸟巢)分列于北京城市中轴线北端的两侧，共同形成相对完整的北京历史文化名城形象。国家游泳中心规划建设用地 62950m², 总建筑面积 65000～80000m²，其中地下部分的建筑面积不少于 15000m²，长宽高分别为 177m×177m×30m。来自 101 个国家和地区的 35 万多名港澳台同胞及海外侨胞共捐献了 9.4 亿元人民币。其中郑裕彤、郑家纯父子及属下企业捐赠 5000 万元人民币。

思 考 题

1. 什么是截面法？截面内力的正负是如何规定的？
2. 一简支梁的半跨上有均布荷载，另半跨上无荷载，该简支梁的弯矩图、剪力图各有什么特征？
3. 何谓纯弯曲？为什么推导弯曲正应力公式时，首先从纯弯曲梁开始进行研究？
4. 推导弯曲正应力公式时，作了哪些假设？依据是什么？为什么要作这些假设？
5. 何谓中性层？何谓中性轴？
6. 截面形状及所有尺寸完全相同的一根钢梁和一根木梁，如果支承情况及所受荷载也相同，则梁的内力图是否相同？它们的横截面上的正应力变化规律是否相同？对应点处的正应力与纵向线应变是否相同？
7. 是否弯矩最大的截面，一定就是梁的最危险截面？
8. 何谓挠曲线？何谓挠度？何谓转角？它们之间有何关系？
9. 怎样确定对挠曲线近似微分方程进行积分时所得的积分常数？
10. 如何利用叠加法求梁的变形？应用叠加法的前提条件是什么？

习 题

5-1 求图 5.38 所示各梁中指定截面上的剪力和弯矩。

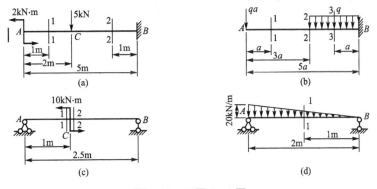

图 5.38 习题 5-1 图

5-2 作出图 5.39 所示各梁的剪力图和弯矩图。

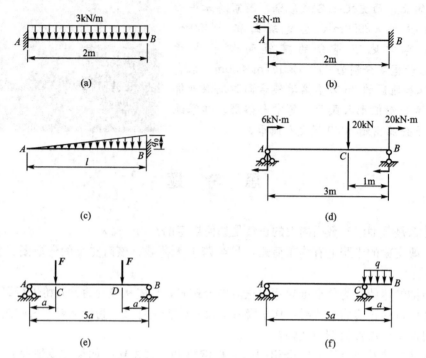

图 5.39 习题 5-2 图

5-3 作下列各梁的剪力图和弯矩图，如图 5.40 所示。

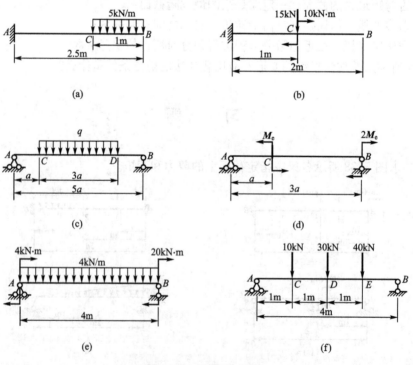

图 5.40 习题 5-3 图

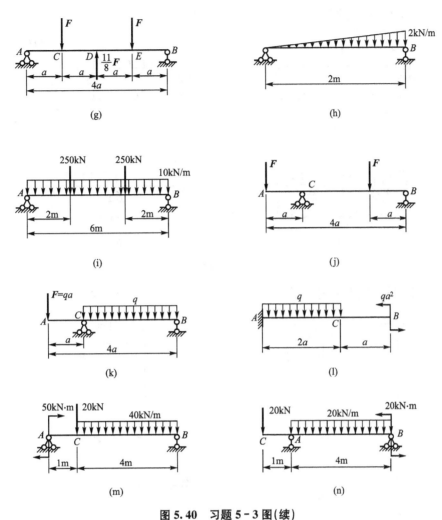

图 5.40 习题 5-3 图(续)

5-4 试作图 5.41 所示各图中具有中间铰的梁的剪力图和弯矩图。

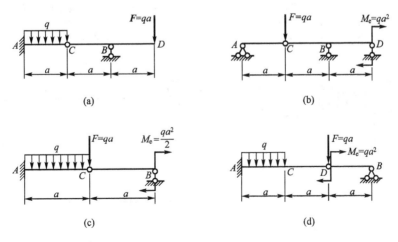

图 5.41 习题 5-4 图

5-5 试用叠加法作图示各梁的弯矩图，如图 5.42 所示。

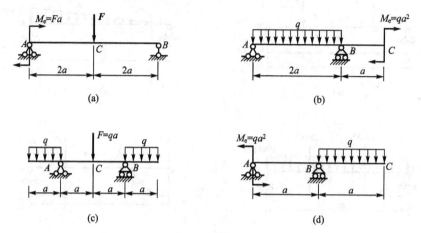

图 5.42 习题 5-5 图

5-6 试作图示刚架的内力图。

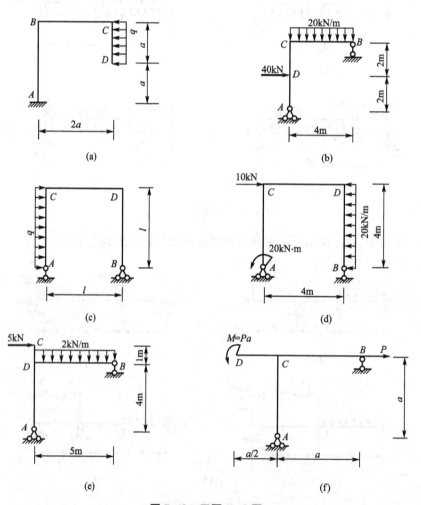

图 5.43 习题 5-6 图

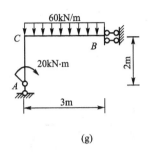
(g)

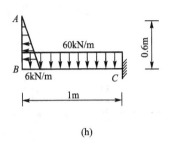
(h)

图 5.43 习题 5-6 图(续)

5-7 圆弧形杆受力如图 5.44 所示。已知曲杆轴线的半径为 R，试写出任意横截面 C 上的剪力、弯矩和轴力的表达式(表示成 φ 角的函数)，并作曲杆的弯矩图。

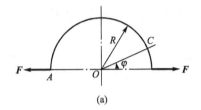
(a)

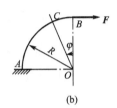
(b)

图 5.44 习题 5-7 图

5-8 图 5.45 所示一由 16 型工字钢制成的简支梁承受集中荷载 F，在梁的截面 C—C 处下边缘上，用标距 $s=20\text{mm}$ 的应变仪量得纵向伸长 $\Delta_s=0.008\text{mm}$。已知梁的跨长 $l=1.5\text{m}$，$a=1\text{m}$，弹性模量 $E=210\text{GPa}$。试求 F 力的大小。

5-9 由两根 28a 型槽钢组成的简支梁受三个集中力作用，如图 5.46 所示。已知该梁材料为 Q235 钢，其许用弯曲正应力 $[\sigma]=170\text{MPa}$。试求梁的许可荷载 $[F]$。

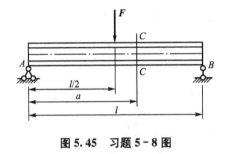

图 5.45 习题 5-8 图

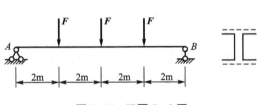

图 5.46 习题 5-9 图

5-10 简支梁的荷载情况及尺寸如图 5.47 所示，试求梁的下边缘的总伸长。

5-11 一简支木梁受力如图 5.48 所示，荷载 $F=5\text{kN}$，距离 $a=0.7\text{m}$，材料的许用弯曲正应力 $[\sigma]=10\text{MPa}$，横截面为 $\dfrac{h}{b}=3$ 的矩形。试按正应力强度条件确定梁横截面的尺寸。

5-12 如图 5.49 所示，一矩形截面简支梁由圆柱形木料锯成。已知 $F=5\text{kN}$，$a=$

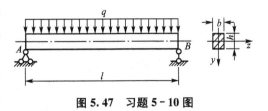

图 5.47 习题 5-10 图

1.5m,$[\sigma]=10$MPa。试确定弯曲截面系数为最大时矩形截面的高宽比 $\dfrac{h}{b}$,以及梁所需木料的最小直径 d。

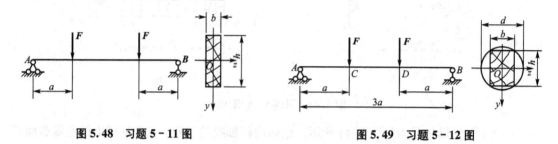

图 5.48　习题 5 - 11 图　　　　　图 5.49　习题 5 - 12 图

5 - 13　当荷载 F 直接作用在跨长为 $l=6$m 的简支梁 AB 之中点时,梁内最大正应力超过许可值 30%。为了消除过载现象,配置了如图 5.50 所示的辅助梁 CD,试求辅助梁的最小跨长 a。

5 - 14　梁的受力情况及截面尺寸如图 5.51 所示。若惯性矩 $I_z=102\times10^{-6}\text{m}^4$,试求最大拉应力和最大压应力的数值,并指出产生最大拉应力和最大压应力的位置。

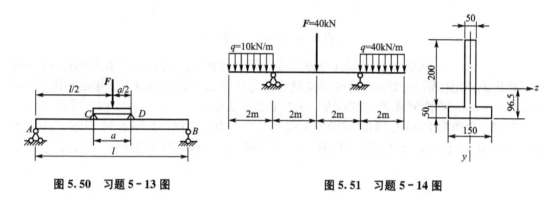

图 5.50　习题 5 - 13 图　　　　　图 5.51　习题 5 - 14 图

5 - 15　简支梁承受均布荷载,$q=2$kN/m,$l=2$m。若分别采用截面面积相等的实心和空心圆截面,且 $D_1=40$mm,$d_2/D_2=3/5$,试分别计算它们的最大正应力,如图 5.52 所示。并问空心截面比实心截面的最大正应力减少了百分之几?

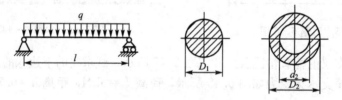

图 5.52　习题 5 - 15 图

5 - 16　T 形截面铸铁悬臂梁,尺寸及荷载如图 5.53 所示。若材料的拉伸许用应力 $[\sigma_t]=400$MPa,压缩许用应力 $[\sigma_c]=160$MPa,截面对形心轴 z 的惯性矩 $I=10180\text{cm}^4$,$h_1=9.64$cm,试计算该梁的许可荷载 $[F]$。

5 - 17　图 5.35 所示的矩形截面简支梁,承受均布荷载 q 作用。若已知 $q=2$kN/m,

$l=3$m，$h=2b=240$mm。试求：截面竖放[见图 5.54(c)]和横放[见图 5.54(b)]时梁内的最大正应力，并加以比较。

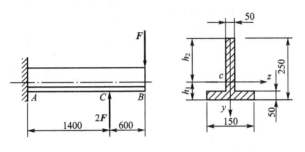

图 5.53 习题 5-16 图

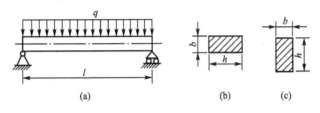

图 5.54 习题 5-17 图

5-18 由 10 型工字钢制成的 ABD 梁，左端 A 处为固定铰链支座，B 点处用铰链与钢制圆截面杆 BC 连接，BC 杆在 C 处用铰链悬挂，如图 5.55 所示。已知圆形截面杆直径 $d=20$mm，梁和杆的许用应力均为 $[\sigma]=160$MPa。试求：结构的许用均布荷载集度 $[q]$。

5-19 矩形截面木梁，其截面尺寸及荷载如图 5.56 所示，$q=1.3$kN/m。已知 $[\sigma]=10$MPa，$[\tau]=2$MPa。试校核梁的正应力和切应力强度。

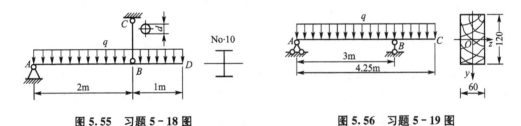

图 5.55 习题 5-18 图　　　　**图 5.56** 习题 5-19 图

5-20 图 5.57 所示木梁受一可移动的荷载 $F=40$kN 作用。已知 $[\sigma]=10$MPa，$[\tau]=3$MPa。木梁的横截面为矩形，其宽高比 $\dfrac{h}{b}=\dfrac{3}{2}$。试选择梁的截面尺寸。

5-21 外伸梁 AC 承受荷载如图 5.58 所示，$M_e=40$kN·m，$q=20$kN/m。材料的许用弯曲正应力 $[\sigma]=170$MPa，许用切应力 $[\tau]=100$MPa。试选择工字钢的型号。

5-22 简支梁承受荷载如图 5.59 所示，试用积分法求 θ_A、θ_B，并求出 $w_{\max}$ 所在截面的位置及该挠度的算式。

5-23 试用积分法求如图 5.60 所示外伸梁的 θ_A、θ_B，及 w_A、w_D。

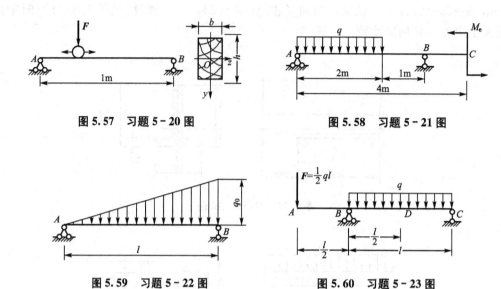

图 5.57 习题 5-20 图   图 5.58 习题 5-21 图

图 5.59 习题 5-22 图   图 5.60 习题 5-23 图

5-24 试用积分法求如图 5.61 所示悬臂梁的 B 端的挠度 w_B。

5-25 图 5.62 所示外伸梁，两端受 F 作用，EI 为常数，试问：① $\dfrac{x}{l}$ 为何值时，梁跨中点的挠度与自由端的挠度数值相等？② $\dfrac{x}{l}$ 为何值时，梁跨度中点挠度最大？

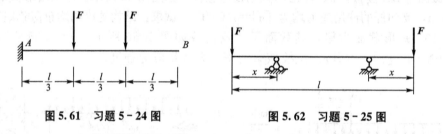

图 5.61 习题 5-24 图   图 5.62 习题 5-25 图

5-26 图 5.63 所示的悬臂梁为工字钢梁，长度 $l=4\text{m}$，在梁的自由端作用有力 $F=10\text{kN}$，已知钢材的许用应力 $[\sigma]=170\text{MPa}$，$[\tau]=100\text{MPa}$，$E=210\text{GPa}$，梁的许用挠度 $[w]=\dfrac{l}{400}$，试按强度条件和刚度条件选择工字钢型号。

5-27 图 5.64 所示简支梁拟用直径为 d 的圆形木制成矩形截面，$b=\dfrac{d}{2}$，$h=\dfrac{\sqrt{3}d}{2}$，已知 $[\sigma]=10\text{MPa}$，$[\tau]=1\text{MPa}$，$E=1\times10^4\text{MPa}$，梁的许用挠度 $[w]=\dfrac{l}{400}$，试确定圆形木直径。

5-28 图 5.65 所示各梁，弯曲刚度 EI 为常数。试根据梁的弯矩图与约束条件画出挠曲线的大致形状。

5-29 图 5.66 所示简支梁，左、右端各作用一个力偶矩分别为 M_1 和 M_2 的力偶。如欲使挠曲线的拐点位于离左端 $l/3$ 处，则力偶矩 M_1 与 M_2 应保持何种关系。

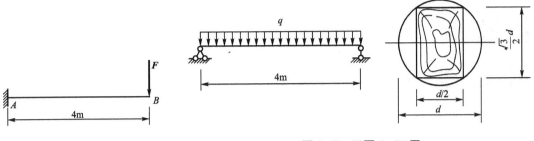

图 5.63　习题 5-26 图　　　　图 5.64　习题 5-27 图

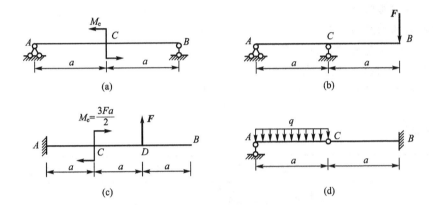

图 5.65　习题 5-28 图

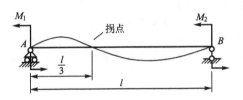

图 5.66　习题 5-29 图

第6章
组合变形

> **教学目标**

　　了解组合变形的概念
　　掌握斜弯曲的应力计算
　　掌握拉(压)与弯曲的应力计算
　　掌握偏心拉(压)的应力计算
　　掌握弯曲与扭转的应力计算

> **教学要求**

知识要点	能力要求	相关知识
组合变形的概念	(1) 了解组合变形的概念 (2) 了解求解组合变形的方法	杆件的基本变形
斜弯曲	(1) 掌握计算最大正应力的方法 (2) 了解最大正应力的位置	平面弯曲的概念
拉(压)与弯曲	(1) 掌握计算最大正应力的方法 (2) 了解最大正应力的位置	叠加原理
偏心拉(压)	(1) 了解中性轴的确定方法 (2) 截面核心的概念 (3) 掌握计算最大正应力的方法	弯曲正应力沿截面的分布规律
弯曲与扭转	(1) 了解危险点的位置 (2) 了解危险点处的应力分析	平面应力状态的概念

> **引言**

　　在前面3~5章中,讨论了杆件发生轴向拉(压)、剪切、扭转、弯曲等基本变形的强度和刚度问题,但在实际工程中,有很多构件在荷载作用下往往有两种或两种以上的基本变形同时发生。例如,图6.1(a)所示吊钩的 AB 段,在力 **F** 作用下,将同时产生拉伸与弯曲两种基本变形;机械中的齿轮传动轴 [见图6.1(b)] 在外力作用下,将同时发生扭转变形及在水平平面和垂直平面内的弯曲变形。针对这样的变形情况,本章在前几章学习的基础上,给出最大工作应力的计算并建立相应的强度条件。

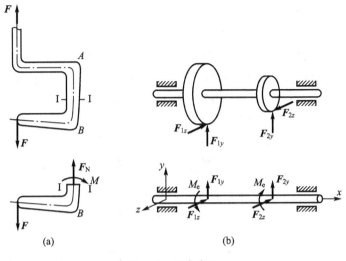

图 6.1 组合变形

6.1 组合变形的概念

所谓组合变形，就是构件在荷载的作用下同时发生几种基本变形，若几种变形所对应的应力(或变形)属于同一数量级，则构件的变形为组合变形。

求解组合变形问题的基本方法通常采用叠加的方法，即首先将组合变形分解为几个基本变形，然后分别考虑构件在每一种基本变形情况下的应力，最后利用叠加原理，将对于截面处的应力进行叠加，从而确定构件的危险截面处危险点的应力，并据此进行强度计算。试验证明，只要构件的刚度足够大，材料又服从胡克定律，则由上述叠加法所得的计算结果是足够精确的。反之，对于小刚度、大变形的构件，必须要考虑各基本变形之间的相互影响，对于大挠度的压弯杆，叠加原理就不能适用。

下面分别讨论在工程中经常遇到的几种组合变形。

6.2 斜 弯 曲

6.2.1 斜弯曲的概念

在平面弯曲问题中，外力作用在梁的纵向对称面内，梁的轴线变形后将变为一条平面曲线，且仍在外力作用面内。在工程实际中，有时会遇到外力不作用在纵向对称面内，此时梁的挠曲线不再在外力作用平面内，这种弯曲称为**斜弯曲**，又称**在两个垂直平面内的平面弯曲**。

6.2.2 横截面正应力计算

现在以矩形截面悬臂梁为例[见图 6.2(a)]，讨论斜弯曲时应力的计算。梁在 F_1 和 F_2 作用下，分别在水平纵向对称面（Oxz 平面）和铅垂纵向对称面（Oxy 平面）内发生平面弯曲。在梁的任意横截面 m—m 上，由 F_1 和 F_2 引起的弯矩为

$$M_y = F_1 x, \quad M_z = F_2(x-a)$$

在横截面 m—m 上的某点 $C(y,z)$ 处由弯矩 M_y 和 M_z 引起的正应力分别为

$$\sigma' = \frac{M_y}{I_y} z, \quad \sigma'' = -\frac{M_z}{I_z} y$$

根据叠加原理，σ' 和 σ'' 的代数和即为 C 点的正应力，即

$$\sigma = \sigma' + \sigma'' = \frac{M_y}{I_y} z - \frac{M_z}{I_z} y \tag{6-1}$$

式中，I_y 和 I_z 分别为横截面对 y 轴和 z 轴的惯性矩；M_y 和 M_z 分别是截面上位于水平和铅垂对称平面内的弯矩，且其力矩矢量分别与 y 轴和 z 轴的正向一致，如图 6.2(b) 所示。在具体计算中，也可以先不考虑弯矩 M_y、M_z 和坐标 y、z 的正负号，以其绝对值代入，然后根据梁在 F_1 和 F_2 分别作用下的变形情况，来判断式(6-1)右边两项的正负号。

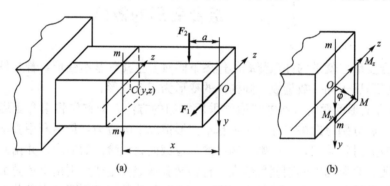

图 6.2 斜弯曲

6.2.3 最大正应力及强度计算

1. 最大正应力计算

计算最大正应力时，应首先知道其所在位置。对于等截面梁，危险截面就在弯矩最大的截面处，而危险点，对于工程中常用的矩形、工字形等有棱角的对称截面，最大正应力发生在截面的棱角处。如图 6.3(b) 所示的矩形截面梁，显然右上角 D_1 与左下角 D_2 有最大正应力值，将这些点的坐标 (y_1, z_1) 或 (y_2, z_2) 代入式(6-1)，可得最大拉应力 $\sigma_{t,\max}$ 和最大压应力 $\sigma_{c,\max}$。因为斜弯曲时中性轴过截面形心，所以最大拉应力和最大压应力相等，即

$$\sigma_{\max} = \left|\frac{M_z}{W_z}\right| + \left|\frac{M_y}{W_y}\right| \tag{6-2}$$

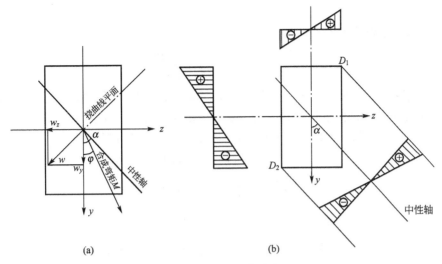

图 6.3 正应力的分布

2. 强度计算

在确定了梁的危险截面和危险点的位置,并算出危险点处的最大正应力后,由于危险点处于单轴应力状态,于是,可将最大正应力与材料的许用正应力相比较来建立强度条件,进行强度计算,即梁的正应力强度条件是荷载作用下梁中的最大正应力不超过材料的容许应力,即

$$\sigma_{\max} \leqslant [\sigma]$$

【**例题 6.1**】 一长 2m 的矩形截面木制悬臂梁,弹性模量 $E=1.0\times10^4$ MPa,梁上作用有两个集中荷载 $F_1=1.3$ kN 和 $F_2=2.5$ kN,如图 6.4(a)所示,设截面 $b=0.6h$,$[\sigma]=10$ MPa。试选择梁的截面尺寸。

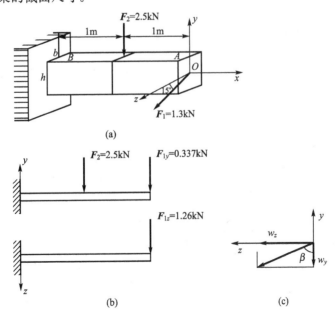

图 6.4 例题 6.1 图

解：

将自由端的作用荷载 F_1 分解：

$$F_{1y}=F_1\sin15°=0.336\text{kN}$$
$$F_{1z}=F_1\cos15°=1.256\text{kN}$$

此梁的斜弯曲可分解为在 xy 平面内及 xz 平面内的两个平面弯曲，如图 6.4(b)所示。M_z 和 M_y 在固定端的截面上达到最大值，故危险截面上的弯矩分别为

$$M_z=(2.5\times1+0.336\times2)\text{kN}\cdot\text{m}=3.172\text{kN}\cdot\text{m}$$
$$M_y=1.256\times2\text{kN}\cdot\text{m}=2.215\text{kN}\cdot\text{m}$$
$$w_z=\frac{1}{6}bh^2=\frac{1}{6}\times0.6h\cdot h^2=0.1h^3$$
$$w_y=\frac{1}{6}hb^2=\frac{1}{6}\times h\cdot(0.6)h^2=0.06h^3$$

上式中 M_z 与 M_y 只取绝对值，且截面上的最大拉、压应力相等，故

$$\sigma_{\max}=\frac{M_z}{W_z}+\frac{M_y}{W_y}=\frac{3.172\times10^6}{0.1h^3}+\frac{2.512\times10^6}{0.06h^3}$$
$$=\frac{73.587\times10^6}{h^3}\leq[\sigma]$$

即

$$h\geq\sqrt[3]{\frac{73.587\times10^6}{10}}\text{mm}=194.5\text{mm}$$

可取 $h=200\text{mm}$，$b=120\text{mm}$。

6.3 拉(压)与弯曲

6.3.1 拉(压)与弯曲的概念

拉伸或压缩与弯曲的组合变形是工程中常见的情况。图 6.5(a)所示的起重机横梁 AB，

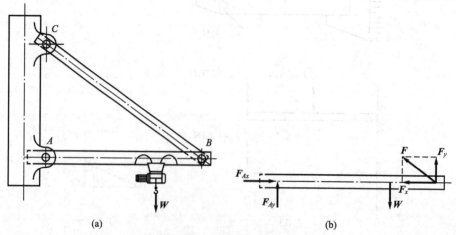

图 6.5 起重机的吊车梁

其受力简图如图 6.5(b)所示。轴向力 F_x 和 F_{Ax} 引起压缩，横向力 F_{Ay}，W，F_y 引起弯曲，所以杆件产生压缩与弯曲的组合变形。对于弯曲刚度 EI 较大的杆，由于横向力引起的挠度与横截面的尺寸相比很小，因此，由轴向力引起的弯矩可以略去不计。

6.3.2 横截面正应力计算

计算由横向力和轴向力引起的杆横截面上的正应力，仍然可以采用叠加原理。下面通过一个简单的例子说明求解的过程。

【例题 6.2】 一悬臂梁 AB，如图 6.6(a)所示，在它的自由端 A 作用一与铅垂方向成 α 角的力 F（在纵向对称面 xy 平面内），求梁横截面上任一点的正应力。

解：

将 F 力分别沿 x 轴 y 轴分解，可得
$$F_x = F\sin\alpha$$
$$F_y = F\cos\alpha$$

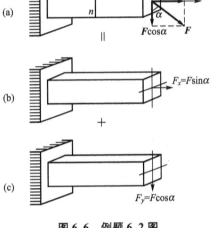

图 6.6　例题 6.2 图

F_x 为轴向力，对梁引起拉伸变形，如图 6.6(b)所示；F_y 为横向力，引起梁的平面弯曲，如图 6.6(c)所示。x 截面上的内力为：

轴力　　　$F_N = F_x = F\sin\alpha$

弯矩　　　$M_z = -F_y x = -F\cos\alpha \cdot x$

与轴力 F_N 对应的拉伸正应力 σ_t 在该截面上各点处均相等，其值为

$$\sigma_t = \frac{F_N}{A} = \frac{F_x}{A} = \frac{F\sin\alpha}{A}$$

与 M_z 对应的弯曲正应力 σ_b 为

$$\sigma_b = \frac{M_z}{I_z} y$$

所以，梁横截面上任一点的正应力为

$$\sigma = \sigma_t + \sigma_b \tag{6-3a}$$

或

$$\sigma = \frac{F_N}{A} + \frac{M_z}{I_z} y \tag{6-3b}$$

6.3.3 最大正应力及强度计算

1. 最大正应力

由[例题 6.2]分析可见，拉(压)弯组合变形的最大正应力 σ_{max}，就是拉(压)应力 σ_t 和最大弯曲正应力 σ_b 的代数和，两项应力同号时为最大正应力，即

$$\sigma_{max} = \left|\frac{F_N}{A}\right| + \left|\frac{M_{max}}{W_z}\right| \tag{6-4}$$

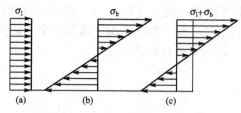

图 6.7 拉、弯组合变形的应力叠加

其正应力沿横截面的分布规律如图 6.7 所示。

2. 正应力的强度条件

由于危险点处的应力状态为单轴应力状态，故可将最大拉应力与材料的许用应力相比较，以进行强度计算。即

$$\sigma_{max} \leqslant [\sigma]$$

应该注意，当材料的许用拉应力和许用压应力不相等时，杆内的最大拉应力和最大压应力必须分别满足杆件的拉、压强度条件。

若杆件的抗弯刚度很小，则由横向力所引起的挠度与横截面尺寸相比不能略去，此时就应考虑轴向力引起的弯矩。

6.4 偏心拉(压)

6.4.1 偏心拉(压)的概念

作用在直杆上的外力，当其作用线与杆的轴线平行但不重合时，将引起**偏心拉伸**或**偏心压缩**。钻床的立柱［见图 6.8(a)］和厂房中支承吊车梁的柱子［见图 6.8(b)］即为偏心拉伸和偏心压缩。

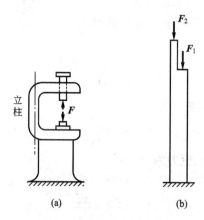

图 6.8 偏心拉(压)实例

6.4.2 横截面正应力计算

1. 正应力的计算

现以实心截面的等直杆承受距离截面形心为 e（称为偏心距）的偏心拉力 F［见图 6.9(a)］为例，来说明偏心拉杆的强度计算。设偏心力 F 作用在端面上的 K 点，其坐标为（e_y，e_z）。将力 F 向截面形心 O 点简化，把原来的偏心力 F 转化为轴向拉力 F；作用在 xz 平面

内的弯曲力偶矩 $M_{ey}=F\cdot e_z$；作用在 xy 平面内的弯曲力偶矩 $M_{ez}=F\cdot e_y$。

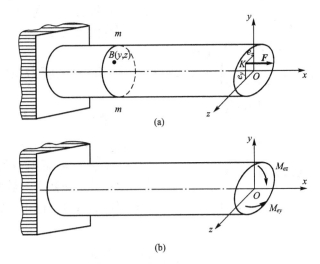

图 6.9　偏心拉伸的应力分析

在这些荷载作用下［见图 6.9(b)］，杆件的变形是轴向拉伸和两个纯弯曲的组合。所有横截面上的内力——轴力和弯矩均保持不变，即

$$F_N=F,\quad M_y=M_{ey}=F\cdot e_z,\quad M_z=M_{ez}=F\cdot e_y$$

叠加上述三内力所引起的正应力，即得任意横截面 m—m 上某点 $B(y,z)$ 的应力计算式：

$$\sigma=\frac{F}{A}+\frac{M_y z}{I_y}+\frac{M_z y}{I_z}=\frac{F}{A}+\frac{Fe_z z}{I_y}+\frac{Fe_y y}{I_z} \tag{a}$$

式中，A 为横截面面积；I_y 和 I_z 分别为横截面对 y 轴和 z 轴的惯性矩。

利用惯性矩与惯性半径的关系(参见附录 A)，有

$$I_y=A\cdot i_y^2,\quad I_z=A\cdot i_z^2$$

于是式(a)可改写为

$$\sigma=\frac{F}{A}\left(1+\frac{e_z z}{i_y^2}+\frac{e_y y}{i_z^2}\right) \tag{b}$$

2. 中性轴的确定

式(b)是一个平面方程，这表明正应力在横截面上按线性规律变化，而应力平面与横截面相交的直线(沿该直线 $\sigma=0$)就是中性轴，如图 6.9 所示。将中性轴上任一点 $C(z_0, y_0)$ 代入式(b)，即得中性轴方程为

$$1+\frac{e_z z_0}{i_y^2}+\frac{e_y y_0}{i_z^2}=0 \tag{c}$$

显然，中性轴是一条不通过截面形心的直线，它在 y、z 轴上的截距 a_y 和 a_z 分别可以从式(c)计算出来。在上式中，令 $z_0=0$，相应的 y_0 即为 a_y，而令 $y_0=0$，相应的 z_0 即为 a_z。由此求得

$$a_y=-\frac{i_z^2}{e_y},\quad a_z=-\frac{i_y^2}{e_z} \tag{d}$$

式(d)表明，中性轴截距 a_y、a_z 和偏心距 e_y、e_z 符号相反，所以中性轴与外力作用点 K 位

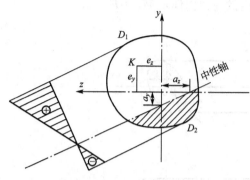

图 6.10 中性轴及应力分布

于截面形心 O 的两侧，如图 6.10 所示。中性轴把截面分为两部分，一部分受拉应力，另一部分受压应力。

6.4.3 最大正应力及强度计算

1. 最大正应力计算

确定了中性轴的位置后，可作两条平行于中性轴且与截面周边相切的直线，切点 D_1 与 D_2 分别是截面上最大拉应力与最大压应力的点，分别将 $D_1(z_1, y_1)$ 与 $D_2(z_2, y_2)$ 的坐标代入式(a)，即可求得最大拉应力和最大压应力的值：

$$\left. \begin{array}{l} \sigma_{D_1} = \dfrac{F}{A} + \dfrac{Fe_z z_1}{I_y} + \dfrac{Fe_y y_1}{I_z} \\ \sigma_{D_2} = \dfrac{F}{A} + \dfrac{Fe_z z_2}{I_y} + \dfrac{Fe_y y_2}{I_z} \end{array} \right\} \quad (6-5)$$

由于危险点处于单轴应力状态，因此，在求得最大正应力后，就可根据材料的许用应力 $[\sigma]$ 来建立强度条件。

2. 强度条件

强度条件为

$$\sigma_{\max} \leqslant [\sigma]$$

应该注意，对于周边具有棱角的截面，如矩形、箱形、工字形等，其危险点必定在截面的棱角处，并可根据杆件的变形来确定，无需确定中性轴的位置。

【例题 6.3】 试求图 6.11(a)所示杆内的最大正应力，力 F 与杆的轴线平行。

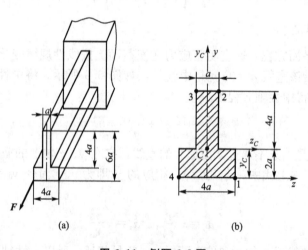

图 6.11 例题 6.3 图

解:

横截面如图 6.11(b)所示,其面积为
$$A = 4a \times 2a + 4a \times a = 12a^2$$

形心 C 的坐标为
$$y_C = \frac{a \times 4a \times 4a + 4a \times 2a \times a}{a \times 4a + 4a \times 2a} = 2a$$
$$z_C = 0$$

形心主惯性矩
$$I_{z_C} = \frac{a \times (4a)^3}{12} + a \times 4a \times (2a)^2 + \frac{4a \times (2a)^3}{12} + 2a \times 4a \times a^2 = 32a^4$$

$$I_{y_C} = \frac{1}{12}[2a \times (4a)^3 + 4a \times a^3] = 11a^4$$

力 F 对主惯性轴 y_C 和 z_C 之矩为
$$M_{y_C} = F \times 2a = 2Fa, \quad M_{z_C} = F \times 2a = 2Fa$$

比较图 6.11(b)所示截面四个角点上的正应力可知,角点四上的正应力最大,即
$$\sigma_4 = \frac{F}{A} + \frac{M_{z_C} \times 2a}{I_{z_C}} + \frac{M_{y_C} \times 2a}{I_{y_C}} = \frac{F}{12a^2} + \frac{2Fa \times 2a}{32a^4} + \frac{2Fa \times 2a}{11a^4} = 0.572 \frac{F}{a^2}$$

6.4.4 截面核心的概念

式(d)中的 y_2、z_2 均为负值。因此当外力的偏心距(即 e_y, e_z)较小时,横截面上就可能不出现压应力,即中性轴不与横截面相交。同理,当偏心压力 F 的偏心距较小时,杆的横截面上也可能不出现拉应力。在工程中,有不少材料抗拉性能差,但抗压性能好且价格比较便宜,如砖、石、混凝土、铸铁等。在这类构件的设计计算中,往往认为其拉伸强度为零。这就要求构件在偏心压力作用下,其横截面上不出现拉应力,由式(d)可知,对于给定的截面,e_y、e_z 值越小,a_y、a_z 值就越大,即外力作用点离形心越近,中性轴距形心就越远。因此,当外力作用点位于截面形心附近的一个区域内时,就可保证中性轴不与横截面相交,这个区域称为**截面核心**。当外力作用在截面核心的边界上时,与此相对应的中性轴就正好与截面的周边相切。利用这一关系就可确定截面核心的外边界。

矩形截面的截面核心为一菱形,其对角线的长度为截面边长的 1/3;圆形截面的核心为一半径为 $\dfrac{d}{8}$ 的圆。

6.5 弯曲与扭转

6.5.1 弯曲与扭转的概念

机械中的传动轴与带轮、齿轮或飞轮等连接时,传动轴往往同时受到扭转与弯曲的联合作用,该轴发生的变形就是弯、扭组合变形。这种组合变形多发生在传动轴上,如

图 6.12 所示。

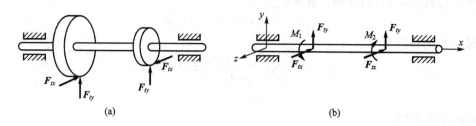

图 6.12　弯曲扭转变形

6.5.2　危险点的应力计算

本节以圆截面杆为例,讨论杆件发生扭转与弯曲组合变形时的应力计算。

设有一实心圆轴 AB,A 端固定,B 端连一手柄 BC,在 C 处作用一铅垂方向力 F,如图 6.13(a)所示。

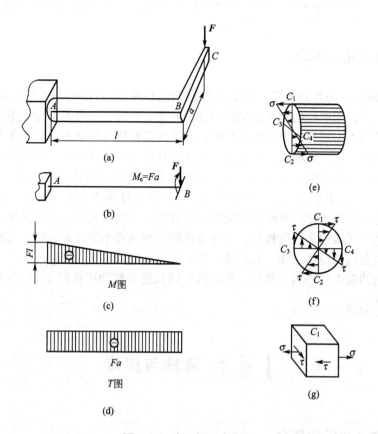

图 6.13　弯、扭组合变形

圆轴 AB 承受扭转与弯曲的组合变形。略去自重的影响,将力 F 向 AB 轴端截面的形心 B 简化后,即可将外力分为两组,一组是作用在轴上的横向力 F,另一组为在轴端截面

内的力偶矩 $M_e = Fa$ [见图 6.13(b)]，前者使轴发生弯曲变形，后者使轴发生扭转变形。分别作出圆轴 AB 的弯矩图和扭矩图 [见图 6.13(c)、(d)]，可见，轴的固定端截面是危险截面，其内力分量分别为

$$M = Fl, \quad T = M_e = Fa$$

在截面 A 上弯曲正应力 σ 和扭转切应力 τ 均按线性分布，如图 6.13(e)、(f) 所示。危险截面上铅垂直径上下两端点 C_1 和 C_2 处是截面上的危险点，因在这两点上正应力和切应力均达到极大值，故必须校核这两点的强度。对于抗拉强度与抗压强度相等的塑性材料，只需取其中的一个点 C_1 来研究即可。C_1 点的弯曲正应力和扭转切应力分别为

$$\sigma = \frac{M}{W}, \quad \tau = \frac{T}{W_P} \tag{a}$$

对于直径为 d 的实心圆截面，抗弯截面系数与抗扭截面系数分别为

$$W = \frac{\pi d^3}{32}, \quad W_P = \frac{\pi d^3}{16} = 2W \tag{b}$$

围绕 C_1 点分别用横截面、径向纵截面和切向纵截面截取单元体，可得 C_1 点处的应力状态，如图 6.13(g) 所示。C_1 点是一个复杂的应力状态，称为平面应力状态。

6.5.3 相当应力的计算

对于危险点是复杂应力状态的情况，应该用强度理论的相当应力建立强度条件。

对于用塑性材料制成的杆件，相当应力为

$$\sigma_{r3} = \sigma_1 - \sigma_3 = \sqrt{\sigma^2 + 4\tau^2} \tag{6-6a}$$

和

$$\sigma_{r4} = \sqrt{\sigma_1^2 + \sigma_3^2 - \sigma_1 \sigma_3} = \sqrt{\sigma^2 + 3\tau^2} \tag{6-6b}$$

将式(a)、式(b)代入式(6-6)，相当应力表达式可改写为

$$\sigma_{r3} = \sqrt{\left(\frac{M}{W}\right)^2 + 4\left(\frac{T}{W_P}\right)^2} = \frac{\sqrt{M^2 + T^2}}{W} \tag{6-7a}$$

$$\sigma_{r4} = \sqrt{\left(\frac{M}{W}\right)^2 + 3\left(\frac{T}{W_P}\right)^2} = \frac{\sqrt{M^2 + 0.75T^2}}{W} \tag{6-7b}$$

6.5.4 强度条件

在求得危险截面的弯矩 M 和扭矩 T 后，就可直接利用式(6-7)建立强度条件，进行强度计算。即

$$\sigma_r \leqslant [\sigma]$$

式(6-7)同样适用于空心圆杆，而只需将式中的 W 改用空心圆截面的弯曲截面系数。

应该注意的是，式(6-7)适用于图 6.17(g) 所示的平面应力状态，而不论正应力 σ 是由弯曲还是由其他变形引起的，不论切应力是由扭转还是由其他变形引起的，也不论正应力和切应力是正值还是负值。工程中有些杆件，如船舶推进轴，有止推轴承的传动轴等除了承受弯曲和扭转变形外，同时还受到轴向压缩(拉伸)，其危险点处的正应力 σ 等于弯曲正应力与轴向拉(压)正应力之和，相当应力表达式(6-6)仍然适用。但式(6-7)仅适用于

扭转与弯曲组合变形下的圆截面杆。

【例题 6.4】 机轴上的两个齿轮，如图 6.14(a)所示，受到切线方向的力 $P_1=5\text{kN}$，$P_2=10\text{kN}$ 作用，轴承 A 及 D 处均为铰支座，轴的许用应力 $[\sigma]=100\text{MPa}$，求轴所需的直径 d。

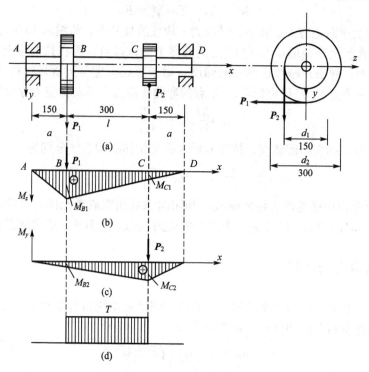

图 6.14　例题 6.4 图

解：

(1) 外力分析。把 P_1 及 P_2 向机轴轴心简化成为竖向力 P_1、水平力 P_2 及力偶矩

$$M_{e1}=P_1\times\frac{d_2}{2}=5\times\frac{300\times10^{-3}}{2}\text{kN}\cdot\text{m}=0.75\text{kN}\cdot\text{m}$$

$$M_{e2}=P_2\times\frac{d_1}{2}=10\times\frac{150\times10^{-3}}{2}\text{kN}\cdot\text{m}=0.75\text{kN}\cdot\text{m}$$

两个力使轴发生弯曲变形，两个力偶矩使轴在 BC 段内发生扭转变形。

(2) 内力分析。BC 段内的扭矩为

$$T=M_e=0.75\text{kN}\cdot\text{m}$$

轴在竖向平面内因 P_1 作用而弯曲，弯矩图如图 6.14(b)所示，引起 B、C 处的弯矩分别为

$$M_{B1}=\frac{P_1(l+a)a}{l+2a},\quad M_{C1}=\frac{P_1a^2}{l+2a}$$

轴在水平面内因 P_2 作用而弯曲，在 B、C 处的弯矩分别为

$$M_{B2}=\frac{P_2a^2}{l+2a},\quad M_{C2}=\frac{P_2(l+a)a}{l+2a}$$

B、C 两个截面上的合成弯矩为

$$M_B=\sqrt{M_{B1}^2+M_{B2}^2}=\sqrt{\frac{P_1^2(l+a)^2a^2}{(l+2a)^2}+\frac{P_2^2a^4}{(l+2a)^2}}=0.676\text{kN}\cdot\text{m}$$

$$M_C = \sqrt{M_{C1}^2 + M_{C2}^2} = \sqrt{\frac{P_1^2 a^4}{(l+2a)^2} + \frac{P_2^2(l+a)^2 a^2}{(l+2a)^2}} = 1.14 \text{kN} \cdot \text{m}$$

轴内每一截面的弯矩都由两个弯矩分量合成，且合成弯矩的作用平面各不相同，但因为圆轴的任一直径都是形心主轴，抗弯截面系数 W 都相同，所以可将各截面的合成弯矩画在同一张图内，如图 6.14(c)所示。

(3) 强度计算。按第四强度理论建立强度条件：

$$\sigma_{r4} = \frac{\sqrt{M^2 + 0.75T^2}}{W} \leqslant [\sigma]$$

$$W = \frac{\pi d^3}{32} \geqslant \frac{\sqrt{(1.44 \times 10^3)^2 + 0.75(0.75 \times 10^3)^2}}{100 \times 10^6}$$

解之得

$$d = 0.051 \text{m} = 51 \text{mm}$$

小　　结

1. 本章主要讨论组合变形下的应力和强度计算，实际上是对各基本变形知识的具体运用。

2. 斜曲面、拉(压)弯组合变形和偏心拉(压)的正应力计算；都是采用叠加的方法，危险点处的应力状态为单轴应力状态，其强度计算可用强度条件，即 $\sigma_{max} \leqslant [\sigma]$。

3. 弯、扭组合变形的强度计算，需要按照强度理论建立强度条件，即计算危险点处的相当应力 σ_r，则强度条件为 $\sigma_r \leqslant [\sigma]$。

资　料　阅　读

泳装——鲨鱼皮

鲨鱼皮这个名字可不是白叫的，该款游装的设计灵感确实来源于鲨鱼。

发明者弗奥娜认识到鲨鱼在游动时产生的浮力与人体在水中产生的浮力最为接近，鲨鱼之所以成为水中的速度最快的生物，依靠的并非是某种动力，而是由于它的皮肤可以将阻力减至最小，而且做功最小。

在鲨鱼的皮肤表面上分布着许多的齿状突起，它们能够保持好水流的流态，并产生具有卷吸作用的稳定的涡流，可以有效地减少表面摩擦阻力和压差阻力，令鲨鱼更为顺畅的在水中游动。

鲨鱼皮游泳衣是把仿生学理论和流体力学理论运用到体育领域里中的一次尝试，有专家甚至认为它是继比基尼问世

以来在泳衣设计上的又一次跨时代革命。

思 考 题

1. 何谓组合变形？如何计算组合变形杆件横截面上任一点的应力？
2. 双对称截面梁在两相互垂直的平面内发生对称弯曲时，采用什么样的截面形状最为合理？为什么？
3. 构件发生弯曲与拉伸(压缩)组合变形时，在什么条件下可按叠加原理计算其横截面上的最大正应力？
4. 何谓单向偏心拉伸(压缩)？何谓双向偏心拉伸(压缩)？
5. 将斜弯曲、拉(压)弯组合及偏心拉伸(压缩)分解为基本变形时，如何确定各基本变形下正应力的正负？

习 题

6-1 矩形截面木制简支梁 AB，在跨度中点 C 处承受一与垂直方向成 $\varphi=15°$ 的集中力 $F=10kN$ 的作用，如图 6.15 所示，已知木材的弹性模量 $E=1.0\times10^4$MPa。试确定：
① 截面上中性轴的位置。
② 危险截面上的最大正应力。
③ C 点总挠度的大小和方向。

6-2 矩形截面木材悬臂梁受力如图 6.16 所示，$F_1=800$N，$F_2=1600$N，材料许用应力 $[\sigma]=10$MPa，弹性模量 $E=1.0\times10^4$MPa，设梁截面的宽度 b 与高度 h 之比为 1：2。
① 试选择梁的截面尺寸。
② 求自由端总挠度的大小和方向。

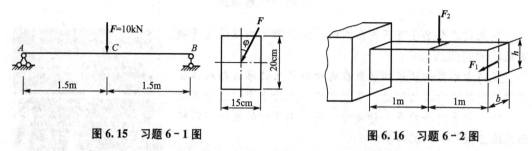

图 6.15 习题 6-1 图   图 6.16 习题 6-2 图

6-3 图 6.17 所示一楼梯木斜梁的长度为 $l=4$m，截面为 0.2m×0.1m 的矩形，受均布荷载作用，$q=2$kN/m。试作梁的轴力图和弯矩图，并求横截面上的最大拉应力和最大压应力。

6-4 有一悬臂梁 AB，长度为 l_1，在末端承托一杆 BC，BC 长度为 l_2，C 点为铰接，B 端搁在 AB 梁上(B 处为光滑接触)，在 BC 中点受有垂直荷载 P，如图 6.18 所示。试求 AB 及 BC 两杆截面中的最大正应力与最小正应力值及其作用点位置。

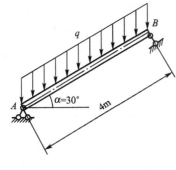

图 6.17 习题 6-3 图

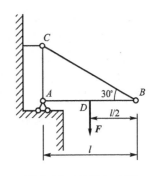

图 6.18 习题 6-4 图

6-5 简支梁的受力及横截面尺寸如图 6.19 所示。钢材的许用应力 $[\sigma]=160\mathrm{MPa}$，试确定梁危险截面中性轴的方向，并校核此梁的强度。

6-6 图 6.20 所示钻床的立柱为铸铁制成，$F=15\mathrm{kN}$，许用应力 $[\sigma_t]=35\mathrm{MPa}$。试确定立柱所需直径 d。

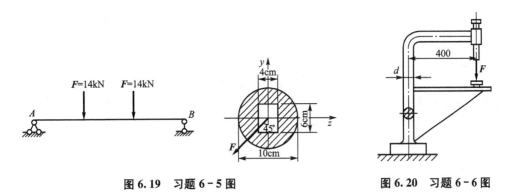

图 6.19 习题 6-5 图   图 6.20 习题 6-6 图

6-7 悬臂梁在自由端受集中力 F 的作用 [见图 6.21(a)]，该力通过截面形心。设梁

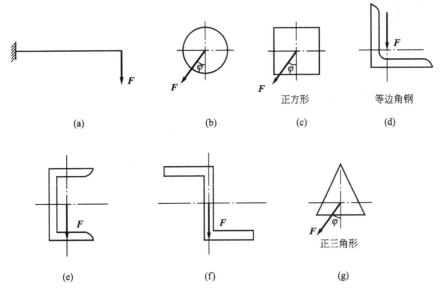

图 6.21 习题 6-7 图

截面形状以及力 F 在自由端截面平面内的方向分别如图 6.21(b)~(g)所示，其中图 6.21(b)、(c)、(g)中的 φ 为任意角。试判别哪种情况属斜弯曲，哪种情况属于平面弯曲。

6-8 曲拐受力如图 6.22 所示，其圆杆部分的直径 $d=50\text{mm}$。试画出表示 A 点处应力状态的单元体，并求其主应力及最大切应力。

6-9 铁道路标圆信号板，装在外径 $D=60\text{mm}$ 的空心圆柱上，所受的最大风载 $P=2\text{kN/m}^2$，$[\sigma]=60\text{MPa}$。试按第三强度理论选定空心柱的厚度，如图 6.23 所示。

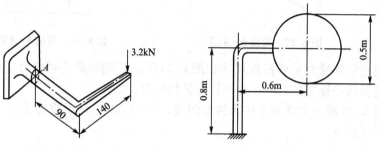

图 6.22 习题 6-8 图　　图 6.23 习题 6-9 图

6-10 手摇绞车如图 6.24 所示，轴的直径 $d=30\text{mm}$，材料为 Q235 钢，$[\sigma]=80\text{MPa}$。试按第三强度理论求绞车的最大起重量 P。

6-11 承受偏心拉伸的矩形截面杆如图 6.25 所示，今用电测法测得该杆上、下两侧面的纵向应变 ε_1 和 ε_2。试证明偏心距 e 在与应变 ε_1、ε_2 在弹性范围内满足下列关系式

$$e=\frac{\varepsilon_1-\varepsilon_2}{\varepsilon_1+\varepsilon_2}\cdot\frac{h}{6}$$

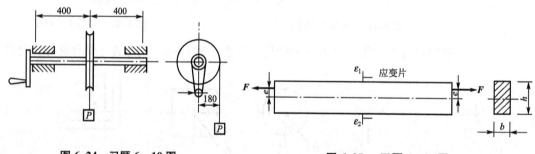

图 6.24 习题 6-10 图　　图 6.25 习题 6-11 图

第7章 压杆稳定

教学目标

了解稳定性的概念
掌握计算临界力、临界应力的方法
掌握简单稳定问题的计算方法

教学要求

知识要点	能力要求	相关知识
压杆稳定的概念	(1) 了解什么是压杆稳定性 (2) 了解什么称失稳	理想中心受压直杆的概念
临界力	(1) 了解临界力的概念 (2) 掌握临界力的计算 (3) 理解长度系数的概念	平面弯曲的概念
临界应力	(1) 了解临界应力的概念 (2) 理解欧拉公式的适用范围 (3) 理解欧拉临界应力总图	小变形、线弹性材料的概念
稳定的计算	(1) 了解稳定问题的计算方法 (2) 掌握简单稳定问题的计算	安全系数、稳定安全系数的概念
提高稳定性的方法	(1) 了解提高稳定性的方法	压杆的合理设计

引言

在前面几章中,讨论了杆件的强度和刚度问题。在工程实际中,杆件除了由于强度、刚度不够而不能正常工作外,还有一种破坏形式就是失稳。什么称失稳呢?什么称稳定呢?顾名思义就是丧失稳定性。使读者对稳定问题有个初步的了解,为学习后续专业课打下基础。

7.1 压杆稳定的概念

在实际结构中,对于受压的细长直杆,在轴向压力并不太大的情况下,杆横截面上的应力远小于压缩强度极限，会突然发生弯曲而丧失其工作能力。因此，细长杆受压时，其轴线不能维持原有直线形式的平衡状态而突然变弯这一现象称为丧失稳定，或称失稳。杆件失稳不仅使压杆本身失去了承载能力，而且对整个结构会因局部构件的失稳而导致整个结构的破坏。因此，对于轴向受压杆件，除应考虑强度与刚度问题外，还应考虑其稳定性问题。所谓稳定性指的是平衡状态的稳定性，亦即物体保持其当前平衡状态的能力。

如图 7.1 所示，两端铰支的细长压杆，当受到轴向压力时，如果是所用材料、几何形状等无缺陷的理想直杆，则杆受力后仍将保持直线形状。当轴向压力较小时，如果给杆一个侧向干扰使其稍微弯曲，则当干扰去掉后，杆仍会恢复原来的直线形状，说明压杆处于稳定的平衡状态，如图 7.1(a) 所示。当轴向压力达到某一值时，加干扰力杆件变弯，而撤除干扰力后，杆件在微弯状态下平衡，不再恢复到原来的直线状态 [见图 7.1(b)]，说明压杆处于不稳定的平衡状态，或称失稳。当轴向压力继续增加并超过一定值时，压杆会产生显著的弯曲变形甚至破坏。我们称这个使杆保持微弯状态下平衡的轴向荷载为临界荷载，简称临界力，并用 F_{cr} 表示。它是压杆保持直线平衡时能承受的最大压力。对于一个具体的压杆（材料、尺寸、约束等情况均已确定）来说，临界力 F_{cr} 是一个确定的数值。压杆的临界状态是一种随遇平衡状态，因此，根据杆件所受的实际压力是小于、大于该压杆的临界力，就能判定该压杆所处的平衡状态是稳定的还是不稳定的。

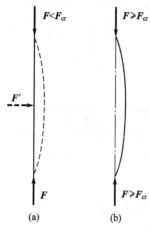

图 7.1　压杆的稳定性

工程实际中许多受压构件都要考虑其稳定性，例如千斤顶的丝杆，自卸载重车的液压活塞杆、连杆以及桁架结构中的受压杆等。

解决压杆稳定问题的关键是确定其临界力。如果将压杆的工作压力控制在由临界力所确定的许用范围内，则压杆不致失稳。下面研究如何确定压杆的临界力。

7.2　细长压杆的临界力

所谓理想压杆指的是中心受压直杆。因为对于实际的压杆，导致其弯曲的因素有很多，比如，压杆材料本身存在的不均匀性，压杆在制造时其轴线不可避免地会存在初曲率，作用在压杆上外力的合力作用线也不可能毫无偏差地与杆轴线相重合等。这些因素都可能使压杆在外力作用下除发生轴向压缩变形外，还发生附加的弯曲变形。但在对压杆的承载能力进行理论研究时，通常将压杆抽象为由均质材料制成的中心受压直杆的力学模型，即理想压杆。因此"失稳"临界力的概念都是针对这一力学模型而言的。

7.2.1　两端铰支细长压杆的临界力

现以两端铰支，长度为 l 的等截面细长中心受压 [见图 7.2(a)] 为例，推导其临界力的计算公式。假设压杆在临界力作用下轴线呈微弯状态维持平衡 [见图 7.2(b)]，此时，

压杆任意 x 截面沿 y 方向的挠度为 w，该截面上的弯矩为

$$M(x) = F_{cr} \cdot w \qquad (a)$$

弯矩的正、负号按第5章中的规定，挠度 w 以沿 y 轴正值方向为正。

将弯矩方程 $M(x)$ 代入式(5-17b)，可得挠曲线的近似微分方程为

$$EIw'' = -M(x) = -F_{cr}w \qquad (b)$$

式中，I 为压杆横截面的最小形心主惯性矩。

将上式两端均除以 EI，并令

$$\frac{F_{cr}}{EI} = k^2 \qquad (c)$$

则式(b)可写成如下形式

$$w'' + k^2 w = 0 \qquad (d)$$

式(d)为二阶常系数线性微分方程，其通解为

$$w = A\sin kx + B\cos kx \qquad (e)$$

式中 A、B 和 k 三个待定常数可用挠曲线的边界条件确定。

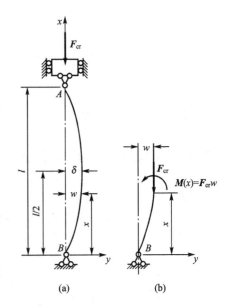

图7.2 两端铰支的压杆

边界条件：

当 $x=0$ 时，$w=0$，代入式(e)，得 $B=0$。式(e)为

$$w = A\sin kx \qquad (f)$$

当 $x=l$ 时，$w=0$，代入式(f)，得

$$A\sin kl = 0 \qquad (g)$$

满足式(g)的条件是 $A=0$，或者 $\sin kl = 0$。若 $A=0$，由式(f)可见 $w=0$，与题意(轴线呈微弯状态)不符。因此，只有

$$\sin kl = 0 \qquad (h)$$

即得

$$kl = n\pi \quad (n=1,3,5,\cdots)$$

其最小非零解是 $n=1$ 的解，于是

$$kl = \sqrt{\frac{F_{cr}}{EI}} \cdot l = \pi \qquad (i)$$

即得

$$F_{cr} = \frac{\pi^2 EI}{l^2} \qquad (7-1)$$

式(7-1)即两端铰支等截面细长中心受压直杆临界力 F_{cr} 计算公式。由于式(7-1)最早是由欧拉(L. Euler)导出的，所以称为欧拉公式。

将式(i)代入式(f)得

$$w = A\sin\frac{\pi}{l}x \qquad (j)$$

将边界条件 $x = \frac{l}{2}$，$w = \delta$ (δ 为挠曲线中点挠度)代入式(j)，得

$$A = \frac{\delta}{\sin\frac{\pi}{2}} = \delta$$

将上式代入式(j)可得挠曲线方程为

$$w = \delta\sin\frac{\pi}{l}x \tag{k}$$

即挠曲线为半波正弦曲线。

7.2.2 一端固定、一端自由细长压杆的临界力

如图 7.3 所示，一下端固定、上端自由并在自由端受轴向压力作用的等直细长压杆。杆长为 l，在临界力作用下，杆失稳时假定可能在 xy 平面内维持微弯状态下的平衡，其弯曲刚度为 EI，现推导其临界力。

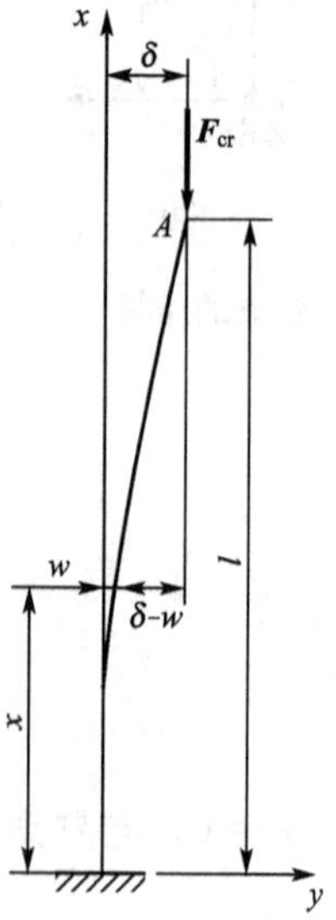

根据杆端约束情况，杆在临界力 $\boldsymbol{F}_{cr}$ 作用下的挠曲线形状如图 7.3 所示，最大挠度 δ 发生在杆的自由端。由临界力引起的杆任意 x 截面上的弯矩为

$$M(x) = -F_{cr}(\delta - w) \tag{a}$$

式中，w 为 x 截面处杆的挠度。

将式(a)代入杆的挠曲线近似微分方程，即得

$$EIw'' = -M(x) = F_{cr}(\delta - w) \tag{b}$$

上式两端均除以 EI，并令 $\dfrac{F_{cr}}{EI} = k^2$，经整理得

$$w'' + k^2 w = k^2 \delta \tag{c}$$

上式为二阶常系数非齐次微分方程，其通解为

$$w = A\sin kx + B\cos kx + \delta \tag{d}$$

其一阶导数为

$$w' = Ak\cos kx - Bk\sin kx \tag{e}$$

上式中的 A、B、k 可由挠曲线的边界条件确定。

当 $x=0$ 时，$w=0$，有 $B=-\delta$

当 $x=0$ 时，$w'=0$，有 $A=0$

将 A、B 值代入式(d)得

$$w = \delta(1 - \cos kx) \tag{f}$$

再将边界条件 $x=l$，$w=\delta$ 代入式(f)，即得

$$\delta = \delta(1 - \cos kl) \tag{g}$$

由此得

$$\cos kl = 0 \tag{h}$$

从而得

$$kl = \frac{n\pi}{2} \quad (n = 1, 3, 5, \cdots) \tag{i}$$

图 7.3 一端固定、一端自由的压杆

其最小非零解为 $n=1$ 的解，即 $kl = \dfrac{\pi}{2}$。于是该压杆临界力 F_{cr} 的欧拉公式为

$$F_{cr}=\frac{\pi^2 EI}{(2l)^2} \tag{7-2}$$

将 $k=\frac{\pi}{2l}$ 代入式(f)，即得此压杆的挠曲线方程为

$$w=\delta\left(1-\cos\frac{\pi x}{2l}\right)$$

式中，δ 为杆自由端的微小挠度，其值不定。

7.2.3 细长压杆的临界力公式

比较上述两种典型压杆的欧拉公式，可以看出，两个公式的形式都一样；临界力与 EI 成正比，与 l^2 成反比，只相差一个系数。显然，此系数与约束形式有关。于是，临界力的表达式可统一写为

$$F_{cr}=\frac{\pi^2 EI}{(\mu l)^2} \tag{7-3}$$

式中，μ 称为长度系数，μl 称为压杆的相当长度。

不同杆端约束情况下长度系数的值见表 7-1。值得指出，表中给出的都是理想约束情况。实际工程问题中，杆端约束多种多样，要根据具体实际约束的性质和相关设计规范选定 μ 值的大小。

表 7-1 不同杆端约束情况下的长度系数

支承情况	两端铰支	一端固定 另端铰支	两端固定	一端固定 另端自由	两端固定但可沿横向相对移动
失稳时挠曲线形状		C——挠曲线拐点	C、D——挠曲线拐点		C——挠曲线拐点
临界力 F_{cr} 欧拉公式	$F_{cr}=\frac{\pi^2 EI}{l^2}$	$F_{cr}\approx\frac{\pi^2 EI}{(0.7l)^2}$	$F_{cr}=\frac{\pi^2 EI}{(0.5l)^2}$	$F_{cr}=\frac{\pi^2 EI}{(2l)^2}$	$F_{cr}=\frac{\pi^2 EI}{l^2}$
长度因数 μ	$\mu=1$	$\mu\approx 0.7$	$\mu=0.5$	$\mu=2$	$\mu=1$

7.3 压杆的临界应力

7.3.1 临界应力的概念

当压杆受临界力 F_{cr} 作用而在直线平衡形式下维持不稳定平衡时,横截面上的压应力可按公式 $\sigma = \dfrac{F}{A}$ 计算。于是,各种支承情况下压杆横截面上的应力为

$$\sigma_{cr} = \frac{F_{cr}}{A} = \frac{\pi^2 E}{(\mu l)^2} \cdot \frac{I}{A} = \frac{\pi^2 E}{(\mu l/i)^2} \tag{7-4}$$

式中,σ_{cr} 称为**临界应力**;$i = \sqrt{\dfrac{I}{A}}$,称为压杆横截面对中性轴的**惯性半径**。

令

$$\lambda = \frac{\mu l}{i} \tag{7-5}$$

λ 称为压杆的**长细比**或**柔度**。其值越大,σ_{cr} 就越小,即压杆越容易失稳。则式(7-4)可写成

$$\sigma_{cr} = \frac{\pi^2 E}{\lambda^2} \tag{7-6}$$

式(7-6)称为临界应力的欧拉公式。

7.3.2 欧拉公式的适用范围

在前面推导临界力的欧拉公式过程中,使用了挠曲线近似微分方程。而挠曲线近似微分方程的适用条件是小变形、线弹性范围内。因此,欧拉公式(7-6)只适用于小变形且临界应力不超过材料比例极限 σ_p,亦即

$$\sigma_{cr} \leqslant \sigma_p$$

将式(7-6)代入上式,得

$$\frac{\pi^2 E}{\lambda^2} \leqslant \sigma_p$$

或写成

$$\lambda \geqslant \pi \sqrt{\frac{E}{\sigma_p}} = \lambda_p \tag{7-7}$$

式中,λ_p 为能够应用欧拉公式的压杆柔度的界限值。通常称 $\lambda \geqslant \lambda_p$ 的压杆为大柔度压杆,或细长压杆。而当压杆的柔度 $\lambda < \lambda_p$ 时,就不能应用欧拉公式。

7.3.3 临界应力总图

当压杆柔度 $\lambda < \lambda_p$ 时,欧拉公式(7-3)和(7-6)不再适用。对这样的压杆,目前设计中多采用经验公式确定临界应力。常用的经验公式有直线公式和抛物线公式。

1. 直线公式

对于柔度 $\lambda<\lambda_p$ 的压杆，通过试验发现，其临界应力 σ_{cr} 与柔度之间的关系可近似地用如下直线公式表示：

$$\sigma_{cr}=a-b\lambda \tag{7-8}$$

式中，a、b 为与压杆材料力学性能有关的常数。

事实上，当压杆柔度小于 λ_0 时，不论施加多大的轴向压力，压杆都不会因发生弯曲变形而失稳。一般将 $\lambda<\lambda_0$ 的压杆称为**小柔度杆**。这时只要考虑压杆的强度问题即可。当压杆的 λ 值在 $\lambda_0<\lambda<\lambda_p$ 范围时，称压杆为**中柔度杆**。

应该指出，只有在临界应力小于屈服极限 σ_s 时，直线公式(7-8)才适用。

对于由塑性材料制成的小柔度杆，当其临界应力达到材料的屈服强度 σ_s 时，即认为失效。所以有

$$\sigma_{cr}=\sigma_s$$

将其代入式(7-8)，可确定 λ_0 的大小，即

$$\lambda_0=\frac{a-\sigma_s}{b} \tag{7-9}$$

如果将上式中的 σ_s 换成脆性材料的抗拉强度 σ_b，即得由脆性材料制成压杆的 λ_0 值。不同材料的 a、b 值及 λ_0、λ_p 的值见表7-2所示。

表7-2 不同材料的 a、b 值及 λ_0，λ_p 的值

材料（σ_s，σ_b/MPa）	a/MPa	b/MPa	λ_p	λ_0
Q235钢（$\sigma_s=235$，$\sigma_b\geqslant 372$）	304	1.12	100	60
优质碳钢（$\sigma_s=306$，$\sigma_b\geqslant 470$）	460	2.57	100	60
硅钢（$\sigma_s=353$，$\sigma_b\geqslant 510$）	577	3.74	100	60
铬钼钢	980	5.29	55	
硬铝	392	3.26	50	
铸铁	332	1.45	80	
松木	28.7	0.2	59	

以柔度 λ 为横坐标，临界应力 σ_{cr} 为纵坐标，将临界应力与柔度的关系曲线绘于图中，即得到全面反映大、中、小柔度压杆的临界应力随柔度变化情况的临界应力总图，如图7.4所示。

2. 抛物线公式

我国 GB 50017—2003《钢结构设计规范》中，采用如下形式的抛物线公式：

$$\sigma_{cr}=\sigma_s\left[1-0.43\left(\frac{\lambda}{\lambda_c}\right)^2\right] \quad \lambda\leqslant\lambda_c \tag{7-10}$$

式中

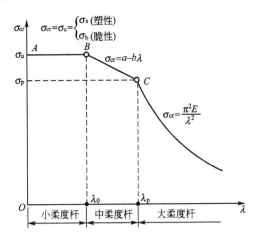

图7.4 临界应力总图

$$\lambda_c = \pi\sqrt{\frac{E}{0.57\sigma_s}} \tag{7-11}$$

式中，λ_c 为临界应力曲线与抛物线相交点对应的柔度值。

稳定计算中，无论是欧拉公式，还是经验公式，都是以压杆的整体为基础的，即压杆在临界力作用下可保持微弯状态的平衡，以此作为压杆稳定时的整体变形状态。局部削弱（如螺钉孔等）对压杆的整体变形影响很小，所以计算临界应力时，应采用未经削弱的横截面积 A 和惯性矩 I。

7.4 压杆的稳定计算

7.4.1 稳定安全因数法

对于实际中的压杆，要使其不丧失稳定而正常工作，必须使压杆所承受的工作应力小于压杆的临界应力 σ_{cr}，为了使其具有足够的稳定性，可将临界应力除以适当的安全因数。于是，压杆的稳定条件为

$$\sigma = \frac{F}{A} \leqslant \frac{\sigma_{cr}}{n_{st}} = [\sigma]_{st} \tag{7-12}$$

式中，n_{st} 为**稳定安全因数**；$[\sigma]_{st}$ 为**稳定许用应力**。

式(7-12)即为稳定安全因数法的稳定条件。常见压杆的稳定安全因数见表7-3。

表7-3 常见压杆的稳定安全因数

实际压杆	稳定安全因数 n_{st}	实际压杆	稳定安全因数 n_{st}
金属结构中的压杆	1.8~3.0	高速发动机挺杆	2.5~5
矿山和冶金设备中的压杆	4~8	拖拉机转向机构的推杆	≥5
机床的进给丝杠	2.5~4	起重螺旋	3.5~5
磨床油缸活塞杆	4~6		

【**例题 7.1**】 图 7.5 所示的结构中，梁 AB 为 No.14 普通热轧工字钢，CD 为圆截面直杆，其直径为 $d=20\text{mm}$，两者材料均为 Q235 钢。结构受力如图所示，A、C、D 三处均为球铰约束。若已知 $F_p=25\text{kN}$，$l_1=1.25\text{m}$，$l_2=0.55\text{m}$，$\sigma_s=235\text{MPa}$。强度安全因数 $n_s=1.45$，稳定安全因数 $[n]_{st}=1.8$。试校核此结构是否安全。

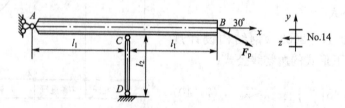

图 7.5 例题 7.1 图

解：

在给定的结构中共有两个构件：梁 AB，承受拉伸与弯曲的组合作用，属于强度问题；杆 CD，承受压缩荷载，属稳定问题。现分别校核如下。

(1) 大梁 AB 的强度校核。大梁 AB 在截面 C 处的弯矩最大，该处横截面为危险截面，其上的弯矩和轴力分别为

$$M_{\max} = (F_p \sin 30°) l_1 = (25 \times 10^3 \times 0.5) \times 1.25 \text{N} \cdot \text{m}$$

$$= 15.63 \times 10^3 \text{N} \cdot \text{m} = 15.63 \text{kN} \cdot \text{m}$$

$$F_N = F_p \cos 30° = 25 \times 10^3 \times \cos 30° \text{N}$$

$$= 21.65 \times 10^3 \text{N} = 21.65 \text{kN}$$

由型钢表查得 14 型普通热轧工字钢：

$$W_z = 102 \text{cm}^3 = 102 \times 10^3 \text{mm}^3$$

$$A = 21.5 \text{cm}^2 = 21.5 \times 10^2 \text{mm}^2$$

由此得

$$\sigma_{\max} = \frac{M_{\max}}{W_z} + \frac{F_N}{A} = \frac{15.63 \times 10^3}{102 \times 10^3 \times 10^{-9}} \text{Pa} + \frac{21.65 \times 10^3}{21.5 \times 10^2 \times 10^{-4}} \text{Pa}$$

$$= 163.2 \times 10^6 \text{Pa} = 163.2 \text{MPa}$$

Q235 钢的许用应力为

$$[\sigma] = \frac{\sigma_s}{n_s} = \frac{235}{1.45} \text{MPa} = 162 \text{MPa}$$

$\sigma_{\max}$ 略大于 $[\sigma]$，但 $(\sigma_{\max} - [\sigma]) \times 100\% / [\sigma] = 0.7\% < 5\%$，工程上仍认为是安全的。

(2) 校核压杆 CD 的稳定性。由平衡方程求得压杆 CD 的轴向压力为

$$F_{N,CD} = 2F_p \sin 30° = F_p = 25 \text{kN}$$

因为是圆截面杆，故惯性半径为

$$i = \sqrt{\frac{I}{A}} = \frac{d}{4} = 5 \text{mm}$$

又因为两端为球铰约束 $\mu = 1.0$，所以

$$\lambda = \frac{\mu l}{i} = \frac{1.0 \times 0.55}{5 \times 10^{-3}} = 110 > \lambda_p = 101$$

这表明，压杆 CD 为细长杆，故需采用式(7-6)计算其临界应力，有

$$F_{P,cr} = \sigma_{cr} A = \frac{\pi^2 E}{\lambda^2} \times \frac{\pi d^2}{4} = \frac{\pi^2 \times 206 \times 10^9}{110^2} \times \frac{\pi \times (20 \times 10^{-3})^2}{4} \text{N}$$

$$= 52.8 \times 10^3 \text{N} = 52.8 \text{kN}$$

于是，压杆的工作安全因数为

$$n_w = \frac{\sigma_{cr}}{\sigma_w} = \frac{F_{P,cr}}{F_{N,CD}} = \frac{52.8}{25} = 2.11 > [n]_{st} = 1.8$$

这一结果说明，压杆的稳定性是安全的。

上述两项计算结果表明，整个结构的强度和稳定性都是安全的。

7.4.2 稳定因数法

在压杆的设计中，经常将压杆的稳定许用应力 $[\sigma]_{st}$ 写成材料的强度许用应力 $[\sigma]$ 乘以一个随压杆柔度 λ 而改变的因数 $\varphi=\varphi(\lambda)$，即

$$[\sigma]_{st}=\varphi[\sigma] \quad (7-13)$$

则稳定条件可写为

$$\sigma=\frac{F}{A} \leqslant [\sigma]_{st}=\varphi[\sigma] \quad (7-14)$$

式中 φ 称为**稳定因数**与 λ 有关。对于木制压杆的稳定系数 φ 值，我国 GB 50005—2003《木结构设计规范》中，按照树种的强度等级，分别给出了两组计算公式。

树种强度等级为 TC17、TC15 及 TB20 时：

$$\lambda \leqslant 75, \quad \varphi=\frac{1}{1+\left(\frac{\lambda}{80}\right)^2} \quad (7-15a)$$

$$\lambda > 75, \quad \varphi=\frac{3000}{\lambda^2} \quad (7-15b)$$

树种强度等级为 TC13、TC11、TB17 及 TB15 时：

$$\lambda \leqslant 91, \quad \varphi=\frac{1}{1+\left(\frac{\lambda}{65}\right)^2} \quad (7-16a)$$

$$\lambda > 91, \quad \varphi=\frac{2800}{\lambda^2} \quad (7-16b)$$

上述代号后的数字为树种的弯曲强度（MPa）。

表 7-4 给出了 Q235 钢两类截面分别为 a、b 的情况下不同 λ 值对应的稳定因数 φ 值。

表 7-4 Q235 钢 a 类截面中心受压直杆的稳定因数 φ

λ	0	1.0	2.0	3.0	4.0	5.0	6.0	7.0	8.0	9.0
0	1.000	1.000	1.000	1.000	0.999	0.999	0.998	0.998	0.997	0.996
10	0.995	0.994	0.993	0.992	0.991	0.989	0.988	0.986	0.985	0.983
20	0.981	0.979	0.977	0.976	0.974	0.972	0.970	0.968	0.966	0.964
30	0.963	0.961	0.959	0.957	0.955	0.952	0.950	0.948	0.946	0.944
40	0.941	0.939	0.937	0.934	0.932	0.929	0.927	0.924	0.921	0.919
50	0.916	0.913	0.910	0.907	0.904	0.900	0.897	0.894	0.890	0.886
60	0.883	0.879	0.875	0.871	0.867	0.863	0.858	0.851	0.849	0.844
70	0.830	0.834	0.829	0.824	0.818	0.813	0.807	0.801	0.795	0.789
80	0.788	0.776	0.770	0.763	0.757	0.750	0.743	0.736	0.728	0.721
90	0.714	0.706	0.699	0.691	0.684	0.676	0.668	0.661	0.653	0.645
100	0.638	0.630	0.622	0.615	0.607	0.600	0.520	0.514	0.507	0.500

(续)

λ	0	1.0	2.0	3.0	4.0	5.0	6.0	7.0	8.0	9.0
110	0.563	0.555	0.548	0.541	0.534	0.527	0.520	0.514	0.507	0.500
120	0.494	0.488	0.481	0.475	0.469	0.463	0.457	0.451	0.445	0.440
130	0.434	0.429	0.423	0.418	0.412	0.407	0.402	0.397	0.392	0.387
140	0.383	0.378	0.373	0.369	0.364	0.360	0.356	0.351	0.347	0.343
150	0.339	0.335	0.331	0.327	0.323	0.320	0.316	0.312	0.309	0.305
160	0.302	0.298	0.295	0.292	0.289	0.285	0.282	0.279	0.276	0.273
170	0.270	0.267	0.264	0.262	0.259	0.256	0.253	0.251	0.248	0.246
180	0.243	0.241	0.238	0.236	0.233	0.231	0.229	0.226	0.224	0.222
190	0.220	0.218	0.215	0.213	0.211	0.209	0.207	0.205	0.203	0.201
200	0.199	0.198	0.196	0.194	0.192	0.190	0.189	0.187	0.185	0.183
210	0.182	0.180	0.179	0.177	0.175	0.174	0.172	0.171	0.169	0.168
220	0.166	0.165	0.164	0.162	0.161	0.159	0.158	0.157	0.155	0.154
230	0.150	0.152	0.150	0.149	0.148	0.147	0.146	0.144	0.143	0.142
240	0.141	0.140	0.139	0.138	0.136	0.135	0.134	0.133	0.132	0.131
250	0.130									

【例题 7.2】 由 Q235 钢加工成的工字形截面连杆,两端为柱形铰,即在 xy 平面内失稳时,杆端约束情况接近于两端铰支,长度系数 $\mu_z=1.0$;而在 xz 平面内失稳时,杆端约束情况接近于两端固定,$\mu_y=0.6$,如图 7.6 所示。已知连杆在工作时承受的最大压力为 $F=35\text{kN}$,材料的强度许用应力 $[\sigma]=206\text{MPa}$,并符合 GB 50017—2003 中 a 类中心受压杆的要求。试校核其稳定性。

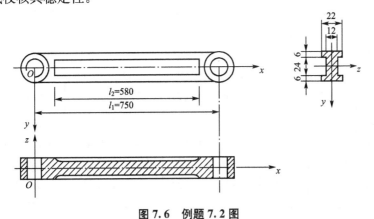

图 7.6 例题 7.2 图

解:

横截面的面积和形心主惯性矩分别为

$$A=(12\times24+2\times6\times22)\text{mm}^2=552\text{mm}^2$$

$$I_z=\frac{12\times24^3}{12}\text{mm}^4+2\times\left(\frac{22\times6^3}{12}+22\times6\times15^2\right)\text{mm}^4$$
$$=7.40\times10^4\text{mm}^4$$

$$I_y = \frac{24 \times 12^3}{12} \text{mm}^4 + 2 \times \frac{6 \times 22^3}{12} \text{mm}^4 = 1.41 \times 10^4 \text{mm}^4$$

横截面对 z 轴和 y 轴的惯性半径分别为

$$i_z = \sqrt{\frac{I_z}{A}} = \sqrt{\frac{7.40 \times 10^4}{552}} \text{mm} = 11.58 \text{mm}$$

$$i_y = \sqrt{\frac{I_y}{A}} = \sqrt{\frac{1.41 \times 10^4}{552}} \text{mm} = 5.05 \text{mm}$$

于是,连杆的柔度值为

$$\lambda_z = \frac{\mu_z l_1}{i_z} = \frac{1.0 \times 750}{11.58} = 64.8$$

$$\lambda_y = \frac{\mu_y l_2}{i_y} = \frac{0.6 \times 580}{5.05} = 68.9$$

在两柔度值中,应按较大的柔度值 $\lambda_y = 68.9$ 来确定压杆的稳定因数 φ。由表 7-5 所示,并用内插法求得

表 7-5　Q235 钢 b 类截面中心受压直杆的稳定因素 φ

λ	0	1.0	2.0	3.0	4.0	5.0	6.0	7.0	8.0	9.0
0	1.000	1.000	1.000	0.999	0.999	0.998	0.997	0.996	0.995	0.994
10	0.992	0.991	0.989	0.987	0.985	0.983	0.981	0.978	0.976	0.973
20	0.970	0.967	0.963	0.960	0.957	0.953	0.950	0.946	0.943	0.939
30	0.936	0.932	0.929	0.925	0.922	0.918	0.914	0.910	0.906	0.903
40	0.899	0.895	0.891	0.887	0.882	0.878	0.874	0.870	0.865	0.861
50	0.856	0.852	0.847	0.842	0.838	0.833	0.828	0.823	0.818	0.813
60	0.807	0.802	0.797	0.791	0.786	0.780	0.774	0.769	0.763	0.757
70	0.751	0.745	0.739	0.732	0.726	0.720	0.614	0.707	0.701	0.694
80	0.688	0.681	0.675	0.668	0.661	0.655	0.648	0.641	0.635	0.628
90	0.621	0.614	0.608	0.601	0.594	0.588	0.581	0.575	0.568	0.561
100	0.555	0.549	0.542	0.536	0.529	0.523	0.517	0.511	0.505	0.499
110	0.493	0.487	0.481	0.475	0.470	0.464	0.458	0.453	0.447	0.442
120	0.437	0.432	0.426	0.421	0.416	0.411	0.406	0.402	0.397	0.392
130	0.387	0.383	0.378	0.374	0.370	0.365	0.361	0.357	0.353	0.349
140	0.345	0.341	0.337	0.333	0.329	0.326	0.322	0.318	0.315	0.311
150	0.308	0.304	0.301	0.298	0.265	0.291	0.288	0.285	0.282	0.279
160	0.276	0.273	0.270	0.267	0.265	0.262	0.259	0.256	0.254	0.251
170	0.249	0.246	0.244	0.241	0.239	0.236	0.234	0.232	0.229	0.227
180	0.225	0.223	0.220	0.218	0.216	0.214	0.212	0.210	0.208	0.206
190	0.204	0.202	0.200	0.198	0.197	0.195	0.193	0.191	0.190	0.188
200	0.186	0.184	0.183	0.181	0.180	0.178	0.176	0.175	0.173	0.172

(续)

λ	0	1.0	2.0	3.0	4.0	5.0	6.0	7.0	8.0	9.0
210	0.170	0.169	0.167	0.166	0.165	0.163	0.162	0.160	0.159	0.158
220	0.156	0.155	0.154	0.153	0.151	0.150	0.149	0.148	0.146	0.145
230	0.144	0.143	0.142	0.141	0.140	0.138	0.137	0.136	0.135	0.134
240	0.133	0.132	0.131	0.130	0.129	0.128	0.127	0.126	0.125	0.124
250	0.123									

$$\varphi = 0.849 + \frac{9}{10} \times (0.844 - 0.849) = 0.845$$

将 φ 值代入式(7-14)，即得连杆的稳定许用应力为

$$[\sigma]_{st} = \varphi[\sigma] = 0.845 \times 206 \text{MPa} = 174 \text{MPa}$$

将连杆的工作应力与稳定许用应力比较，可得

$$\sigma = \frac{F}{A} = \frac{35 \times 10^3}{552 \times 10^{-6}} \text{MPa} = 63.4 \text{MPa} < [\sigma]_{st}$$

故连杆满足稳定性要求。

7.4.3 稳定条件的应用

与强度条件类似，压杆的稳定条件式(7-12)、式(7-14)同样可以解决三类问题：
(1) 校核压杆的稳定性。
(2) 确定许用荷载。
(3) 利用稳定条件设计截面尺寸。

【**例题 7.3**】 一强度等级为 TC13 的圆松木，长度为 6m，中径为 300mm，其强度许用应力为 10MPa。现将圆木用来当作起重机用的扒杆［见图 7.7］，试计算圆木所能承受的许可压力值。

解：

在图示平面内，若扒杆在轴向压力的作用下失稳，则杆的轴线将弯成半个正弦波，长度系数可取为 $\mu=1$。于是，其柔度为

$$\lambda = \frac{\mu l}{i} = \frac{1 \times 6}{\frac{1}{4} \times 0.3} = 80$$

根据 $\lambda=80$，按式(7-16a)，求得木压杆的稳定因数为

$$\varphi = \frac{1}{1 + \left(\frac{\lambda}{65}\right)^2} = \frac{1}{1 + \left(\frac{80}{65}\right)^2} = 0.398$$

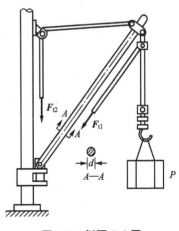

图 7.7 例题 7.3 图

从而可得圆木所能承受的许可压力为

$$[F]=\varphi[\sigma]A=0.398\times(10\times10^6)\times\frac{\pi}{4}\times(0.3)^2\text{kN}=281.3\text{kN}$$

如果扒杆的上端在垂直于纸面的方向并无任何约束，则杆在垂直于纸面的平面内失稳时，只能视为下端固定而上端自由，即 $\mu=2$。于是有

$$\lambda=\frac{\mu l}{i}=\frac{2\times6}{\frac{1}{4}\times0.3}=160$$

按式(7-16b)求得

$$\varphi=\frac{2800}{\lambda^2}=\frac{2800}{160^2}=0.109$$

$$[F]=\varphi[\sigma]A=0.109\times(10\times10^6)\times\frac{\pi}{4}\times(0.3)^2\text{kN}=77\text{kN}$$

显然，圆木作为扒杆使用时，所能承受的许可压力应为 77kN，而不是 281.3kN。

7.5 提高压杆稳定性的措施

提高压杆的稳定性，就是要提高压杆的临界力。从临界力或临界应力的公式可以看出，影响临界力的主要因素不外乎如下几个方面：压杆的截面形状、压杆的长度、约束情况及材料性质等。下面分别加以讨论。

1. 选择合理的截面形状

压杆的临界力与其横截面的惯性矩成正比。因此，应该选择截面惯性矩较大的截面形状。并且，当杆端各方向约束相同时，应尽可能使杆截面在各方向的惯性矩相等。图7.8所示的两种压杆截面，在面积相同的情况下，截面(b)比截面(a)合理，因为截面(b)的惯性矩大。由槽钢制成的压杆，有两种摆放形式，如图7.9所示，截面(b)比截面(a)合理，因为截面(a)对竖轴的惯性矩比另一方向的惯性矩小很多，降低了杆的临界力。

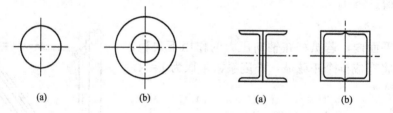

图7.8　不同的压杆截面　　　图7.9　不同的摆放形式

2. 减小压杆长度

欧拉公式表明，临界力与压杆长度的平方成反比。所以，在设计时，应尽量减小压杆的长度，或设置中间支座以减小跨长，达到提高稳定性的目的。

3. 改善约束条件

对细长压杆来说，临界力与反映杆端约束条件的长度系数 μ 的平方成反比。通过加强

杆端约束的紧固程度,可以降低 μ 值,从而提高压杆的临界力。

4. 合理选择材料

欧拉公式表明,临界力与压杆材料的弹性模量成正比。弹性模量高的材料制成的压杆,其稳定性好。合金钢等优质钢材虽然强度指标比普通低碳钢高,但其弹性模量与低碳钢的相差无几。所以,大柔度杆选用优质钢材对提高压杆的稳定性作用不大。而对中小柔度杆,其临界力与材料的强度指标有关,强度高的材料,其临界力也大,所以选择高强度材料对提高中小柔度杆的稳定性有一定作用。

小 结

1. 临界力及临界应力

$$F_{cr} = \frac{\pi^2 EI}{(\mu l)^2}$$

$$\sigma_{cr} = \frac{\pi^2 E}{\lambda^2}$$

欧拉公式的应用范围 $\lambda \geqslant \pi\sqrt{\dfrac{E}{\sigma_p}} = \lambda_p$

临界应力总图如图 7.4 所示。

2. 压杆的稳定计算

(1) 稳定安全因数法:稳定条件为 $\sigma = \dfrac{F}{A} \leqslant \dfrac{\sigma_{cr}}{n_{st}} = [\sigma]_{st}$

式中,n_{st} 为稳定安全因数;$[\sigma]_{st}$ 为稳定许用应力。

(2) 稳定因数法:

$$\sigma = \frac{F}{A} \leqslant [\sigma]_{st} = \varphi[\sigma]$$

式中,φ 为稳定因数,与 λ 有关。

3. 稳定条件的应用

(1) 校核压杆的稳定性。

(2) 确定许用荷载。

(3) 利用稳定条件设计截面尺寸。

资 料 阅 读

曾侯乙编钟

1978 年夏出土的曾侯乙编钟,以其优异的音乐性能、铭文中的深刻乐理,所显示的精湛的青铜铸造技术和深奥的力学原理应用,轰动了中外考古界、音乐史界和科技史界。

编钟为什么能发双音呢?原因全在于它独特的造型,即横截面不是通常的圆形,而是由两段圆弧组成的扁形,故称编钟。

编钟能发双音，要用振动的叠加原理来解释。振动是由固有振动叠加而成，固有振动与物体的物理特性（密度、弹性模量）和几何特性（沿环轴的横截面形状和面积）有关。如果圆形的物理特性是均匀的，则无论敲击那一点，发出的声音都是相同的。而对于扁形，即使物理特性是均匀的，但是它不具有轴对称性。它的固有振型分为两组，当敲击两点时，振型不同，则发出的声音也就不同。

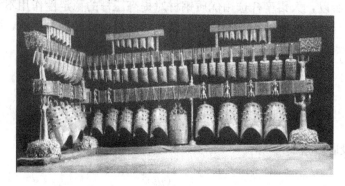

思 考 题

1. 何谓失稳？何谓稳定平衡与不稳定平衡？
2. 试问具有初曲率和荷载偶然偏心的拉杆，是否也存在丧失稳定的问题？
3. 试判断以下两种说法对否？
(1) 临界力是使压杆丧失稳定的最小荷载。
(2) 临界力是压杆维持直线稳定平衡状态的最大荷载。
4. 柔度 λ 的物理意义是什么？它与哪些量有关系？各个量如何确定？
5. 提高压杆的稳定性可以采取哪些措施？采用优质钢材对提高细长压杆稳定性的效果如何？

习 题

7-1 图 7.10(a)、(b)所示的两细长杆均与基础刚性连接，但第一根杆［见图 7.10(a)］的基础放在弹性地基上，第二根杆［见图 7.10(b)］的基础放在刚性地基上。试问两杆的临界力是否均为 $F_{cr} = \dfrac{\pi^2 E I_{min}}{(2l)^2}$？为什么？并由此判断压杆长度因数 μ 是否可能大于 2。

7-2 图 7.11 所示各杆材料和截面均相同，试问杆能承受的压力哪根最大，哪

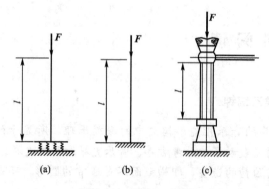

图 7.10 习题 7-1 图

根最小[图 7.11(f)所示的杆在中间支承处不能转动]?

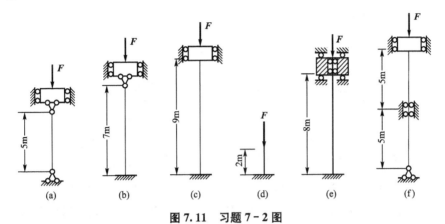

图 7.11 习题 7-2 图

7-3 压杆的 A 端固定,B 端自由,如图 7.12(a)所示。为提高其稳定性,在中点增加铰支座 C,如图 7.12(b)所示。试求加强后压杆的欧拉公式。

7-4 图 7.13 所示正方形桁架,5 根相同直径的圆形截面杆,已知杆直径 $d=50$mm,杆长 $a=1$m,材料为 Q235 钢,弹性模量 $E=200$GPa。试求桁架的临界力。若将荷载 F 方向反向,桁架的临界力又为何值?

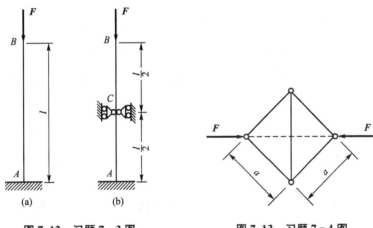

图 7.12 习题 7-3 图　　图 7.13 习题 7-4 图

7-5 图 7.14 所示两端固定的空心圆柱形压杆,材料为 Q235 钢,$E=200$GPa,$\lambda_p=100$,外径与内径之比 $D/d=1.2$。试确定能用欧拉公式时,压杆长度与外径的最小比值,并计算这时压杆的临界力。

7-6 图 7.15 所示的结构 $ABCD$,由 3 根直径均为 d 的圆形截面钢杆组成,在 B 点铰支,而在 A 点和 C 点固定,D 为铰接点,$\dfrac{l}{d}=10\pi$。若此结构由于杆件在平面 $ABCD$ 内弹性失稳而丧失承受能力,试确定作用于节点 D 处的荷载 F 的临界力。

7-7 图 7.16 所示的铰接杆系 ABC 由两根具有相同材

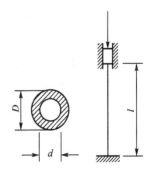

图 7.14 习题 7-5 图

料的细长杆所组成。若由于杆件在平面 ABC 内失稳而引起毁坏，试确定荷载 F 为最大时的 θ 角$\left(假定 0<\theta<\dfrac{\pi}{2}\right)$。

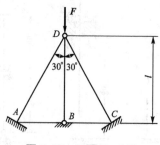

图 7.15　习题 7-6 图

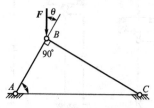

图 7.16　习题 7-7 图

7-8　下端固定、上端铰支、长 $l=4\mathrm{m}$ 的压杆，由两根 10 型槽钢焊接而成，如图 7.17 所示，符合 GB 50017—2003 中实腹式 b 类截面中心受力压杆的要求。已知杆的材料为 Q235 钢，强度许用应力 $[\sigma]=170\mathrm{MPa}$，试求压杆的许可荷载。

7-9　图 7.18 所示的结构中，AB 横梁可视为刚体，CD 为圆形截面钢杆，直径 $d_1=50\mathrm{mm}$，材料为 Q235 钢 a 类，$[\sigma]=160\mathrm{GPa}$，$E=200\mathrm{GPa}$，EF 为圆形截面铸铁杆，直径 $d_2=100\mathrm{mm}$，$[\sigma]=120\mathrm{MPa}$，$E=120\mathrm{GPa}$。试求许用荷载 $[F]$。

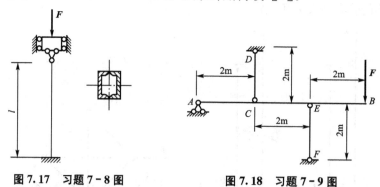

图 7.17　习题 7-8 图　　　　　图 7.18　习题 7-9 图

7-10　图 7.19 所示的结构由钢曲杆 AB 和强度等级为 TC13 的木杆 BC 组成。已知结构所有的连接均为铰连接，在 B 点处承受垂直荷载 $F=1.3\mathrm{kN}$，木材的强度许用应力 $[\sigma]=10\mathrm{MPa}$。试校核 BC 的稳定性。

7-11　图 7.20 所示的一简单托架，其撑杆 AB 为圆形截面木杆，强度等级为 TC15。

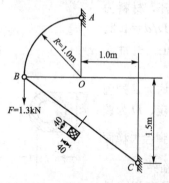

图 7.19　习题 7-10 图

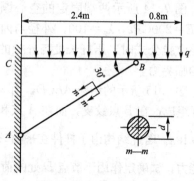

图 7.20　习题 7-11 图

若架上受集度为 $q=50$kN/m 的均布荷载作用，AB 两端为柱形铰，材料的强度许用应力 $[\sigma]=11$MPa，试求撑杆所需的直径 d。

7-12 图 7.21 所示的结构中，杆 AC 与 CD 均由 Q235 钢制成，C、D 两处均为球铰。已知 $d=20$mm，$b=100$mm，$h=180$mm；$E=200$GPa，$\sigma_s=235$MPa，$\sigma_b=400$MPa；强度安全因数 $n=2.0$，稳定安全因数 $n_{st}=3.0$。试确定该结构的许可荷载。

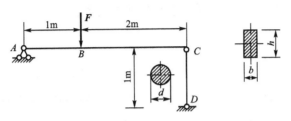

图 7.21 习题 7-12 图

7-13 图 7.22 所示的结构中，钢梁 AB 及立柱 CD 分别由 16 型工字钢和连成一体的两根 63mm×63mm×5mm 角钢制成，杆 CD 符合 GB 50017—2003 中实腹式 b 类截面中心受压杆的要求。均布荷载集度 $q=48$kN/m。梁和柱的材料均为 Q235 钢，$[\sigma]=170$MPa，$E=210$GPa。试验算梁和立柱是否安全。

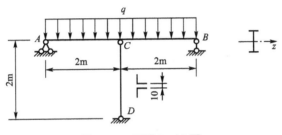

图 7.22 习题 7-13 图

7-14 图 7.23 所示的结构中，AB 为 $b=40$mm，$h=60$mm 的矩形截面梁，AC 及 CD 为 $d=40$mm 的圆形截面杆，$l=1$m，材料均为 Q235 钢，若取强度安全因数 $n=1.5$，规定稳定安全因数 $n_{st}=4$，试求许可荷载 $[F]$。

7-15 图 7.24 所示的结构中，刚性杆 AB，A 点为固定铰支，C、D 处与两细长杆铰接，已知两细长杆长为 l，抗弯刚度为 EI，试求当结构因细长杆失稳而丧失承载能力时，荷载 F 的临界值。

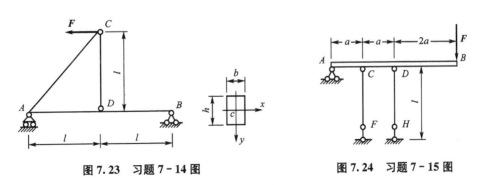

图 7.23 习题 7-14 图　　图 7.24 习题 7-15 图

7-16 图 7.25 所示的三角桁架，两杆均为由 Q235 钢制成的圆形截面杆。已知杆直径 $d=20$mm，$F=15$kN，材料的 $\sigma_s=240$MPa，$E=200$GPa，强度安全因数 $n=2.0$，稳定安全因数 $n_{st}=2.5$。试检查结构能否安全工作。

7-17 图 7.26 所示的结构，已知 $F=12$kN，AB 横梁用 14 型工字钢制成，许用应力 $[\sigma]=160$MPa，CD 杆由圆环形截面 Q235 钢制成，外径 $D=36$mm，内径 $d=26$mm，$E=200$GPa，稳定安全因数 $n_{st}=2.5$。试检查结构能否安全工作。

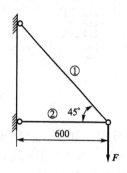

图 7.25 习题 7-16 图

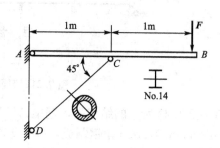

图 7.26 习题 7-17 图

第8章 平面体系的几何组成分析

> **教学目标**

理解几何组成分析的基本概念和基本规则
熟练应用几何组成的基本规则分析简单结构

> **教学要求**

知识要点	能力要求	相关知识
基本概念	（1）了解几何不变体系和几何可变体系、几何组成分析的概念 （2）掌握刚片、自由度、联系、计算自由度的概念	静定与超静定的概念及结构的概念
基本组成规则	（1）掌握三个基本组成规则的内容 （2）熟练应用基本规则分析简单结构	瞬心的概念
瞬变体系	（1）理解瞬变体系和常变体系概念 （2）了解常见的瞬变体系和常变体系	几何组成方式
几何构造与静定性的关系	（1）理解几何构造与静定性的关系要点	静定结构，几何组成基本规则

引言

图 8.1 所示为单层轻钢结构房屋体系，体系纵向由交叉的圆钢支撑提供整体稳定性。国内某在建该体系厂房，施工过程中，纵向未能采取可靠的临时支撑，形成类似于图 8.3(b)所示铰接四边形可变体系，导致刚架在安装过程中发生连续倒塌重大工程事故，图 8.2 为倒塌现场图片。本例说明工程结构必须是几何不变的，本章正是研究平面体系的几何组成，以此判断平面体系能否用作工程结构，学习的意义重大。

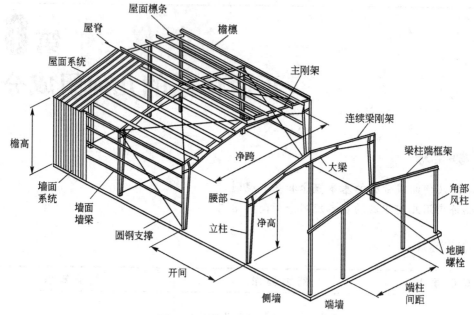

图 8.1 单层轻钢结构房屋体系

图 8.2 厂房施工倒塌现场图片

8.1 平面体系的几何组成分析相关概念

8.1.1 几何不变体系和几何可变体系的概念

杆件结构是由若干杆件相互连接而组成的体系，体系能否作为工程结构使用，要看杆件组成是否合理。若体系受到荷载作用后，构件将产生变形，通常这种变形是很微小的，可忽略。图 8.3(a)所示铰接三角形，若不考虑材料的小变形，体系受任意荷载作用，其几何形状和位置均保持不变，这样的体系称为**几何不变体系**。如图 8.3(b)所示铰接四边形，不考虑材料的小变形，体系即使在很小荷载作用下，也会发生机械运动而不能保持原有几何形状和位置，这样的体系称为**几何可变体系**，几何可变体系包括瞬变体系和常变体系。

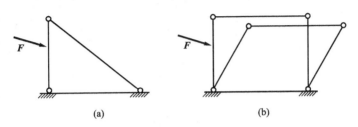

图 8.3　几何不变体系和几何可变体系示例

工程结构必须是几何不变体系，对工程结构应首先判别它是否几何不变，从而决定能否采用。这一工作称为体系的**机动分析**或**几何组成分析**。

8.1.2　刚片、自由度、联系的概念

在几何组成分析中，由于不考虑材料的小变形，因此可以把一根杆件或已知几何不变的部分看作一个刚体，研究平面体系时将刚体称为**刚片**。

为判定体系的几何可变性，需引入自由度的概念。**自由度**是确定体系位置时所需要的独立参数的数目。例如平面上的一个点 A，它的位置用坐标 x_A 和 y_A 完全可以确定，所以，平面上点的自由度等于2，如图 8.4(a)所示。又如平面上的一个刚片，它的位置用 x_A、y_A 和 φ_A 完全可以确定。所以，平面内刚片的自由度等于3，如图 8.4(b)所示。

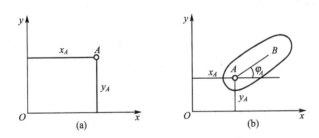

图 8.4　点和刚片自由度

体系的自由度将因加入限制运动的装置而减少，能减少一个自由度的装置称为一个联系(或约束)，常见的联系有链杆和铰。如图 8.5(a)所示，用一根链杆将一个刚片与地基相连，因 A 点不能沿链杆方向移动，这样就减少了一个自由度，其位置可用参数 φ_1 和 φ_2 确定。所以，一个链杆相当于一个联系。

如图 8.5(b)所示，用一个铰 A 把Ⅰ和Ⅱ两个刚片连接起来，这种连接两个刚片的铰称为**单铰**。连接体位置可用四个参数 x_A、y_A、φ_1 和 φ_2 确定，于是两个刚片自由度由六个变成四个，减少了两个自由度。所以，一个单铰相当于两个联系。同理可知，如图 8.5(c)所示，连接三个刚片铰能减少了四个自由度，相当于两个单铰作用。把连接三个或三个以

上刚片的铰称为**复铰**。由此推知,连接 n 个刚片复铰相当 $(n-1)$ 个单铰,即相当 $2(n-1)$ 个联系。

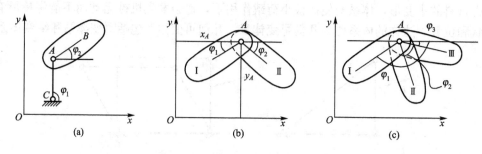

图 8.5 联系

一个平面体系,通常由若干刚片彼此用铰相连,并用支座链杆与基础相连。设体系的刚片数为 m,单铰数为 h,支座链杆数为 r,则体系的自由度 W 为

$$W = 3m - (2h + r) \tag{8-1}$$

式中,$3m$ 为体系无约束情况下自由度数;$2h$ 为 h 个单铰所减少的自由度数;r 为支座链杆所减少的自由度数。

【例题 8.1】 求图 8.6 所示体系的自由度 W。

解:

体系刚片数 $m=8$,单铰数 $h=10$,支座链杆数 $r=4$(其中固定端支座相当于三个链杆),则

$$W = 3 \times 8 - (2 \times 10 + 4) = 0$$

【例题 8.2】 求图 8.7 所示体系的计算自由度 W。

解:

对图 8.7(a)、(b),体系刚片数 $m=8$,单铰数 $h=10$,支座链杆数 $r=4$,则

$$W = 3 \times 8 - (2 \times 10 + 4) = 0$$

图 8.7 所示这种完全由两端铰接的杆件所组成的体系,称为铰接链杆体系。其自由度除可用式(8-1)计算外,还可用下面简便公式来计算。

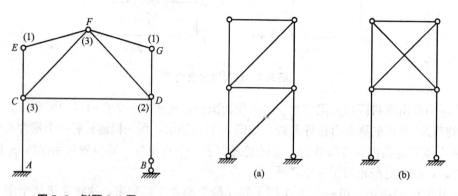

图 8.6 例题 8.1 图   图 8.7 例题 8.2 图

设体系的节点数为 j,杆件数为 b,支座链杆数为 r,则体系自由度 W 为

$$W = 2j - (b + r) \tag{8-2}$$

对于［例题 8.2］按式(8-2)计算，得
$$W=2\times6-(8+4)=0$$

由于体系杆件布置的多样性，W 不一定能反映体系的真实自由度，为此，把 W 称为**计算自由度**。依据体系计算自由度可知，$W>0$ 体系一定是几何可变的，$W\leq 0$ 体系不一定是几何不变的，还与杆件的布置方式有关，[例题 8.2] 图 8.7(b)尽管 $W=0$，但该体系仍为可变体系。因此，$W\leq 0$ 只是体系成为几何不变的必要条件，还不是充分条件。其充分条件为几何不变体系的组成规则。

8.2 几何不变体系的基本组成规则

8.2.1 三刚片规则

三刚片规则：三个刚片用不在同一直线上的三个铰两两相联组成几何不变体系，且无多余联系。

图 8.8 所示铰接三角形，每个杆件都可看成一个刚片。若刚片Ⅰ不动(看成地基)，暂把铰 C 拆开，则刚片Ⅱ只能绕铰 A 转动，C 点只能在以 AC 为半径的圆弧上运动；刚片Ⅲ只能绕 B 转动，其上的 C 点只能在以 B 为圆心，以 BC 为半径的圆弧上运动。但由于 C 点实际上用铰连接，故 C 点不能同时发生两个方向上的运动，它只能在交点处固定不动。

例如图 8.9 所示三铰拱，将地基看成刚片Ⅲ，左、右两半拱可看作刚片Ⅰ、Ⅱ。此体系是由三个刚片用不在同一直线上的三个单铰 A、B、C 两两相连组成的，为几何不变体系，且无多余联系。

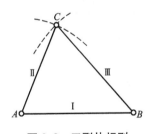

图 8.8 三刚片规则

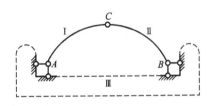

图 8.9 三铰拱分析

应当说明，应用三刚片规则，每两个刚片之间可用两个链杆相联，此两个链杆相交于一点，称它为**虚铰**。

8.2.2 二元体规则

二元体：用两根不在同一直线上的链杆连接成一个新节点的构造，称为二元体。
二元体规则：在一个体系上增加或减少二元体，不会改变原体系的几何构造性质。

例如分析图 8.10 所示体系，在刚片上增加二元体，若原刚片为几何不变，可根据三刚片规则知，增加二元体后体系仍为几何不变。

桁架的组成分析可用二元体规则。图 8.11 所示桁架，可任选一铰接三角形，然后再连续增加二元体而得到桁架，故知它是几何不变体系，且无多余联系。此桁架亦可用拆除二元体的方法来分析，可知从桁架的右端依次拆去二元体最后只剩下一个铰接三角形，因铰接三角形为几何不变，故可判定该桁架为几何不变，且无多余联系。

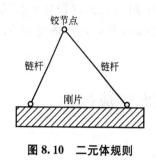

图 8.10　二元体规则　　　　图 8.11　桁架的组成分析

8.2.3　二刚片规则

描述一：两刚片用一个铰和一根不通过此铰的链杆相连，体系为几何不变体系，且无多余联系。

图 8.12(a)所示体系，显然链杆可看成刚片，则满足三刚片规则，组成的体系是几何不变且无多余联系。

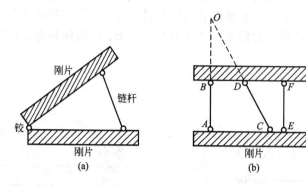

图 8.12　二刚片规则

描述二：两刚片用三根不完全平行也不完全汇交于一点的链杆相连，组成的体系是几何不变无多余联系。

图 8.12(b)所示为两个刚片用三根不完全平行也不完全汇交于一点的链杆相连的情况。此时，可把链杆 AB、CD 看作是在其交点 O 处的一个铰。因此，此两刚片又相当于用铰 O 和链杆 EF 相联，而铰与链杆不在同一直线上，故体系为几何不变体系，且无多余联系。

以上介绍了平面体系几何不变的三个基本组成规则，它们实质上只有一个规则，即三刚片规则。凡是按照基本规则组成的体系都是几何不变体系，且无多余联系。

根据这些规则对体系进行几何组成分析时，应尽可能简化体系。通常，可根据上述规则将体系中几何不变部分当作一个刚片来处理；可逐步拆去二元体简化体系；可依据二刚片规则,对体系和地基简支相连,可先去掉地基只分析体系自身。

下面举例说明如何应用三个规则对体系进行几何组成分析。

【例题 8.3】 试对如图 8.13 所示体系进行几何组成分析。

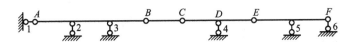

图 8.13　例题 8.3 图

解:

首先将地基看成刚片,再将 AB 看成刚片,AB 和地基之间用 1、2、3 链杆相连,这三根链杆不完全平行也不完全汇交于一点,满足两刚片组成规则。因此可将 AB 与地基合成一个大刚片。接下去可将 CE 和 EF 各看成一个刚片,其中 CE 刚片通过 BC 杆及 4 号链杆与大刚片(地基与 AB 组成的刚片)相连且组成虚铰 D。EF 刚片则与大刚片通过 5、6 号链杆相连,且组成虚铰在无穷远处。而 CE 与 EF 两刚片通过铰 E 相连。三刚片用三个铰两两相连,且三个铰不在同一条直线上。整个体系为几何不变且无多余联系。

【例题 8.4】 试分析图 8.14 所示铰接体系的几何组成。

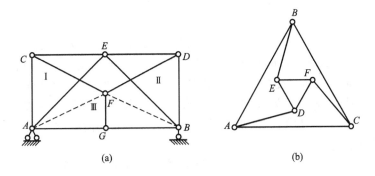

图 8.14　例题 8.4 图

解:

(1) 先分析图 8.14(a)所示体系几何组成。根据二刚片规则,可拆去支座链杆,只分析上部体系。取铰接三角形 ACE、BDE、杆件 GF 分别为刚片Ⅰ、Ⅱ、Ⅲ。刚片Ⅰ、Ⅱ用铰 E 连接,刚片Ⅰ、Ⅲ用杆 CF 和 AG 交点虚铰 B 连接,刚片Ⅱ、Ⅲ用杆 FD 和 BG 交点虚铰 A 连接,E、A、B 三铰不共线,根据三刚片规则,该体系为几何不变且无多余联系。

(2) 再分析图 8.14(b)所示体系几何组成。外围大三角形 ABC 和内部小三角形 DEF 可视为二刚片,它们之间用 AD、BE、CF 三根杆连接,三根链杆不完全平行也不完全汇交于一点,根据二刚片规则,该体系为几何不变且无多余联系。

【例题 8.5】 试分析图 8.15 所示的体系几何组成。

解:

(1) 先分析图 8.15(a)所示体系几何组成。根据二刚片规则,可拆去支座链杆,只分析上部体系。取 ADB、CEB 为二刚片,它们之间用铰 B 和链杆 DE 连接,链杆不通过 B 铰,按二刚片规则,该体系为几何不变且无多余联系。

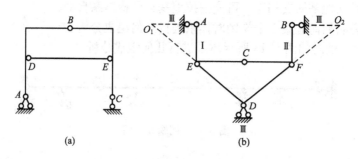

图 8.15 例题 8.5 图

（2）再分析图 8.15(b)所示体系几何组成。取杆 AEC、BFC 分别为刚片 Ⅰ、Ⅱ，地基为刚片 Ⅲ，D 处支座链杆可看作地基上增加二元体，同属刚片 Ⅲ。刚片 Ⅰ、Ⅱ 由铰 C 连接，刚片 Ⅰ、Ⅲ 由虚铰 O_1 连接，刚片 Ⅱ、Ⅲ 由虚铰 O_2 连接，三铰不共线，按三刚片规则，该体系为几何不变且无多余联系。

8.3 瞬变体系

前述三刚片规则中为什么要规定三铰不在同一直线上呢？这可用图 8.16 所示三铰共线来说明，假设刚片 Ⅲ 不动，刚片 Ⅰ 和 Ⅱ 分别绕铰 A 和 B 转动时，C 点在瞬间可沿公切线方向移动，因而是几何可变的。但当 C 点有了微小移动后，三个铰就不再共线，运动也就不再继续发生。这种原为几何可变体系，但经微小位移后即转变为几何不变的体系，称为瞬变体系。与之区别，常变体系是经微小位移后仍能继续发生刚体运动的体系，如图 8.3(b)所示体系。

瞬变体系最终转变为几何不变体系，那么瞬变体系能否用于工程呢？我们来分析图 8.17 所示体系内力。由平衡条件可知 AC 和 BC 杆的轴力为

$$F_N = \frac{F}{2\sin\theta}$$

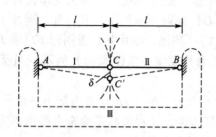

图 8.16 瞬变体系

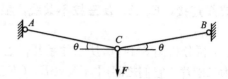

图 8.17 瞬变体系内力分析

当 $\theta \to 0$ 时 $F_N = \infty$，故瞬变体系即使在很小荷载作用下也可产生巨大内力。因此，工程结构中不能采用瞬变体系，而且接近于瞬变的体系也应避免。

几种常见的可变体系判别：

（1）在刚片上增加二元体，若二元体的二杆共线，则为瞬变体系。

(2) 三个刚片用共线的三个铰两两相联为瞬变体系。

(3) 两刚片用汇交于一点的三个链杆相连为瞬变体系，如图 8.18(a)所示。

(4) 两刚片用三根链杆相连时，三根链杆完全平行但不等长时为瞬变体系，如图 8.18(b)所示；若三根链杆完全平行且等长同侧相连则为常变体系，如图 8.18(c)所示；但三根链杆完全平行且等长异侧相连则为瞬变体系，如图 8.18(d)所示。

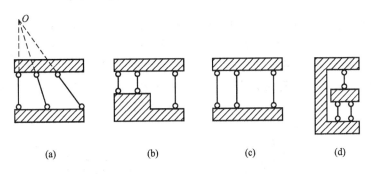

图 8.18　常见的可变体系

8.4　几何构造与静定性的关系

一般情况下，设几何不变体系是由 m 个刚片用 h 个单铰及 r 根支座链杆相连而组成，则取每一刚片为分离体，可建立的平衡方程共有 $3m$ 个，单铰和支座链杆未知力共有 $(2h+r)$ 个，当体系为几何不变且无多余联系时，其计算自由度 $W=3m-(2h+r)=0$，因而，$3m=2h+r$，即平衡方程式数等于未知力数目，此时解答只有确定的一组，故体系是静定的。当体系为几何不变具有多余联系时，其计算自由度 $W=3m-(2h+r)<0$，因而，$3m<2h+r$，即平衡方程式数少于未知力数目，此时解答有无穷多组，仅靠平衡条件不能求解全部量值，故体系是超静定的。

综上所述可知，**静定结构的几何构造特征是几何不变且无多余联系**。凡是按照基本组成规则组成的体系，都是几何不变且无多余联系，因而都是静定结构；而在此基础上还有多余联系的便是**超静定结构**。

小　　结

1. 体系可以分为几何不变体系和几何可变体系，只有几何不变体系才能用作结构，几何可变及瞬变体系不能用作结构。

2. 自由度是确定体系位置所需的独立参数的数目，联系是减少自由度的装置。体系的计算自由度不一定能反映体系的真实自由度。

3. 几何不变体系组成基本规则有三条，满足这三条规则的体系是几何不变体系。

4. 静定结构的几何构造特征是几何不变无多余联系，超静定结构则是几何不变具有多余联系。

资料阅读

世界桥梁建筑史上的一绝——河北赵州安济桥

河北赵州安济桥，位于河北赵县城南2.5km，为隋匠人李春所建，成于隋开皇大业年间（594—605年），是现存世界上最古老、跨度最大的敞肩拱桥。桥的主孔净跨37.02m，净矢高7.23m，拱腹线的半径为27.31m，拱中心夹角85°20′33″。桥形很扁，桥总长50.83m，宽9m。大桥之上两侧各有一小拱。桥上有很多的东西，类型众多，丰富多彩。唐朝的张鷟说，远望这座桥就像："初月出云长虹饮涧"。

赵州桥在结构、地基处理、外观都达到尽善尽美。结构上减少了重量、增加了可靠性，使它历千年而不坏。所以外国人称："它的结构是如此合乎逻辑和美丽，使大部分西方古桥相比之下显得笨重和不明确。"它的确是世界桥梁建筑史上的一绝。

思 考 题

1. 什么是自由度、联系？
2. 什么是刚片？什么是链杆？链杆能否作为刚片？刚片能否作为链杆？
3. 何谓单铰、复铰、虚铰？体系中的任何两根链杆是否都相当于在其交点处的一个虚铰？
4. 试述几何不变体系的三个基本组成规则？为什么说它们实质上只是同一个规则？
5. 何谓瞬变体系？瞬变体系能否用于工程结构？
6. 试总结机动分析的一般步骤和技巧？

习 题

8-1 如图8.19所示，试对下列体系进行几何组成分析。

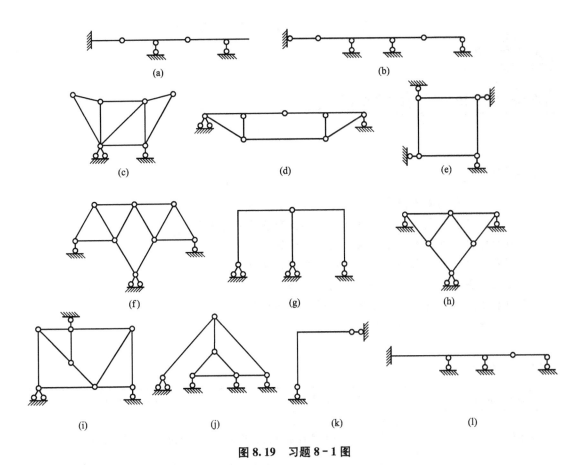

图 8.19 习题 8-1 图

第9章
静定结构的位移计算

教学目标

了解结构位移的基本概念和变形体系的虚功原理
了解位移计算一般公式的推导并理解单位荷载法的定义
了解线弹性体在荷载作用下位移的积分计算
理解图乘法计算位移的适用条件和图乘法计算过程
熟练利用图乘法计算荷载作用下结构位移
了解静定结构支座移动和温度变化时的位移计算
了解线弹性结构的四个互等定理

教学要求

知识要点	能力要求	相关知识
基本概念	(1) 了解结构位移的定义及形式 (2) 了解引起结构位移的原因及位移计算的目的	可变性固体、变形、位移
结构位移计算一般公式——单位荷载法	(1) 了解变形体系的虚功原理及应用两种方式 (2) 了解结构位移计算一般公式推导过程 (3) 理解单位荷载法定义及虚拟力状态确定	实功、虚功、变形体系虚功原理、单位荷载法
荷载作用下的位移计算	(1) 了解线弹性体在荷载作用下位移积分计算公式推导 (2) 会用积分计算公式计算简单结构的位移	线弹性体，轴向、弯曲、剪切变形
图乘法	(1) 了解图乘法适用条件 (2) 理解图乘法推导 (3) 了解图乘法应用注意要点 (4) 熟悉几种简单图形的几何参数及几种复杂图形图乘分解 (5) 熟练应用图乘法求解简单静定结构的位移	积分运算，各种图形面积及形心
静定结构支座移动和温度变化时的位移计算	(1) 理解静定结构支座移动时的位移计算 (2) 了解理解静定结构温度变化时的位移计算	静定结构支座移动和温度变化时内力和变形特性
互等定理	(1) 了解线弹性结构的四个互等定理	变形体系虚功原理

引言

  结构构件在满足承载力要求的前提下,还必须满足变形的要求。否则,过大的变形将影响构件的适用性而不能正常使用。如支撑精密仪器设备的楼层梁或板的变形过大,将影响仪器的使用;单层工业厂房中吊车梁的变形过大,会影响吊车的正常运行;对于钢筋混凝土构件,过大的变形会导致梁的开裂,过大的裂缝会使钢筋锈蚀,影响结构的耐久性。再者,明显的变形和裂缝会给房屋使用者产生不安全感。此外,在结构施工过程中,也常常需要知道结构的位移。例如,图 9.1 所示三孔桥钢横架梁,进行悬臂拼装时,在梁的自重、临时轨道、起重机等荷载作用下,悬臂部分将下垂而发生竖向位移 f_A。若 f_A 太大,则起重机容易滚动,同时梁也不能按设计要求就位。因此,必须先计算 f_A 的数值,确保施工安全和拼装就位。

图 9.1 三孔桥施工示例

9.1 结构位移基本概念

  结构都是由可变形固体材料制成的,当结构受到外部因素的作用时,它将产生变形和伴随而来的位移。变形是指形状的改变,位移是指某点位置的移动。

  例如,图 9.2(a)所示刚架,在荷载作用下发生如虚线所示的变形,使截面 A 的形心从 A 点移动到了 A' 点,线段 AA' 称为 A 点的线位移,记为 Δ_A,它也可以用水平线位移 Δ_{Ax} 和竖向线位移 Δ_{Ay} 两个分量来表示,如图 9.2(b)所示。同时截面 A 还转动了一个角度,称为截面 A 的角位移,用 φ_A 表示。又如,图 9.3 所示刚架,在荷载作用下发生虚线所示变形,截面 A 发生了 φ_A 角位移。同时截面 B 发生了 φ_B 的角位移,这两个截面的方向相反的角位移之和称为截面 A、B 的相对角位移,即 $\varphi_{AB}=\varphi_A+\varphi_B$。同理,$C$、$D$ 两点的水平线位移分别为 Δ_C 和 Δ_D,这两个指向相反的水平位移之和称为 C、D 两点的水平相对线位移,即 $\Delta_{CD}=\Delta_C+\Delta_D$。

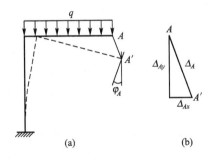

图 9.2 线位移、角位移

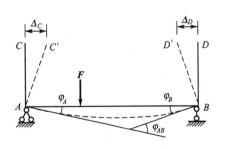

图 9.3 相对线位移、相对角位移

引起结构位移的主要因素有：荷载作用、温度改变、支座移动及杆件几何尺寸制造误差和材料收缩变形等。

计算位移目的一般有两点：一是进行结构刚度验算，确保构件和结构的变形符合使用要求；二是为超静定结构分析提供预备知识，采用力法求解超静定结构必须考虑变形条件，而建立变形条件时就必须计算结构的位移。

9.2 结构位移计算一般公式

9.2.1 变形体系的虚功原理

实功：若力在自身引起的位移上做功，所做的功称为实功。

虚功：若力在彼此无关的位移上做功，所做的功称为虚功。

对于杆系结构，变形体系的虚功原理可表述如下，变形体系在外力作用下处于平衡的必要及充分条件是：对于任意微小的虚位移，外力虚功等于内力虚功。可用如下虚功方程表示：$W_{外}=W_{内}$。对于平面杆系结构，内力虚功为：$W_{内}=\sum\int F_N du+\sum\int M d\varphi+\sum\int F_s \gamma ds$。

用 W 表示 $W_{外}$，则虚功方程表示为：$W=\sum\int F_N du+\sum\int M d\varphi+\sum\int F_s \gamma ds$。

变形体系的虚功原理在应用时须注意：

(1) 所谓虚位移是指约束条件所允许的任意微小位移。

(2) 对于弹性、非弹性、线性、非线性变形体系，虚功原理均适用。

虚功原理在实际应用中有两种方式：一种是虚荷载法，即对给定的位移状态，虚设一个力状态，利用虚功方程求解位移状态中的未知位移，这时的虚功原理又称虚力原理；另一种方法是虚位移法，即对给定的力状态，虚设一个位移状态，利用虚功原理求力状态中的未知力，这时虚功原理又称虚位移原理。本章节讨论的结构位移的计算，就是以虚力原理为理论基础。

9.2.2 单位荷载法

设图 9.4(a)所示刚架在荷载、支座移动及温度变化等因素影响下，产生了如虚线所示的变形，现在要求任一点 K 沿任一指定 k-k 方向上位移 Δ_k。

利用虚功原理求解这个问题，首先要建立一个力状态和一个位移状态，并且力状态和位移状态是彼此无关的，这样，才可以应用虚功原理。由于要求图 9.4(a)所示刚架在荷载、支座移动及温度变化等因素影响下的实际位移，故应以图 9.4(a)为结构的位移状态，并称为实际状态。

为建立虚功方程，还需建立一个力状态，此状态可以根据计算需要来假设。为了能使力状态的外力能在位移状态中的所求位移 Δ_k 上做虚功，我们就在 K 点沿 k-k 方向加一个集中荷载 F_K，其箭头指向则可任意假定，为使计算简便，令 $F_K=1$，称为单位荷载或单

第9章 静定结构的位移计算

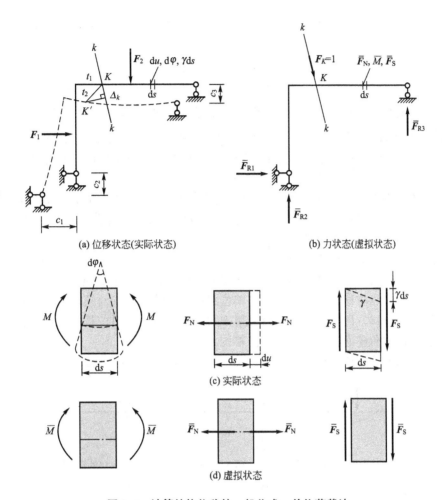

图 9.4 计算结构位移的一般公式 单位荷载法

位力,如图 9.4(b)所示,以此作为结构的力状态,这个状态是虚拟的,故称虚拟状态。

根据虚功原理,虚拟状态的外力和内力在实际状态对应的位移和变形上做虚功。外力虚功包括荷载和支座反力所做的虚功。设在力状态中由单位荷载 $F_K=1$ 引起的支座反力为 $\overline{F}_{R1}$、$\overline{F}_{R2}$、$\overline{F}_{R3}$,而在实际位移状态中相对应的支座位移为 C_1、C_2 和 C_3,则外力虚功为

$$W = F_K \Delta_K + \overline{F}_{R1} C_1 + \overline{F}_{R2} C_2 + \overline{F}_{R3} C_3$$
$$= 1 \times \Delta_K + \sum \overline{F}_R C$$

这样,单位荷载 $F_K=1$ 所做的虚功恰好等于所求的位移 Δ_k。

计算内力虚功时,设虚拟状态中由单位荷载 $F_K=1$ 作用而引起的某微段上的内力为 $\overline{F}_N$、$\overline{M}$ 和 $\overline{F}_S$,如图 9.4(d)所示,而实际状态中微段相应的变形为 du、$d\varphi$ 和 γds,如图 9.4(c)所示。则内力虚功为

$$W_{内} = \sum \int \overline{F}_N du + \sum \int \overline{M} d\varphi + \sum \int \overline{F}_S \gamma ds$$

由虚功原理 $W_{外} = W_{内}$ 有

$$1\times\Delta_K+\sum\overline{F}_R C=\sum\int\overline{F}_N du+\sum\int\overline{M}d\varphi+\sum\int\overline{F}_s\gamma ds$$

可得

$$\Delta_K=-\sum\overline{F}_R C+\sum\int\overline{F}_N du+\sum\int\overline{M}d\varphi+\sum\int\overline{F}_s\gamma ds \tag{9-1}$$

式(9-1)就是平面杆系结构位移计算的一般公式。如果确定了虚拟力状态的反力 $\overline{F}_R$ 和内力 $\overline{F}_N$、$\overline{M}$ 和 $\overline{F}_s$，同时已知了实际位移状态支座的位移 C_i 并求得微段的变形 du、$d\varphi$、γds，则位移 Δ_K 可求。若计算结果为正，表示单位荷载所做虚功为正，即所求位移 Δ_K 的指向与单位荷载 $F_K=1$ 的指向相同，为负则相反。

利用虚功原理来求结构的位移，关键的是虚设恰当的力状态，而方法的巧妙之处在于虚设的单位荷载一定是在所求位移点沿所求位移方向设置，这样荷载虚功恰好等于位移。这种计算位移的方法称为**单位荷载法**。

在实际问题中，除了计算线位移外，还要计算角位移、相对位移等。因集中力是在其相应的线位移上做功，力偶是在其相应的角位移上做功，则若拟求绝对线位移，则应在拟求线位移处沿拟求线位移方向虚设相应的单位集中力；若拟求绝对角位移，则应在拟求角位移处沿拟求角位移方向虚设相应的单位集中力偶；若拟求相对位移，则应在拟求相对位移处沿拟求位移方向虚设相应的一对平衡单位力或力偶。

图9.5分别表示拟求位移 Δ_{KV}、Δ_{KH}、φ_K 和 Δ_{KJ} 的单位荷载设置。

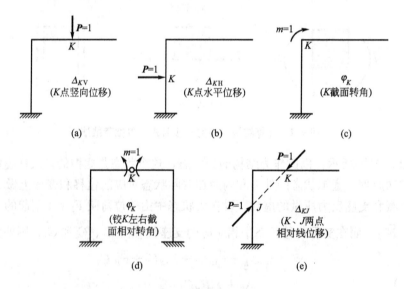

图9.5 单位荷载设置

9.3 荷载作用下的位移计算

如果结构只受到荷载作用，仅限于研究线弹性结构，且不考虑支座位移、温度的影响时，则式(9-1)可以简化为如下形式：

$$\Delta_{KP} = \sum \int \overline{F}_N du_P + \sum \int \overline{M} d\varphi_P + \sum \int \overline{F}_s \gamma_p ds \qquad (9-2)$$

式中，Δ_{kp} 用了两个脚标，第一个脚标 K 表示该位移发生的地点和方向，第二个脚标 P 表示引起该位移的原因。

$\overline{M}$、$\overline{F}_N$、$\overline{F}_s$ 为虚拟力状态中微段上的内力，如图 9.4(d)所示。

$d\varphi_P$、du_P、$\gamma_P ds$ 是实际位移状态中仅由荷载引起微段上的变形，参见图 9.4(c)所示变形(下脚标可与图中变形相区别)。此时，微段上的仅由荷载引起的内力为 M_P、F_{NP} 和 F_{SP}，参见如图 9.4(c)所示内力(下脚标可与图中变形相区别)。对于线弹性体，仅由荷载引起微段上的变形 $d\varphi_P$、du_P、$\gamma_P ds$ 通过相关知识可求得。参见图 9.4(c)所示，由 M_P、F_{NP} 和 F_{SP} 分别引起微段的弯曲变形、轴向变形和剪切变形为

$$d\varphi_P = \frac{1}{\rho} dx = \frac{M_P}{EI} ds \qquad (9-3)$$

$$du_P = \varepsilon dx = \frac{\sigma}{E} ds = \frac{F_{NP}}{EA} ds \qquad (9-4)$$

$$dv_P = \gamma dx = \frac{k F_{SP}}{GA} ds \qquad (9-5)$$

式中，E 为材料的弹性模量；I 和 A 分别为杆件截面的惯性矩和面积；G 为材料的剪切弹性模量；k 为剪应力沿截面分布不均匀而引用的修正系数，其值与截面形状有关。矩形截面 $k = \frac{6}{5}$。

将前面的式(9-3)、式(9-4)、式(9-5)代入式(9-2)得

$$\Delta_{KP} = \sum \int \frac{\overline{M} M_P}{EI} ds + \sum \int \frac{\overline{F}_N F_{NP}}{EA} ds + \sum \int \frac{k \overline{F}_s F_{SP}}{GA} ds \qquad (9-6)$$

上式为平面杆系结构仅在荷载作用下的位移计算公式：

式(9-6)中右边三项分别代表结构的弯曲变形、轴向变形和剪切变形对所求位移的影响。

对于不同类型的结构，式(9-6)还可以做如下简化：

(1) 梁和刚架：轴力和剪力的影响很小，位移计算中一般只考虑弯矩的影响，则式(9-6)可简化为

$$\Delta = \sum \int \frac{\overline{M} M_P}{EI} dx \qquad (9-7)$$

(2) 桁架：桁架内力只有轴力，且各杆的轴力和 EA 沿杆长 L 一般均为常数。则式(9-6)简化为

$$\Delta = \sum \int_0^l \frac{\overline{F}_N F_{NP}}{EA} dx = \sum \frac{\overline{F}_N F_{NP} l}{EA} \qquad (9-8)$$

(3) 组合结构：对其中受弯杆件可只计弯矩的影响，对轴力杆只计轴力的影响，则式(9-6)简化为

$$\Delta = \sum \int \frac{\overline{M} M_P}{EI} dx + \sum \frac{\overline{F}_N F_{NP} l}{EA} \qquad (9-9)$$

【例题 9.1】 图 9.6(a)所示悬臂梁，各杆段抗弯刚度均为 EI，试求 B 点竖向位移 Δ_{By}。

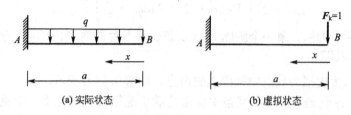

图 9.6 例题 9.1 图

解：

已知实际状态如图 9.6(a)所示，设虚拟单位力状态如图 9.6(b)所示。

如图建立水平坐标系，并设悬臂梁下侧受拉为正，有

$$M_P(x) = -\frac{qx^2}{2}$$

$$\overline{M}(x) = -1 \times x = -x$$

将内力代入式(9-7)有

$$\Delta_{By} = \sum \int \frac{\overline{M}M_P}{EI} dx = \int_0^a \frac{-x}{EI} \times \left(-\frac{qx^2}{2}\right) dx = \frac{qa^4}{8EI}(\downarrow)$$

【例题 9.2】 图 9.7(a)所示桁架中两杆的抗拉刚度 EA 相同，杆件 AC、BC 夹角为 $45°$。在力 F 作用下，求结点 C 竖向位移 Δ_{cy}。

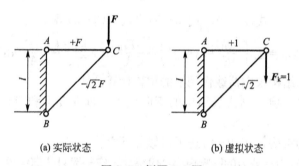

图 9.7 例题 9.2 图

解：

实际状态如图 9.7(a)所示，并求内力 F_{NP}，设虚拟单位力状态如图 9.7(b)所示，并求内力 $\overline{F}_N$，代入式(9-8)有

$$\Delta_{cy} = \sum \int_0^l \frac{\overline{F}_N F_{NP}}{EA} dx = \frac{1}{EA}\left[F \times 1 \times l + (-\sqrt{2}F) \times (-\sqrt{2}) \times \sqrt{2}l\right] = \frac{(1+2\sqrt{2})Fl}{EA}(\downarrow)$$

9.4 图 乘 法

从 9.3 节可知，计算梁和刚架在荷载作用下的位移时，需先列出 $\overline{M}$ 和 M_P 的方程式，然后再代入积分式 $\Delta = \sum \int \frac{\overline{M}M_P}{EI} dx$ 中求解。当杆件数目较多、荷载较复杂时，这个运算

过程是很麻烦的。但是，如果结构各杆段均满足下列三个条件，则可通过使积分运算转化为两个弯矩图相乘的方法（即图乘法），使计算简化。这三个条件是：

(1) 各杆件的杆轴为直线。
(2) 各杆段的 EI 为常数。
(3) 每个杆段的 $\overline{M}$ 图和 M_P 图中至少有一个是直线图形。

图 9.8 所示为等截面直杆 AB 段上的两个弯矩图，$\overline{M}$ 图为一段直线，M_P 图为任意形状，对于图示坐标，$\overline{M}=x\tan\alpha$，于是有

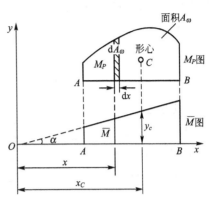

图 9.8 图乘法

$$\int_A^B \frac{\overline{M}M_P}{EI}dx = \frac{1}{EI}\int_A^B \overline{M}M_P dx = \frac{1}{EI}\int_A^B x\tan\alpha M_P dx$$

$$= \frac{1}{EI}\tan\alpha \int_A^B xM_P dx$$

$$= \frac{1}{EI}\tan\alpha \int_A^B x dA_\omega$$

式中，$dA_\omega = M_P dx$ 表示 M_P 图的微面积，因而积分 $\int_A^B x dA_\omega$ 就是 M_P 图形面积 A_ω 对 y 轴的静矩。

这个静矩可以写为

$$\int_A^B x dA_\omega = A_\omega x_c$$

式中，x_c 为 M_P 图形心到 y 轴的距离。故上述积分式可写为

$$\int_A^B \frac{\overline{M}M_P}{EI}dx = \frac{1}{EI}A_\omega x_c \tan\alpha$$

而 $x_c \tan\alpha = y_c$，y_c 为 $\overline{M}$ 图中与 M_P 图形心相对应的竖标。于是得

$$\int_A^B \frac{\overline{M}M_P}{EI}dx = \frac{1}{EI}A_\omega y_c \tag{9-10}$$

上述积分式等于一个弯矩图的面积 A_ω 乘以其形心所对应的另一个直线弯矩图的竖标 y_c 再除以 EI。这种利用图形相乘来代替两函数乘积的积分运算称为图乘法。

如果结构各杆段均可图乘，则位移计算式(9-10)可写为

$$\sum \int_A^B \frac{\overline{M}M_P}{EI}dx = \sum \frac{1}{EI}A_\omega y_c \tag{9-11}$$

根据上面的推证过程，在应用图乘法时要注意以下几点：

(1) 必须符合前述条件。
(2) 竖标只能取自直线图形。
(3) A_ω 与 y_c 若在杆件同侧图乘取正号，异侧取负号。

下面给出几种常用简单图形的面积及形心位置，如图 9.9 所示。其中各抛物线图形均为标准抛物线图形。在采用图形数据时一定要分清楚是否为标准抛物线图形。所谓标准抛

物线图形，是指抛物线图形具有顶点（顶点是指切线平行于底边的点），并且顶点在中点或者端点。

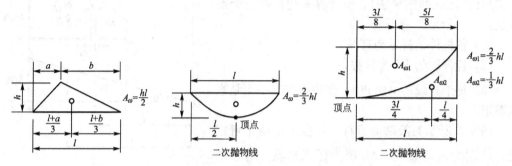

图 9.9　简单图形面积及形心位置

当图形面积和形心位置不易确定时，可将它分解为几个简单的图形，分别与另一图形相乘，然后把结果叠加，如图 9.10 所示。

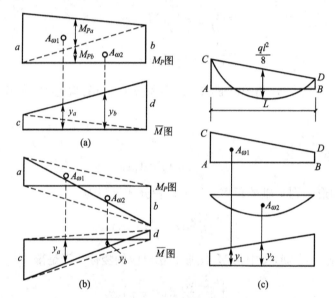

图 9.10　复杂图形分解

当 y_c 所在图形是折线时，或各杆段 EI 不相等时，均应分段图乘，再进行叠加，如图 9.11 所示。

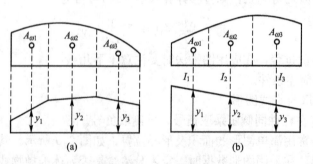

图 9.11　分段图乘法

图 9.11(a)所示应为

$$\Delta = \frac{1}{EI}(A_{\omega 1} y_1 + A_{\omega 2} y_2 + A_{\omega 3} y_3)$$

图 9.11(b)所示应为

$$\Delta = \frac{A_{\omega 1} y_1}{EI_1} + \frac{A_{\omega 2} y_2}{EI_2} + \frac{A_{\omega 3} y_3}{EI_3}$$

【例题 9.3】 试用图乘法计算图 9.12(a)所示简支刚架距截面 C 的竖向位移 Δ_{Cy}，B 点的角位移 φ_B 和 D、E 两点间的相对水平位移 Δ_{DE}，各杆 EI 为常数。

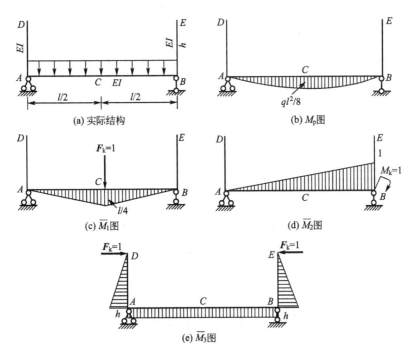

图 9.12 例题 9.3 图

解：

(1) 计算 C 点的竖向位移 Δ_{Cy}。作出 M_P 图和 C 点作用单位荷载 $F_k=1$ 时的 $\overline{M_1}$ 图，分别如图 9.12(b)、(c)所示。由于 $\overline{M_1}$ 图是折线，故需分段进行图乘，然后叠加。即

$$\Delta_{cy} = \frac{1}{EI} \times 2\left[\left(\frac{2}{3} \times \frac{l}{2} \times \frac{ql^2}{8}\right) \times \left(\frac{5}{8} \times \frac{l}{4}\right)\right]$$

$$= \frac{5ql^4}{384EI}(\downarrow)$$

(2) 计算 B 节点的角位移 φ_B。在 B 点处加单位力偶，单位力偶作用下弯矩图 $\overline{M_2}$ 如图 9.12(d)所示，将 M_P 与 $\overline{M_2}$ 图乘得

$$\varphi_B = -\frac{1}{EI}\left(\frac{2}{3} \times l \times \frac{ql^2}{8}\right) \times \frac{1}{2} = -\frac{ql^3}{24EI}(\circlearrowright)$$

式中最初所用负号是因为两个图形在基线的异侧，最后结果为负号表示 φ_B 的实际转向与所加单位力偶的方向相反。

（3）为求 D、E 两点的相对水平位移，在 D、E 两点沿着两点连线加一对指向相反的单位力为虚拟状态，作出 $\overline{M}_3$ 图，如图 9.12(e) 所示，将 M_P 与 $\overline{M}_3$ 图乘得

$$\Delta_{DE} = \frac{1}{EI}\left(\frac{2}{3} \times \frac{ql^2}{8} \times l\right) \times h = \frac{ql^3 h}{12EI}(\rightarrow\leftarrow)$$

计算结果为正号，表示 D、E 两点相对位移方向与所设单位力的指向相同，即 D、E 两点相互靠近。

【例题 9.4】 试求图 9.13(a) 所示简支梁中点 C 点的竖向位移 Δ_{cy}。梁的 EI 为常数。

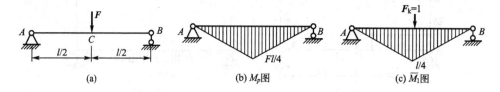

图 9.13 例题 9.4 图

解：

作 M_P 和 $\overline{M}_1$ 图，如图 9.13(b)、(c) 所示。由图乘法可得

$$\Delta_{cy} = \frac{2}{EI} A_1 y_1 = \frac{2}{EI}\left(\frac{1}{2} \times \frac{l}{2} \times \frac{Fl}{4}\right) \times \frac{2}{3} \times \frac{1}{4} = \frac{Fl^2}{48EI}(\downarrow)$$

计算结果为正，表明 C 点实际竖向位移方向与虚拟单位力方向相同。

【例题 9.5】 试求如图 9.14（a）所示刚架在支座 B 处的转角 θ。

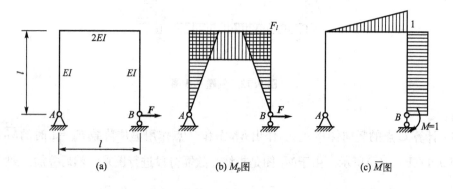

图 9.14 例题 9.5 图

解：

作出实际荷载作用下的弯矩图 M_P 图，如图 9.14(b) 所示，在支座处加单位力偶 $M=1$，作 $\overline{M}$ 图，如图 9.14(c) 所示，分段图乘。即

$$\theta = -\frac{1}{EI} \times \frac{1}{2} \times l \times Fl \times 1 - \frac{1}{2EI} \times Fl \times l \times \frac{1}{2} = -\frac{3Fl^2}{4EI}(\curvearrowleft)$$

结果为负值表明，B 支座处截面转角方向与单位力偶的方向相反。

9.5 静定结构支座移动、温度变化时的位移计算

9.5.1 静定结构支座移动时的位移计算

静定结构由于支座移动并不产生内力也无变形，只发生刚体位移。因此，位移计算的一般公式式(9-1)可以简化为如下形式：

$$\Delta = -\sum \overline{F}_{Ri} C_i \qquad (9-12)$$

式中，$\overline{F}_{Ri}$ 为虚拟单位力状态的支座反力；C_i 为实际状态下的支座位移；$\sum \overline{F}_{Ri} C_i$ 为反力虚功。当 $\overline{F}_{Ri}$ 与实际支座位移 C 方向一致时其乘积取正，相反时为负。

此外，式(9-11)右项，有一负号，系原来移项时产生，不可漏掉。

【**例题 9.6**】 图 9.15(a)所示三铰刚架，若支座 B 发生如图所示水平位移 $a = 4\text{cm}$，竖向位移 $b = 6\text{cm}$，$l = 8\text{m}$，$h = 6\text{m}$，求由此而引起的 A 支座处杆端截面的转角 φ_A。

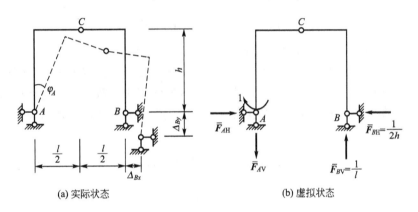

图 9.15 例题 9.6 图

解：

在 A 点处加一单位力偶，建立虚拟力状态。依次求得支座反力，如图 9.15(b)所示。由式(9-11)得

$$\varphi_A = -\left[\left(-\frac{1}{2h} \times a\right) + \left(-\frac{1}{l} \times b\right)\right] = \frac{a}{2b} + \frac{b}{l} = \frac{4}{2 \times 600} + \frac{6}{800} = 0.0108\text{rad}(\curvearrowright)$$

9.5.2 静定结构温度变化时的位移计算

静定结构温度变化时不产生内力，但产生变形，从而产生位移。

如图 9.16(a)所示，结构外侧温度升高 t_1，内侧温度升高 t_2，求由此引起的 K 点竖向位移 Δ_{Kt}。此时，位移计算的一般公式式(9-1)可写为

$$\Delta_{Kt} = \sum \int \overline{F}_N \text{d}u_t + \sum \int \overline{M} \text{d}\varphi_t + \sum \int \overline{F}_S \gamma_t \text{d}s \qquad (a)$$

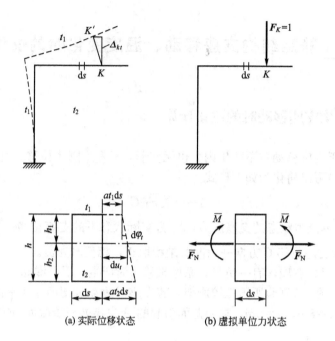

(a) 实际位移状态　　(b) 虚拟单位力状态

图 9.16　温度变化引起位移

为求 Δ_{Kt}，需要求出微段上由于温度变化而引起的变形 du_t、$d\varphi_t$、$\gamma_t ds$。

取实际位移状态中的微段 ds，如图 9.16(a) 所示，微段上、下边缘处的纤维由于温度升高而伸长，分别为 $\alpha t_1 ds$ 和 $\alpha t_2 ds$，这里 α 是材料的线膨胀系数。为简化计算，可假设温度沿截面高度成直线变化，这样在温度变化时截面仍保持为平面。由几何关系可求微段在杆轴处的伸长为

$$du_t = \alpha t_1 ds + (\alpha t_2 ds - \alpha t_1 ds)\frac{h_1}{h}$$
$$= \alpha\left(\frac{h_2}{h}t_1 + \frac{h_1}{h}t_2\right)ds$$
$$= \alpha t ds \tag{b}$$

式中，$t = \frac{h_2}{h}t_1 + \frac{h_1}{h}t_2$，为杆轴线处的温度变化。若杆件的截面对称于形心轴，即 $h_1 = h_2 = \frac{h}{2}$，则 $t = \frac{t_1 + t_2}{2}$

而微段两端截面的转角为

$$d\varphi_t = \frac{\alpha t_2 ds - \alpha t_1 ds}{h} = \frac{\alpha(t_2 - t_1)ds}{h}$$
$$= \frac{\alpha \Delta t ds}{h} \tag{c}$$

式中，$\Delta t = t_2 - t_1$，为两侧温度变化之差。

对于杆件结构，温度变化并不引起剪切变形，即 $\gamma_t = 0$。

将以上微段的温度变化，即式(b)、式(c)代入式(a)，可得

$$\Delta_{Kt} = \sum \int \overline{F}_N \alpha t ds + \sum \int \overline{M}\frac{\alpha \Delta t ds}{h}$$

$$= \sum \alpha t \int \overline{F}_N \mathrm{d}s + \sum \frac{\alpha \Delta t}{h} \int \overline{M} \mathrm{d}s \qquad (9-13)$$

若各杆均为等截面杆，则

$$\Delta_{Kt} = \sum \alpha t \int \overline{F}_N \mathrm{d}s + \sum \frac{\alpha \Delta t}{h} \int \overline{M} \mathrm{d}s$$

$$= \sum \alpha t A_{\omega \overline{F}_N} + \sum \frac{\alpha \Delta t}{h} A_{\omega \overline{M}} \qquad (9-14)$$

式中，$A_{\omega \overline{F}_N}$ 为 $\overline{F}_N$ 图的面积；$A_{\omega \overline{M}}$ 为 $\overline{M}$ 图的面积。

在应用式(9-13)和式(9-14)时，应注意右边各项正负号的确定。由于它们都又是内力所做的变形虚功，故当实际温度变化与虚拟内力方向一致时其乘积为正，相反时为负。因此，对于温度变化，若规定以升温为正，降温为负，则轴力 $\overline{F}_N$ 以拉力为正，压力为负；弯矩 $\overline{M}$ 则应以使 t_2 一侧受拉者为正，反之为负。

对于梁和刚架，在计算温度变化所引起的位移时，一般不能略去轴向变形的影响。对于桁架，在温度变化时，其位移计算公式为

$$\Delta_{Kt} = \sum \overline{F}_N \alpha t l \qquad (9-15)$$

当桁架的杆件长度因制造而存在误差时，由此引起的位移计算与温度变化时相类似。设各杆长度误差为 Δl，则位移计算公式为

$$\Delta_K = \sum \overline{F}_N \Delta l \qquad (9-16)$$

式中，Δl 以伸长为正；$\overline{F}_N$ 以拉力为正；否则反之。

9.6 线弹性结构的互等定理

对于线弹性体，由虚功原理可推导出四个互等定理，其中虚功互等定理是最基本的，其他几个互等定理皆可由虚功互等定理推出。这些定理在以后的章节中需要引用。

1. 虚功互等定理（又称功的互等定理）

功的互等定理表述为：第一状态的外力在第二状态的位移上所做的功等于第二状态的外力在第一状态的位移上所做的功，即

$$W_{12} = W_{21}$$

设有两组外力 $\boldsymbol{F}_1$ 和 $\boldsymbol{F}_2$ 分别作用于同一线弹性结构上，如图 9.17(a)、(b)所示。

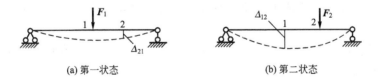

(a) 第一状态　　　　　　　(b) 第二状态

图 9.17　虚功互等定理

分别称为第一状态和第二状态。我们用第一状态的外力和内力在第二状态相应的位移和变形上做虚功，根据虚功原理有

$$F_1\Delta_{12}=\sum\int\frac{M_1M_2}{EI}ds+\sum\int\frac{F_{N1}F_{N2}}{EA}ds+\sum\int k\frac{F_{S1}F_{S2}}{GA}ds \qquad (a)$$

Δ_{12}的两个脚标含义为：脚标1表示位移发生的地点和方向（这里表示F_1作用点沿F_1方向），脚标2表示产生位移的原因（这里表示位移是由F_2作用引起的）。

我们再用第二状态的外力和内力在第一状态相应的位移和变形上做虚功，根据虚功原理有

$$F_2\Delta_{21}=\sum\int\frac{M_2M_1}{EI}ds+\sum\int\frac{F_{N2}F_{N1}}{EA}ds+\sum\int k\frac{F_{S2}F_{S1}}{GA}ds \qquad (b)$$

以上式(a)和式(b)的右边是相等的，因此左边也相等，故有

$$F_1\Delta_{12}=F_1\Delta_{21}$$

由于$F_1\Delta_{12}=W_{12}$，$F_2\Delta_{21}=W_{21}$，所以有

$$W_{12}=W_{21}$$

2. 位移互等定理

应用虚功互等定理，当两个状态中的荷载均为单位力，可以得到位移互等定理，表述为：第二个单位力所引起的第一个单位力作用点沿其方向的位移δ_{12}，等于第一个单位力所引起的第二个单位力作用点沿其方向的位移δ_{21}，即

$$\delta_{12}=\delta_{21}$$

如图9.18所示，设两个状态中的荷载都是单位力，即$F_1=1$，$F_2=1$。

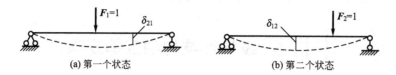

(a) 第一个状态　　　　　　　　(b) 第二个状态

图9.18　位移互等定理

由功的互等定理有

$$W_{12}=F_1\cdot\delta_{12}=\delta_{12}$$
$$W_{21}=F_2\cdot\delta_{21}=\delta_{21}$$

由$W_{12}=W_{21}$得

$$\delta_{12}=\delta_{21}$$

3. 反力互等定理

它用来说明在超静定结构中，假设两个支座分别产生单位位移时，两个状态中反力的互等关系。

反力互等定理表述为：支座1发生单位位移所引起的支座2的反力，等于支座2发生单位位移所引起的支座1的反力，即

$$r_{12}=r_{21}$$

如图9.19(a)所示，支座1发生单位位移$\Delta_1=1$，此时使支座2产生反力r_{21}，称为第一状态。如图9.19(b)所示，支座2发生单位位移$\Delta_2=1$，此时使支座1产生反力r_{12}，称为第二状态。

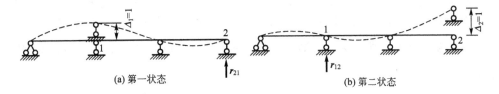

(a) 第一状态　　　　　　　　　(b) 第二状态

图 9.19　反力互等定理

根据功的互等定理有

$$W_{12}=W_{21}$$
$$r_{21}\Delta_2=r_{12}\Delta_1$$
$$\Delta_1=\Delta_2=1$$

所以有

$$r_{12}=r_{21}$$

4. 反力位移互等定理

反力位移互等定理表述为：单位力所引起的结构某支座反力，等于该支座发生单位位移时所引起的单位力作用点沿其方向的位移，但符号相反。即

$$r_{12}=-\delta_{21}$$

如图 9.20(a)所示，单位荷载 $F_2=1$ 作用时，支座 1 的反力偶为 r_{12}，称为第一状态。如图 9.20(b)所示，当支座沿 r_{12} 的方向发生单位转角 $\varphi_1=1$ 时，F_2 作用点沿其方向的位移为 δ_{21}，称为第二状态。

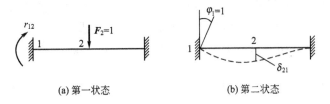

(a) 第一状态　　　　　　　　　(b) 第二状态

图 9.20　反力位移互等定理

根据功的互等定理有

$$W_{12}=W_{21}$$
$$r_{12}\varphi_1+F_2\delta_{21}=0$$

又

$$\varphi_1=1,\quad F_2=1$$

所以有

$$r_{12}=\delta_{21}$$

小　　结

1. 结构变形和位移的概念，构件和结构上各横截面的位移用线位移、角位移两个基本量来描述。

2. 实功、虚功、变形体系的虚功原理。虚功原理在实际应用中有两种方式，即虚力原理和虚位移原理，本章节讨论的结构位移的计算，就是以虚力原理为理论基础。

3. 根据变形体系虚功原理，即 $W = \sum \int F_N du + \sum \int M d\varphi + \sum \int F_s \gamma ds$，推导结构位移计算的一般公式为

$$\Delta_K = -\sum \overline{F}_R C + \sum \int \overline{F}_N du + \sum \int \overline{M} d\varphi + \sum \int \overline{F}_s \gamma ds$$

这种计算位移的方法称为**单位荷载法**。该法的关键是虚设恰当的力状态，而方法的巧妙之处在于虚设的单位荷载一定是在所求位移点沿所求位移方向设置，这样荷载虚功恰好等于位移。

4. 线弹性结构仅在荷载作用下，位移计算积分式为

$$\Delta_{KP} = \sum \int \overline{F}_N du_P + \sum \int \overline{M} d\varphi_P + \sum \int \overline{F}_s \gamma_p ds$$

式中右边三项分别代表结构的弯曲变形、轴向变形和剪切变形对所求位移的影响。

对梁和刚架，轴力和剪力的影响很小，位移计算中一般只考虑弯矩的影响；对桁架，桁架内力只有轴力，位移计算只考虑轴力的影响；对组合结构，其中受弯杆件可只计弯矩的影响，轴力杆只计轴力的影响。

5. 图乘法是求解线弹性结构位移的基本方法，其计算公式为

$$\Delta_{KP} = \sum \frac{1}{EI} A_\omega y_c$$

式中 Δ_{KP} 为待求的某截面的位移（线位移、角位移等）；A_ω 为其中一图形的面积；y_c 为 A_ω 图形的形心所对应的另一图形的纵标；$\sum$ 为各杆件图乘求和或同一杆件的不同杆段上图乘求和。应用该公式时，文中所揭示的注意点是必须了解的，尤其注意符号的问题。本方法是本章学习的目的，也是力法求解超静定结构的手段，必须重视。

6. 静定结构支座移动、温度变化时的位移计算。需掌握计算方法，要求会支座移动时位移的计算。

7. 线弹性体四个互等定理是超静定结构内力分析的理论基础，要了解其内容及其表达式中各符号的意义。

资 料 阅 读

闻名世界的水利工程——都江堰

都江堰，位于四川省灌县城西的岷江上，是我国战国秦昭王时（公元前256年）由蜀郡守李冰父子主持修建。整个工程由鱼嘴分水堤、飞沙堰溢洪道和宝瓶口引水口三大主体工程组成。鱼嘴分水堤把流出峡谷的岷江水一分为二；飞沙堰溢洪道有泄洪、排沙的功能；宝瓶口引水口是进水的咽喉、自流渠网的总开关；它们保证了成都平原两千多年来的灌溉、防洪，成为富庶的天府之国。这项工程由于其设计的巧妙、施工的就地取材和历史的悠久而闻名世界。是全世界迄今为止年代最久、唯一留存、以无坝引水为特征的宏大水利工程。

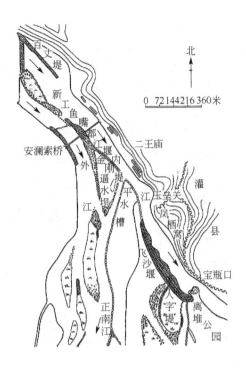

思 考 题

1. 变形体系虚功原理内容是什么？应用方式有几种？本章位移计算依据那种方式？
2. 何为单位荷载法？应用单位荷载法时如何虚拟力状态？
3. 图乘法适用条件是什么？常用图形的面积及形心如何确定？
4. 线弹性体的四个互等定理如何描述？举例说明在应用位移互等定理时，线位移可否与角位移相等？应用反力互等定理时，反力可否与反力矩相等？

习 题

9-1 图 9.21 所示简支梁 AB 的弯曲刚度为 EI，B 端受力偶 M 作用。试用积分法求 A、B 截面转角和 C 截面挠度。

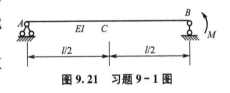

图 9.21 习题 9-1 图

9-2 图 9.22 所示图乘是否正确？如果不正确如何改正？

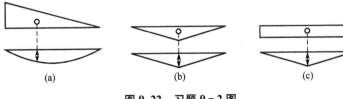

图 9.22 习题 9-2 图

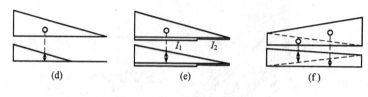

图 9.22 习题 9-2 图(续)

9-3~9-6 如图 9.23~图 9.26 所示，试用图乘法求指定位移。

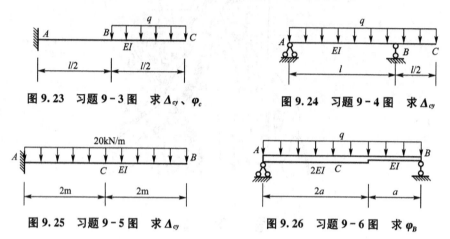

图 9.23 习题 9-3 图 求 Δ_{cy}、φ_c

图 9.24 习题 9-4 图 求 Δ_{cy}

图 9.25 习题 9-5 图 求 Δ_{cy}

图 9.26 习题 9-6 图 求 φ_B

9-7 求图 9.27 所示桁架结点 B 和结点 C 的水平位移，各杆 EA 相同。

9-8 求图 9.28 所示桁架结点 1 竖向位移 Δ_{1y}。

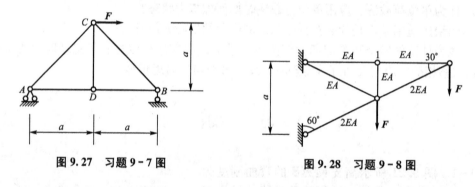

图 9.27 习题 9-7 图

图 9.28 习题 9-8 图

9-9 求图 9.29 所示杆件横梁中点的竖向位移，各杆的长度均为 l，EI 相同。

9-10 求图 9.30 所示悬臂刚架自由端的竖向位移，各杆的长度均为 l，EI 相同。

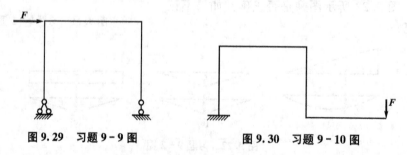

图 9.29 习题 9-9 图

图 9.30 习题 9-10 图

9-11　求图 9.31 所示刚架刚结点的转角，各杆段的长度均为 l。

9-12　求图 9.32 所示刚架下端支座处截面的转角，各杆的长度均为 l，EI 相同。

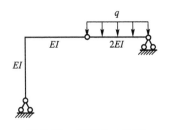

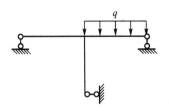

图 9.31　习题 9-11 图　　　　图 9.32　习题 9-12 图

9-13　结构的温度改变如图 9.33 所示，试求 C 点的竖向位移。各杆截面相同且对称于形心轴，其厚度为 $h=l/10$，材料的线膨胀系数为 α。

9-14　图 9.34 所示简支刚架支座 B 下沉 b，试求 C 点水平位移。

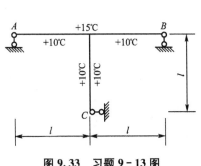

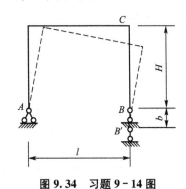

图 9.33　习题 9-13 图　　　　图 9.34　习题 9-14 图

9-15　已知图 9.35(a) 所示弹性变形梁在外力作用下 1、2、3 点的竖向位移，求图 9.35(b) 所示荷载作用下三个截面的竖向位移。

9-16　已知图 9.36(a) 所示支座 B 下沉 $\Delta_B=1$，C 点竖向位移 $\Delta_C=\dfrac{4}{15}$，试求图 9.36(b) 所示荷载作用下支座 B 反力，并作弯矩图。

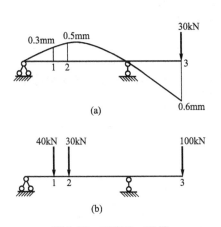

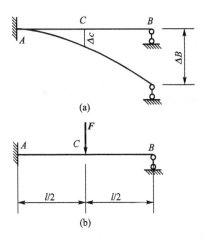

图 9.35　习题 9-15 图　　　　图 9.36　习题 9-16 图

第10章 力法

教学目标

理解超静定结构的概念和超静定次数的确定
理解力法的基本概念和典型方程
熟练应用力法计算各种简单超静定结构
理解对称性的意义、特征及简化计算
了解温度变化和支座移动时超静定结构的计算
了解超静定结构的特性

教学要求

知识要点	能力要求	相关知识
超静定结构的概念	(1) 从几何组成分析的角度理解 (2) 从力的平衡角度理解	几何组成分析 静力平衡
超静定次数的确定	(1) 理解超静定次数确定的几种常用方法 (2) 熟练利用几种常用方法确定超静定结构的次数	几何组成分析
力法的基本概念	(1) 理解力法求解的基本原理	位移计算
力法典型方程	(1) 理解力法典型方程的物理意义 (2) 理解典型方程中各系数物理意义及计算方法	位移计算
力法计算示例	(1) 熟练应用力法计算各种简单超静定结构	力法
对称性利用	(1) 理解对称性的意义 (2) 理解对称结构的力学特征 (3) 利用对称性简化结构计算简图 (4) 熟练应用对称性分析结构	对称性含义及力学特征和对称性应用
温度变化和支座移动时超静定结构的计算	(1) 了解温度变化和支座移动时超静定结构的计算 (2) 能求解支座移动时超静定结构的内力	位移计算
超静定结构特性	(1) 了解超静定结构的几个特性	几何分析、几何组成分析、静力平衡

第10章 力 法

> **引言**
>
> 力法是求解超静定结构手算方法之一,也是学习其他方法的基础。此法为1864年英国著名物理学家麦克斯韦总结的关于桁架研究的一般结论,大约10年后,此法为莫尔加以整理,给出规范的形式,这就是目前通用的力法,又称麦克斯韦-莫尔方法。力法在19世纪末已在工程实际中应用,适用于任何结构形式。

10.1 超静定结构的概念和超静定次数的确定

10.1.1 超静定结构的概念

从本章开始研究超静定结构的受力分析。从力的平衡角度,若结构全部反力和内力仅靠平衡条件就能确定的结构,称为静定结构。而仅靠平衡条件不能确定全部反力和内力的结构,便称为超静定结构。如图10.1(a)所示刚架,无法仅靠平衡条件求解支座反力,因而无法确定全部内力;又如图10.2(a)所示桁架,虽然由平衡条件可以确定支座反力和部分内力,但不能确定全部内力。因此,这两个结构都是超静定结构。

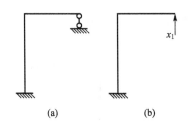
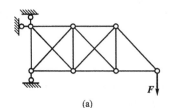
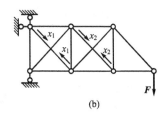

图 10.1 超静定刚架图   图 10.2 超静定桁架

从几何构造分析的角度,静定结构是几何不变无多余联系;而超静定结构是几何不变具有多余联系。多余联系中产生内力称之为多余未知力。例如图10.1(a)所示刚架,把支座链杆作为多余联系,则相应的多余未知力即为该支座反力 x_1 [见图10.1(b)];又如图10.2(a)所示桁架,分别切断两根斜杆作为多余联系,则相应的多余未知力即为该二杆轴力 x_1 和 x_2,如图10.2(b)所示。

工程中常见的几种超静定结构类型有:超静定梁,如图10.3(a)所示;超静定刚架,如图10.1(a)所示;超静定桁架,如图10.2(a)所示;超静定拱,如图10.3(b)所示;超静定组合结构,如图10.3(c)所示。

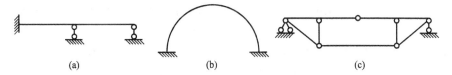

图 10.3 超静定梁、拱、组合结构

本章研究力法求解超静定结构,以多余未知力为未知数,求解时必须综合考虑以下三方面条件:

(1) 平衡条件。即结构的整体及任何一部分的受力状态都应满足平衡方程。

(2) 几何条件。又称变形条件或位移条件。即结构的变形和位移必须符合支承约束条件和各部分之间的变形连续条件。

(3) 物理条件。即变形或位移与力之间的物理关系。

10.1.2 超静定次数的确定

超静定结构具有多余未知力,使平衡方程数目少于未知力数目,此时仅单靠平衡条件无法求解其全部反力和内力,必须依靠位移条件建立补充方程。在一个超静定结构中,多余联系的数目就是多余未知力数目,只有建立相同数目的补充方程才能求解。因此,采用力法求解超静定结构,首先要确定结构的多余联系或多余未知力数目,我们把多余联系或多余未知力数目称为超静定结构的超静定次数。

超静定结构若解除多余联系,则结构变成静定结构,而解除联系的数目,就是原结构的超静定次数。从超静定结构上解除多余联系的方式通常有以下几种:

(1) 去掉或切断一根链杆,相当于去掉一个联系,如图10.4(a)所示。

(2) 拆开一个单铰,相当于去掉两个联系,如图10.4(b)所示。

(3) 在刚性连接处切断或去掉一个固定端,相当于去掉三个联系,如图10.4(c)所示。

(4) 把刚性连接改成单铰连接,相当于去掉一个联系,如图10.4(d)所示。

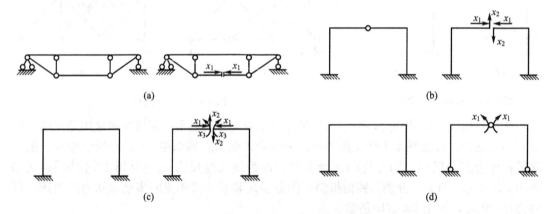

图10.4 超静定结构解除多余联系的方式

应用上述方法,可以确定超静定结构的超静定次数。在解除多联系时,具有多样性,所以同一超静定结构由于解除多余联系的方式不同,得到的静定结构形式不同。以图10.5(a)所示超静定结构为例,可按图10.5(b)、(c)等方式去掉多余联系,表明原结构超静定次数为2。

但必须注意在解除多余联系时,得到的结构是静定的,应是几何不变的,而不能是几何可变的。例如,对图10.5(a)所示结构就不能按图10.5(d)方式解除多余联系,因为得到的结构体系是瞬变的。

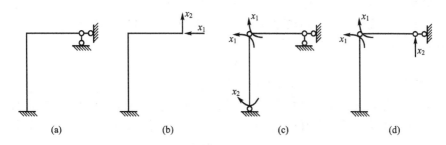

图 10.5 超静定结构解除多余联系的示例

10.2 力法的基本概念

本节采用一个简单的例子来说明力法的基本概念。讨论是在计算静定结构的基础上,进一步寻求计算超静定结构的方法。

图 10.6(a)所示梁为一次超静定梁(**原结构**),若选定 B 处支座链杆作为多余联系去掉,则得到图 10.6(b)中的静定结构,称为力法求解时原结构的**基本结构**,在基本结构上,在去掉多余联系处,用相应的多余未知力 X_1 代替其作用,同时,承担原结构上的荷载作用。像这样,基本结构在原荷载和多未知余力共同作用下的体系称为原结构的**基本体系**,如图 10.6(b)所示。如果设法求出 X_1,其余一切计算就与静定结构完全相同,超静定问题转化为静定问题。

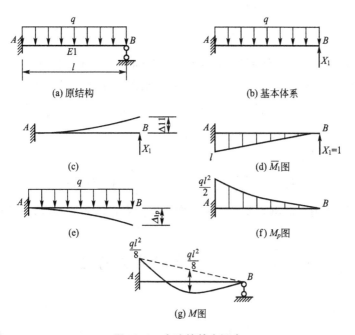

图 10.6 力法的基本概念

怎么求出 X_1 呢?仅靠平衡条件无法求出的,必须依靠变形条件建立补充方程。原结构在多余联系位置(B点)竖向位移为零，基本体系上虽然该处联系已被去掉，但其受力和变形情况与原结构完全一致，则在荷载q和多余未知力X_1共同作用下，其B点竖向位移(即沿X_1方向上的位移)也为零。即

$$\Delta_1 = 0 \tag{a}$$

式(a)就是确定X_1的变形条件或称位移条件。

设Δ_{11}和Δ_{1p}分别表示基本结构在X_1和荷载q单独作用下B点沿X_1方向的位移，如图10.6(c)、(e)所示，其符号都以假定的X_1方向为正。依据叠加原理，式(a)可写成：

$$\Delta_1 = \Delta_{11} + \Delta_{1p} = 0 \tag{b}$$

用δ_{11}表示X_1为单位力即$\overline{X}_1 = 1$时B点沿X_1方向的位移，则有$\Delta_{11} = \delta_{11} X_1$，于是式(b)可写成：

$$\delta_{11} X_1 + \Delta_{1p} = 0 \tag{10-1}$$

δ_{11}和Δ_{1p}可按前面介绍的位移计算的图乘法求出，因而多余未知力可求。此方程称为一次超静定结构的力法基本方程。

为求δ_{11}和Δ_{1p}，可分别绘出基本结构在$\overline{X}_1 = 1$的作用下弯矩图$\overline{M}_1$和荷载作用下弯矩图M_P，[见图10.6(d)、(f)]，然后用图乘法计算这些位移。求δ_{11}时应为弯矩图$\overline{M}_1$的"自乘"。即

$$\delta_{11} = \sum \int \frac{\overline{M}_1^2}{EI} ds = \frac{1}{EI} \times \frac{1}{2} \times l \times l \times \frac{2}{3} l = \frac{l^3}{3EI}$$

$$\Delta_{1p} = \sum \int \frac{\overline{M}_1 M_P}{EI} ds = -\frac{1}{EI} \times \frac{1}{3} \times \frac{ql^2}{2} \times l \times \frac{3}{4} l = -\frac{ql^4}{8EI}$$

把δ_{11}和Δ_{1p}代入式(10-1)得

$$X_1 = -\frac{\Delta_{1p}}{\delta_{11}} = \frac{3}{8} ql (\uparrow)$$

计算结果X_1为正值，表示假设的X_1方向与实际方向一致(向上)。

求出多余未知力X_1后，其余反力、内力可按静定结构的方法进行分析，无须赘述。在绘制最后弯矩图时，可以利用已经绘制弯矩图$\overline{M}_1$和M_P按叠加法绘制，即

$$M = \overline{M}_1 X_1 + M_P$$

例如截面A的弯矩为

$$M_A = l \times \frac{3ql}{8} + \left(-\frac{ql^2}{2}\right) = -\frac{ql^2}{8} \quad (\text{上侧受拉})$$

原结构弯矩图如图10.6(g)所示。有了弯矩图读者想该如何求剪力图呢？

10.3 力法的典型方程

10.2节以一次超静定梁为例说明了力法的基本概念。对于多次超静定结构，其计算原理完全相同。下面以一个三次超静定结构为例，来说明如何根据位移条件建立求解多余未知力方程。

图10.7(a)所示三次超静定刚架，去掉固定端支座B的三个多余联系，并分别以多余

未知力 X_1、X_2 和 X_3 代之得基本体系，如图 10.7(b)所示。

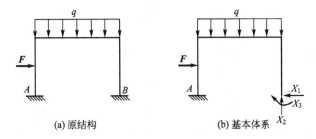

图 10.7　力法的典型方程

基本体系与原结构受力和变形一致。原结构在固定端座 B 点处沿多余力 X_1、X_2 和 X_3 方向的位移都为零。因此，基本体系中 B 点沿多余力 X_1、X_2 和 X_3 方向的位移 Δ_1、Δ_2 和 Δ_3 也都应为零，即位移条件为

$$\begin{cases} \Delta_1=0 \\ \Delta_2=0 \\ \Delta_3=0 \end{cases}$$

设各单位多余未知力 $\overline{X}_1=1$、$\overline{X}_2=1$、$\overline{X}_3=1$ 和荷载 q 分别作用于基本结构上时，B 点沿 X_1 方向位移分别为 δ_{11}、δ_{12}、δ_{13}、Δ_{1p}，沿 X_2 方向位移分别为 δ_{21}、δ_{22}、δ_{23}、Δ_{2p}，沿 X_3 方向位移分别为 δ_{31}、δ_{32}、δ_{33}、Δ_{3p}，根据叠加原理，上述位移条件可写为

$$\left.\begin{aligned} \Delta_1 &= \delta_{11}X_1+\delta_{12}X_2+\delta_{13}+\Delta_{1p}=0 \\ \Delta_2 &= \delta_{21}X_1+\delta_{22}X_2+\delta_{23}+\Delta_{2p}=0 \\ \Delta_3 &= \delta_{31}X_1+\delta_{32}X_2+\delta_{33}+\Delta_{3p}=0 \end{aligned}\right\} \quad (10-2)$$

求出各系数代入方程可解得各多余未知力 X_1、X_2 和 X_3。

对于 n 次超静定结构，具有 n 个多余未知力，而每一个多余未知力都对应一个多余联系，相应就有一个已知位移条件，故可建立 n 个方程，从而解出 n 个多余未知力。当原结构上各多余未知力作用处位移均为零时，这 n 个方程可写为

$$\left.\begin{aligned} \delta_{11}X_1+\delta_{12}X_2+\delta_{13}X_3+\cdots+\delta_{1n}X_n+\Delta_{1p}=0 \\ \delta_{21}X_1+\delta_{22}X_2+\delta_{23}X_3+\cdots+\delta_{2n}X_n+\Delta_{2p}=0 \\ \vdots \quad\quad \vdots \quad\quad \vdots \quad\quad\quad\quad\quad\quad\quad \vdots \\ \delta_{n1}X_1+\delta_{n2}X_2+\delta_{n3}X_3+\cdots+\delta_{nn}X_n+\Delta_{np}=0 \end{aligned}\right\} \quad (10-3)$$

式(10-3)就是 n 次超静定结构力法的基本方程，通常称为力法典型方程。这一方程组的物理意义为：基本结构在全部多余未知力和荷载共同作用下，在去掉多余联系处沿各多余未知力方向的位移，应与原结构相等。

典型方程中，多余未知力系数主对角线上 δ_{ii} 称为主系数，其物理意义为：当单位力 $\overline{X}_i=1$ 单独作用时，在其自身方向上所引起的位移，恒为正且不为零。其他系数 δ_{ij} 称为副系数，其物理意义为：当单位力 $\overline{X}_j=1$ 单独作用时，所引起的 X_i 方向的位移。各式最后一项 Δ_{ip} 称为自由项，它是荷载单独作用时所引起的 $\overline{X}_i$ 方向的位移。δ_{ij} 和 Δ_{ip} 的值可能为正、负或零。副系数 $\delta_{ij}=\delta_{ji}$，其理论依据是位移互等定理。

典型方程中各系数和自由项，均为基本结构在未知力和荷载作用下的位移。对于平面

结构，据上一章位移计算的公式可写为

$$\delta_{ii} = \Sigma \int \frac{\overline{M}_i^2}{EI} \mathrm{d}s + \Sigma \int \frac{\overline{F}_{Ni}^2}{EA} \mathrm{d}s + \Sigma \int \frac{k\overline{F}_{si}^2}{GA} \mathrm{d}s$$

$$\delta_{ij} = \delta_{ji} = \Sigma \int \frac{\overline{M}_i \overline{M}_j}{EI} \mathrm{d}s + \Sigma \int \frac{\overline{F}_{Ni} \overline{F}_{Nj}}{EA} \mathrm{d}s + \Sigma \int \frac{k\overline{F}_{si} \overline{F}_{sj}}{GA} \mathrm{d}s$$

$$\Delta_{ip} = \Sigma \int \frac{\overline{M}_i M_P}{EI} \mathrm{d}s + \Sigma \int \frac{\overline{F}_{Ni} F_{Np}}{EA} \mathrm{d}s + \Sigma \int \frac{k\overline{F}_{si} F_{sp}}{GA} \mathrm{d}s$$

利用上式计算时，视其具体结构，常常可考虑一项或两项。对梁和刚架，只考虑弯矩一项；对桁架，只考虑轴力一项；对组合结构，其中梁式杆件只考虑弯矩一项，轴力杆件只考虑轴力一项。

10.4 力法的计算步骤和示例

综上所述，应用力法计算超静定结构的步骤可归纳如下：
(1) 确定超静定次数，去掉多余联系得到基本结构，建立基本体系。
(2) 依据典型方程物理意义建立力法典型方程。
(3) 作基本结构在各单位力和荷载作用下内力图（或写出内力表达式），按照求位移的方法计算方程中的系数和自由项。
(4) 将计算所得的系数和自由项代入力法方程，求解各多余未知力。
(5) 按分析静定结构的方法，由平衡条件或叠加法求最后内力图。

【例题 10.1】 图 10.8(a)所示超静定梁，设 EI 为常数。绘制内力图。

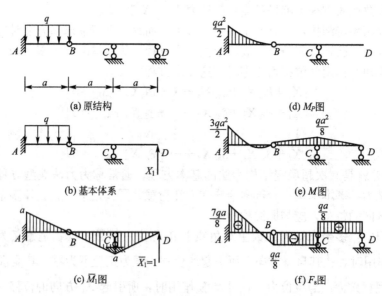

图 10.8 例题 10.1 图

解：
(1) 建立基本体系。选该一次超静定梁的基本结构，如图 10.8(b)所示，基本未知量

为 X_1。

(2) 建立力法典型方程：
$$\delta_{11}X_1+\Delta_{1p}=0$$

(3) 绘制基本结构的 $\overline{M}_1$、M_P 图，如图 10.8(c)、(d)所示，采用图乘法计算系数和自由项。即

$$\delta_{11}=\sum\int\frac{\overline{M}_1^2}{EI}ds=\frac{3}{EI}\times\frac{1}{2}\times a\times a\times\frac{2}{3}a=\frac{a^3}{EI}$$

$$\Delta_{1p}=\sum\int\frac{\overline{M}_1 M_P}{EI}ds=\frac{1}{EI}\times\frac{1}{3}\times\frac{qa^2}{2}\times a\times\frac{3}{4}a=\frac{qa^4}{8EI}$$

(4) 求多余未知力，绘制内力图。即

$$X_1=-\frac{\Delta_{1p}}{\delta_{11}}=-\frac{qa}{8}$$

按叠加法绘制弯矩图：$M=\overline{M}_1 X_1+M_P$，弯矩图如图 10.8(e)所示。绘制剪力图，如图 10.8(f)所示。

【例题 10.2】 用力法计算如图 10.9(a)所示刚架，设 EI 为常数。绘制弯矩图。

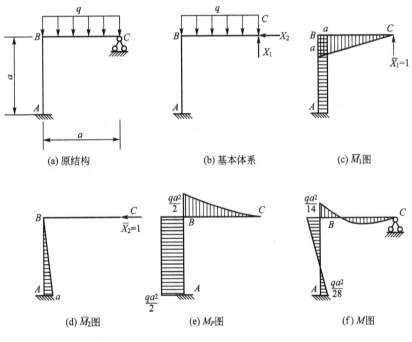

图 10.9 例题 10.2 图

解：

(1) 建立基本体系。选该二次超静定刚架的基本结构，如图 10.9(b)所示，基本未知量为 X_1、X_2。

(2) 建立力法典型方程：
$$\delta_{11}X_1+\delta_{12}X_2+\Delta_{1p}=0$$
$$\delta_{12}X_1+\delta_{22}X_2+\Delta_{2p}=0$$

(3) 绘制基本结构的 $\overline{M}_1$、$\overline{M}_2$、M_P 图，如图 10.9（c）、（d）、（e）所示，采用图乘法计算系数和自由项。即

$$\delta_{11} = \Sigma \int \frac{\overline{M}_1^2}{EI}ds = \frac{a^3}{EI} + \frac{1}{EI} \times \frac{1}{2} \times a \times a \times \frac{2}{3}a = \frac{4a^3}{3EI}$$

$$\delta_{22} = \Sigma \int \frac{\overline{M}_2^2}{EI}ds = \frac{1}{EI} \times \frac{1}{2} \times a \times a \times \frac{2}{3}a = \frac{a^3}{3EI}$$

$$\delta_{12} = \delta_{21} = \Sigma \int \frac{\overline{M}_1 \overline{M}_2}{EI}ds = \frac{1}{EI} \times \frac{1}{2} \times a \times a \times a = \frac{a^3}{2EI}$$

$$\Delta_{1p} = \Sigma \int \frac{\overline{M}_1 M_P}{EI}ds = -\frac{1}{EI} \times \frac{1}{3} \times \frac{qa^2}{2} \times a \times \frac{3}{4}a - \frac{1}{EI}a^2 \times \frac{qa^2}{2} = -\frac{5qa^4}{8EI}$$

$$\Delta_{2p} = \Sigma \int \frac{\overline{M}_2 M_P}{EI}ds = -\frac{1}{EI} \times \frac{a^2}{2} \times \frac{qa^2}{2} = -\frac{qa^4}{4EI}$$

(4) 将各系数和自由项代入典型方程并消去 $\frac{a^3}{EI}$ 有

$$\frac{4}{3}X_1 + \frac{1}{2}X_2 - \frac{5qa}{8} = 0$$

$$\frac{1}{2}X_1 + \frac{1}{3}X_2 - \frac{qa}{4} = 0$$

解得

$$X_1 = \frac{3qa}{7}, \quad X_2 = \frac{3qa}{28}$$

按叠加法绘制弯矩图：$M = \overline{M}_1 X_1 + \overline{M}_2 X_2 + M_P$，弯矩图如图 10.9(f) 所示。

【例题 10.3】 试分析如图 10.10(a) 所示桁架。设各杆 EA 为常数。

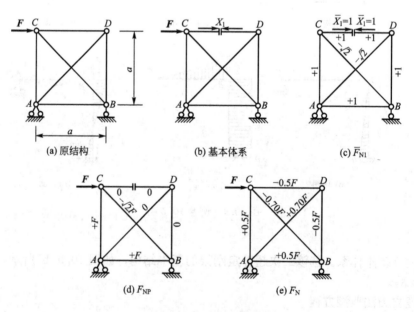

图 10.10 例题 10.3 图

解：

(1) 建立基本体系。选该一次超静定桁架的基本结构，如图 10.10(b)所示，基本未知量为 X_1。

(2) 建立力法典型方程：
$$\delta_{11}X_1 + \Delta_{1P} = 0$$

(3) 分别求出基本结构在单位力 $\overline{X}_1 = 1$ 和荷载单独作用下各杆的内力 $\overline{F}_{N1}$ 和 F_{NP} [见图 10.10(c)、(d)]，求系数和自由项，即

$$\delta_{11} = \sum \int \frac{\overline{F}_{N1}^2}{EA}ds = \sum \frac{\overline{F}_{N1}^2 l}{EA} = \frac{2}{EA}[1^2 \times a \times 2 + (-\sqrt{2})^2 \times \sqrt{2}a] = \frac{2a}{EA}(2 + 2\sqrt{2})$$

$$\Delta_{1P} = \sum \int \frac{\overline{F}_{N1}F_{NP}}{EA}ds = \sum \frac{\overline{F}_{N1}F_{NP}l}{EA} = \frac{1}{EA}[1 \times F \times a \times 2 + (-\sqrt{2}F) \times (-\sqrt{2}) \times \sqrt{2}a]$$
$$= \frac{Fa}{EA}(2 + 2\sqrt{2})$$

(4) 求多余未知力，计算各杆轴力。即
$$X_1 = -\frac{\Delta_{1P}}{\delta_{11}} = -\frac{F}{2}$$

按叠加法计算各杆轴力，$F_N = X_1\overline{F}_{N1} + F_{NP}$，最后结果示于图 10.10(e)中。

【例题 10.4】 图 10.11(a)所示为装配式钢筋混凝土单跨单层厂房排架的计算简图，其中左右柱为阶梯形变截面杆件，横梁为刚度 $EA = \infty$ 的二力杆，左柱受到风荷 q 载的作用。试用力法绘其弯矩图。竖柱 E 为常数。

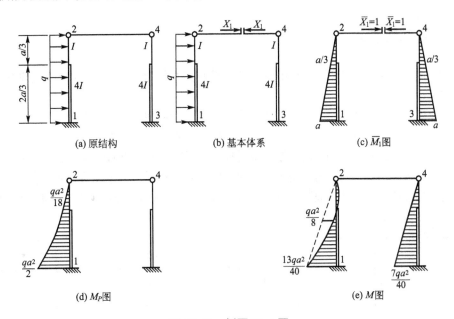

图 10.11 例题 10.4 图

解：

(1) 建立基本体系。此排架为一次超静定结构，切断二力杆并代之相应的多余未知力，即得基本结构，如图 10.11(b)所示，基本未知量为 X_1。

(2) 建立力法典型方程：

$$\delta_{11}X_1+\Delta_{1p}=0$$

(3) 绘制基本结构的 $\overline{M}_1$、M_P 图，如图 10.11(c)、(d)所示，采用图乘法计算系数和自由项。即

$$\delta_{11}=\sum\int\frac{\overline{M}_1^2}{EI}\mathrm{d}s=2\left\{\frac{1}{EI}\times\frac{1}{2}\frac{a}{3}\frac{a}{3}\times\frac{2}{3}\frac{a}{3}+\frac{1}{4EI}\left[\frac{1}{2}\frac{2a}{3}a\times\left(\frac{2a}{3}+\frac{1}{3}\frac{a}{3}\right)+\frac{1}{2}\frac{2a}{3}\times\frac{a}{3}\left(\frac{a}{3}+\frac{2}{3}\frac{a}{3}\right)\right]\right\}$$

$$=\frac{5a^3}{27EI}$$

$$\Delta_{1p}=\sum\int\frac{\overline{M}_1 M_P}{EI}\mathrm{d}s=\frac{1}{EI}\times\frac{1}{3}\frac{qa^2}{18}\frac{a}{3}\times\frac{3}{4}\frac{a}{3}+\frac{1}{4EI}\left(\frac{1}{3}\frac{qa^2}{2}a\times\frac{3a}{4}-\frac{1}{3}\frac{qa^3}{18}\frac{a}{3}\times\frac{3}{4}\frac{a}{3}\right)$$

$$=\frac{7a^4}{216EI}$$

(4) 求多余未知力，绘制内力图。即

$$X_1=-\frac{\Delta_{1p}}{\delta_{11}}=-\frac{7qa}{40}\quad(\text{压力})$$

按叠加法绘制弯矩图：$M=\overline{M}_1 X_1+M_P$，弯矩图如图 10.11(e)所示。需要指出的是，用力法分析排架结构时，通常取切断或去掉横梁(二力杆)的结构作为基本结构，计算较为简便。

10.5 对称性的利用

10.5.1 对称性意义

工程上许多结构是对称的，利用对称性可简化结构计算。对称结构存在**对称轴**，对称性的意义是：

(1) 几何对称：结构的几何形状和支承条件关于**对称轴**对称，如图 10.12 所示。
(2) 物理对称：结构的各杆刚度（EI、EA 等）关于**对称轴**对称，如图 10.12 所示。
(3) 结构上荷载对称：当将对称结构绕对称轴对折后，如果两侧荷载作用点、作用线重合，且方向相同、大小相等，则说荷载是正对称的；如果方向相反、大小相等，则说荷载是反对称的。作用在对称结构上荷载一般都可以分解为正对称的和反对称的荷载两组，如图 10.13 所示。

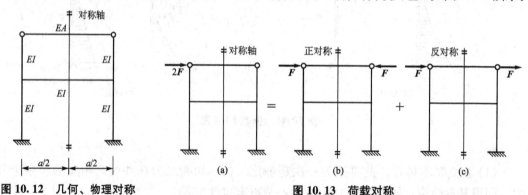

图 10.12　几何、物理对称　　图 10.13　荷载对称

10.5.2 对称结构力学特征

对称结构在正对称荷载作用下，其所有反力、内力、位移都是正对称的。必须注意，剪力图是反对称的，这是由于剪力的正负号规定所致，剪力的实际方向是正对称的。对称结构在反对称荷载作用下，其所有反力、内力、位移都是反对称的。但必须注意，剪力图是正对称的，剪力的实际方向则是反对称的。

上述特性无论静定结构还是超静止结构都适用。

10.5.3 取结构一半计算简图

当对称结构承受正对称或反对称荷载时，依据对称结构力学特征，都可以只截取结构的一半来进行计算。下面分别就奇数跨和偶数跨两种对称刚架加以说明。

1. 奇数跨对称刚架

图 10.14(a)所示刚架，在正对称荷载作用下，由于只产生正对称的内力和位移，故可知在对称轴上的截面 C 处不可能发生转角和水平线位移，但可有竖向线位移。同时，该截面上只有正对称的弯矩和轴力，而无反对称的剪力。因此，截取刚架一半时，在该处应用一竖向滑动支座来代替原有联系，从而得到图 10.14(b)所示的计算简图。图 10.14(c)所示刚架，在反对称荷载作用下，由于只产生反对称的内力和位移，故可知在对称轴上的截面 C 处不可能发生竖向位移，但可有水平线位移及转角。该截面上正对称的弯矩、轴力均为零而只有反对称的剪力。因此，截取一半时该处用一竖向支座链杆来代替原有联系，从而得到图 10.14(d)所示的计算简图。

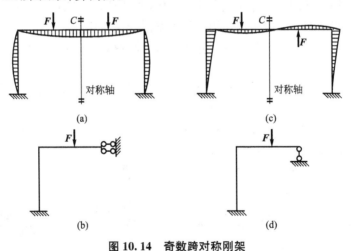

图 10.14 奇数跨对称刚架

2. 偶数跨对称刚架

图 10.15(a)所示刚架，在正对称荷载作用下，若忽略杆件的轴向变形，则在对称轴上的刚节点 C 处将不可能产生任何位移。同时，在该处的横梁杆端有弯矩、轴力和剪力存在。因此，截取一半时该处用固定支座代替，从而得到图 10.15(b)所示的计算简图。

图 10.15(c)所示刚架，在反对称荷载作用下，可将其中间柱设想为两根刚度各为 I 的竖向柱组成，它们在顶端分别与横梁刚接[见图 10.15(e)]，显然这与原结构是等效的。然后，设想将此两柱中间的横梁切开，则由于荷载是反对称的，故切口上只有剪力 F_{SC}[见图 10.15(f)]。这对剪力将只使两柱分别产生等值反号的轴力，而不使其他杆件产生内力。而原结构中间柱的内力是等于该两柱内力之代数和，故剪力 F_{SC} 实际上对原结构的内力和变形均无影响。因此，我们可将其去掉不计，而取一半刚架的计算简图，如图 10.15(d)所示。

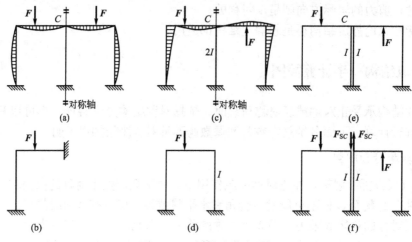

图 10.15　偶数跨对称刚架

10.5.4　对称性应用示例

前述对称结构，不同的对称形式具备不同的力学特征，还可取结构一半简化计算简图。读者只有认真理解，才能正确运用。下面给出应用示例。

【**例题 10.5**】 图 10.16(a)所示结构关于对称轴对称，利用对称性求二力杆 AB 轴力。

解：

此结构为对称结构，可将荷载分解为图 10.16(b)所示反对称形式，根据反对称荷载作用的受力特征，此结构剪力图是正对称的，剪力的实际方向是反对称的。因此，取节点 B 为研究对象，如图 10.16(c)所示，剪力 F_{SBD} 和 F_{SBC} 大小相等、方向相反，对 B 点水平方向列平衡方程可知，AB 杆的轴力 $F_{NAB}=0$。

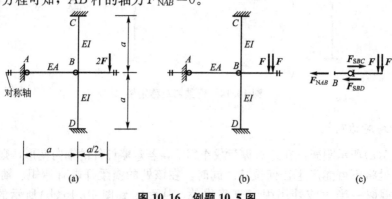

图 10.16　例题 10.5 图

【例题 10.6】 图 10.17(a)所示结构对称,利用对称性绘出弯矩图。

解:

此结构为静定的对称结构,可将荷载分解为图 10.16(b)、(c)所示正、反对称形式。反对称荷载作用可取一半计算简图,并直接绘出弯矩,如图 10.16(d)所示;正对称荷载作用可取一半计算简图,并直接绘出弯矩,如图 10.16(e)所示。正、反对称弯矩图由对称性得到另一半,根据叠加法得到最终弯矩图,如图 10.16(f)所示。

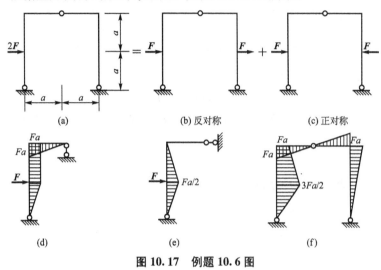

图 10.17　例题 10.6 图

【例题 10.7】 图 10.18(a)、(b)示结构关于对称轴对称,利用对称性简化计算简图。

解:

(1) 图 10.18(a)所示为三次超静定结构,只有反对称荷载作用,故只有反对称未知力。可取一半结构计算简图,如图 10.18(c)所示,该结构为一次超静定,可采用力法求解,计算将得到简化。

(2) 图 10.18(b)所示为二次超静定结构,只有正对称荷载作用,故只有正对称未知力。可取一半结构计算简图,如图 10.18(d)所示,该结构为一次超静定,可采用力法求解,计算也得到简化。

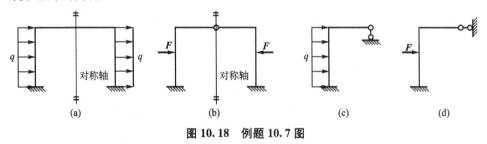

图 10.18　例题 10.7 图

10.6 温度变化和支座移动时超静定结构的计算

超静定结构由于多余联系的存在,在温度改变、支座移动时,通常将使结构产生内力。

用力法计算温度变化和支座移动的超静定结构时，其基本原理、典型方程和求解步骤等，均同荷载作用下力法求解超静定结构，只不过引起超静定结构内力的原因由荷载变成了温度变化或支座移动。因此，求解时只要把典型方程式(10-3)中自由项 Δ_{ip} 变成由温度变化引起的 Δ_{it} 或由支座移动引起的 $\Delta_{i\Delta}$ 即可，而 Δ_{it} 或 $\Delta_{i\Delta}$ 又是在基本结构上进行，基本结构是静定结构，故 Δ_{it} 或 $\Delta_{i\Delta}$ 可由前述的静定结构位移计算来求得。

(1) 由温度变化引起自由项 Δ_{it} 计算：

$$\Delta_{it}=\sum(\pm)\int \overline{F}_{Ni}\alpha t_0 \mathrm{d}s+\sum(\pm)\int \frac{\overline{M}_i\alpha\Delta_t}{h}\mathrm{d}s$$

(2) 由支座移动引起自由项 $\Delta_{i\Delta}$ 计算：

$$\Delta_{i\Delta}=-\sum \overline{F}_{Ri}C_i$$

【例题 10.8】 图 10.19(a)所示为单跨超静定梁，设固定支座 A 处发生转角 $\varphi=1$，绘梁内力图。

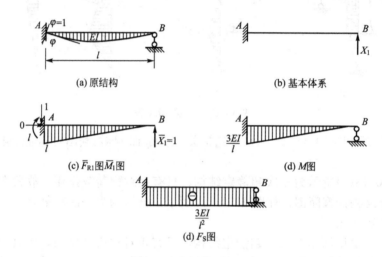

图 10.19 例题 10.8 图

解：

(1) 建立基本体系。选该一次超静定梁的基本结构如图 10.19(b)所示，基本未知量为 X_1。

(2) 建立力法典型方程：

$$\delta_{11}X_1+\Delta_{1\Delta}=0$$

(3) 绘制基本结构的 $\overline{M}_1$、$\overline{F}_{R1}$ 图，如图 10.19(c)所示，计算系数和自由项。即

$$\delta_{11}=\sum\int\frac{\overline{M}_1^2}{EI}\mathrm{d}s=\frac{1}{EI}\times\frac{1}{2}\times l\times l\times\frac{2}{3}l=\frac{l^3}{3EI}$$

$$\Delta_{1\Delta}=-\sum\overline{F}_{R1}C_1=-(l\varphi)=-l$$

(4) 求多余未知力，绘制内力图。即

$$X_1=-\frac{\Delta_{1\Delta}}{\delta_{11}}=\frac{3EI}{l^2}$$

绘制弯矩图：$M=X_1\overline{M}_1$，弯矩图如图 10.19(d)所示。绘制剪力图：杆端剪力可由截面法计算得到，剪力图如图 10.19(e)所示。

10.7 超静定结构特性

静定结构与超静定结构相比，具备以下一些重要特性。了解这些特性，有助于加深对超静定结构认识，并更好地应用它们。

(1) 在静定结构中，除荷载外，其他任何因素如温度变化、支座移动等均不引起内力。但对于超静定结构，由于存在多余联系，使结构变形不能自由发生，上述因素都要引起结构内力。超静定结构这一特性一定条件下可带来不利影响，但有时我们也可以应用它来调整结构内力至合理。

(2) 静定结构只要利用平衡条件即可求解全部量值，与材料性质无关，而超静定结构仅由平衡条件无法确定全部量值，还必须利用位移条件建立补充方程才能求解，因此其内力数值与材性质和截面尺寸有关。利用这一特性，可以通过改变各杆刚度的大小来调整超静定结构的内力分布。

(3) 超静定结构在多余联系被破坏后，仍能维持几何不变；而静定结构在任何一个联系被破坏后，便立即成为几何变体系而丧失承载力。因此，作为结构超静定次数越多，其安全度越高。因此，从军事和抗震方面来看，超静定结构具有较强防御能力。此外，超静结构具有多余联系，能提高结构的稳定性。

(4) 超静结构因存在多余联系而具有较大刚性，其内力分布也均匀。例如图 10.20(a)、(b)所示的三跨连续梁和三跨简支梁，在跨度、荷载及截面相同的情况下，显然前者挠度和最大弯矩都较后者为小，而且连续梁有较平滑的变形曲线。

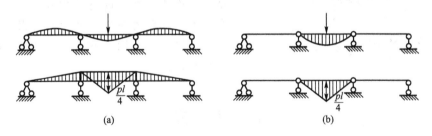

图 10.20 超静定结构和静定结构比较

小 结

1. 超静定的概念和超静定次数确定。
2. 力法的基本概念。力法的基本结构是静定结构，以多余未知力作为基本未知量，建立力法求解的基本体系，通过基本体系与原结构满足的位移(变形)条件来求解多余未知力。然后通过静定结构来计算超静定结构的内力，将超静定结构问题转化为静定问题来处理。

3. 力法的典型方程是一组变形协调方程，其物理意义是基本结构在多余未知力和荷载的共同作用下，多余未知力作用处的位移与原结构相应处的位移相同。在计算超静定结构时，要同时运用平衡条件和变形条件，这是求解静定结构与超静定结构的根本区别。

4. 力法的计算。熟练地选取基本结构，熟练地画出各单位力和荷载作用下弯矩图并计算力法方程中的主、副系数和自由项是掌握和运用力法的关键。必须准确地理解主、副系数和自由项的物理意义，并在此基础上理解力法的基本思想。

5. 结构对称性的利用。理解对称性的意义和对称结构的力学特征，据此对结构取一半简化结构计算。

资 料 阅 读

现存最古老的木结构塔式建筑——应县木塔

应县木塔，名为佛宫寺释迦塔，俗称应县木塔，位于山西省应县城内佛宫寺内。塔为八角形，外观五层，内有暗层四级，所以实际为九层。塔高 67.13m，塔底直径 30m。建于 1056 年（辽代清宁二年），是世界上现存最古老的木结构塔式建筑。塔建在 4m 高的两层

石砌台基上，内外两排立柱构成双层套筒式结构，柱与柱之间还有大量水平构件，暗层内又有大量斜撑，使双层套筒内外层紧密结合连成一体。其柱不是直接插入地中而是搁置于石础之上。在连接上采用了传统的斗栱结构，为不同部分的特殊需要分别设计了 50 余种不同形式的斗栱。由于结构上的合理性，近千年间经历了 12 次 6 级以上的大地震，迄今安然无恙。

思 考 题

1. 力法求解超静定结构基本思路是什么？
2. 力法的基本结构如何确定？对给定超静定结构，它的力法基本结构是否唯一？基本结构的构造特性如何？力法的基本体系如何建立？
3. 力法典型方程中主系数 δ_{ii}、副系数 δ_{ij} 和自由项 Δ_{ip} 物理意义是什么？
4. 试比较力法解超静定梁、刚架、排架和桁架的异同。
5. 何谓对称结构？如何利用对称性取结构的一半简化计算？
6. 采用力法计算在温度变化和支座移动时超静定结构与计算在荷载作用下超静定结构有何异同？

习 题

10-1 确定下列结构的超静定次数。

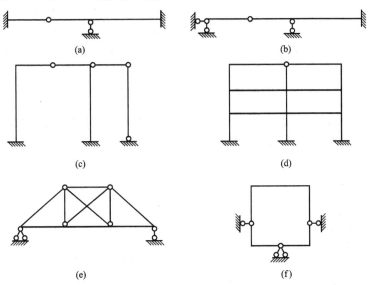

图 10.21 习题 10-1 图

10-2 用力法计算下列结构，作 M 图。

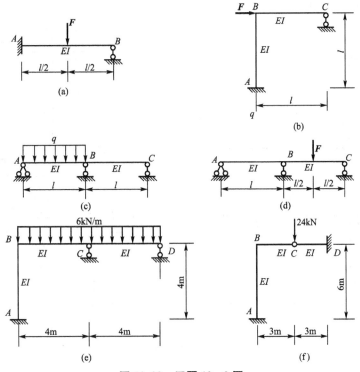

图 10.22 习题 10-2 图

10-3 用力法分析图示超静定桁架，各杆 EA 为常数。

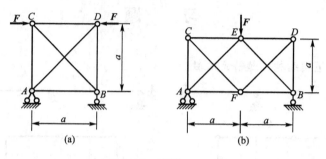

图 10.23　习题 10-3 图

10-4 用力法计算排架，横梁刚度 $EA=\infty$，竖柱 E 为常数，作 M 图。

10-5 图 10.25 所示为单跨超静定梁，设固定支座 A 处发生转角 $\varphi=1$，绘梁内力图。

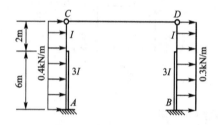

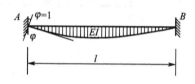

图 10.24　习题 10-4 图　　　　　图 10.25　习题 10-5 图

10-6 利用对称性作下列结构弯矩图。

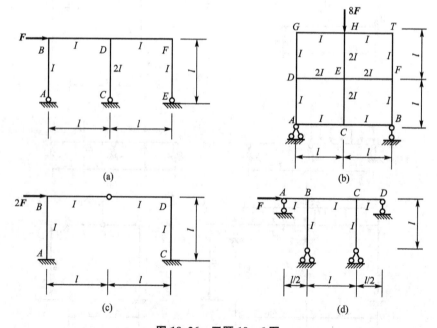

图 10.26　习题 10-6 图

第 11 章 位 移 法

教学目标

理解位移法的基本概念
了解等截面直杆单跨超静定梁的杆端内力
理解位移法的基本未知量和基本结构
理解位移法的典型方程
熟练应用位移法计算简单超静定梁和刚架

教学要求

知识要点	能力要求	相关知识
位移法的基本概念	(1) 理解位移法求解的基本思路	力法
等截面直杆单跨超静定梁的杆端内力	(1) 了解单跨超静定梁的固端弯矩和固端剪力 (2) 了解单跨超静定梁刚度系数	力法
位移法的基本未知量和基本结构	(1) 理解位移法的基本未知量确定 (2) 理解位移法的基本结构建立	几何组成分析
位移法典型方程	(1) 理解位移法典型方程物理意义 (2) 理解典型方程中各系数的物理意义及确定	静力平衡
位移法计算示例	(1) 熟练应用位移法计算简单超静定梁和刚架	力法，静力平衡

引言

力法和位移法是解算超静定结构的两种基本方法。自从钢筋混凝土结构问世以来，大量采用了高次超静定刚架，因为力法是以多余未知力为基本未知量，所以超静次数越高，多余未知力就越多，此时用力法变得十分烦琐，因此必须寻求新的方法，于是 20 世纪初在力法的基础上建立了位移法。位移法是计算超静定结构的基本方法之一，又是力矩分配法、迭代法、矩阵位移法等计算方法的基础。

11.1 位移法的基本概念

位移法求解超静定结构是以某些节点位移为基本未知量，求出位移，再依据内力和位移之间关系，推求出内力。

下面说明位移法的**基本概念**。

分析图 11.1(a)所示刚架位移。刚架在荷载 F 作用下将发生虚线所示变形，在刚结点 1 处两杆的杆端发生相同的转角 Z_1。此外，若略去轴向变形，则可以认为两杆长度不变，因而结点 1 没有线位移。如何根据位移来确定各杆内力呢？对于杆 12，可以把它看作一根两端固定的梁，除了受荷载 F 外，固端 1 还发生了转角 Z_1，如图 11.1(b)所示。杆 12 上作用着荷载 F 和杆端转角 Z_1，它的内力都可以用力法算出。同理，杆 13 可看作一端固定，另一端铰支的梁，而在固端 1 发生转角 Z_1，如图 11.1(c)所示，其内力同样可用力法算出。可见，在计算这个刚架时，如果以结点 1 的角位移为基本未知量，设法求出 Z_1，则各杆的内力随之均可确定，这就是位移法的基本思路。

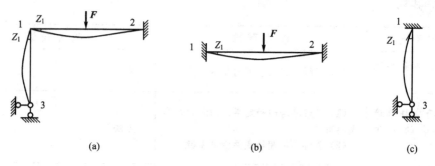

图 11.1　位移法基本思路

由以上讨论可知，在位移法求解中需要解决以下问题：
(1) 确定以结构上哪些位移作为基本未知量。
(2) 如何求出这些位移。
(3) 计算各种单跨超静定梁在杆端发生各种位移时以及荷载等因素作用下杆端内力。

11.2 等截面直杆单跨超静定梁的杆端内力

采用位移法计算超静定结构时，各杆件均可看作单跨超静定梁。位移计算时，需要用到各种单跨超静定梁在杆端发生转角或位移以及荷载作用下的杆端弯矩和剪力。各种杆端内力可用力法解出，本节仅给出结果便于以后应用。

11.2.1 杆端位移与杆端内力符号约定

杆端转角规定顺时针为正，如图 11.2(a)所示，反之为负。杆端相对线位移 Δ_{AB} 以使整个杆件顺时转为正,如图 11.2(b)所示,反之为负。杆端弯矩符号规定同杆端转角,剪力符号规定同前面章节。

图 11.2 杆端位移符号约定

11.2.2 等截面直杆单跨超静定梁杆端内力

(1) 由荷载引起的杆端弯矩和杆端剪力分别称为固端弯矩和固端剪力。各种情况下固端弯矩和固端剪力见表 11-1。

表 11-1 单跨超静定梁的固端弯矩和固端剪力

编号	梁的简图	弯矩		剪力	
		M_{AB}	M_{BA}	F_{SAB}	F_{SBA}
1		$-\dfrac{Fab^2}{l^2}$ 当 $a=b=l/2$ 时,$-\dfrac{Fl}{8}$	$+\dfrac{Fa^2b}{l^2}$ $\dfrac{Fl}{8}$	$\dfrac{Fb^2(l+2a)}{l^3}$ $\dfrac{F}{2}$	$-\dfrac{Fa^2(l+2b)}{l^3}$ $-\dfrac{F}{2}$
2		$-\dfrac{ql^2}{12}$	$\dfrac{ql^2}{12}$	$\dfrac{ql}{2}$	$-\dfrac{ql}{2}$
3		$-\dfrac{Fab(l+b)}{2l^2}$ 当 $a=b=l/2$ 时,$-\dfrac{3Fl}{16}$	0 0	$\dfrac{Fb(3l^2-b^2)}{2l^3}$ $\dfrac{11F}{16}$	$-\dfrac{Fa^2(2l+b)}{2l^3}$ $-\dfrac{5F}{16}$
4		$-\dfrac{ql^2}{8}$	0	$\dfrac{5ql}{8}$	$-\dfrac{3ql}{8}$
5		$M\dfrac{l^2-3b^2}{2l^2}$ 当 $a=l$ 时,$\dfrac{M}{2}$	0 $M_B^l=M$	$-M\dfrac{3(l^2-b^2)}{2l^3}$ $-M\dfrac{3}{2l}$	$-M\dfrac{3(l^2-b^2)}{2l^3}$ $-M\dfrac{3}{2l}$

(续)

编号	梁的简图	弯 矩		剪 力	
		M_{AB}	M_{BA}	F_{SAB}	F_{SBA}
6		$-\dfrac{ql^2}{3}$	$-\dfrac{ql^2}{6}$	ql	0
7		$-\dfrac{Fl}{2}$	$-\dfrac{Fl}{2}$	F	$F_{SB}^L = F$ $F_{SB}^R = 0$
8		$-\dfrac{Fa}{2l}(2l-a)$	$-\dfrac{Fa^2}{2l}$	F	0
		当 $a=\dfrac{l}{2}$ 时, $-\dfrac{3Fl}{8}$	$-\dfrac{Fl}{8}$	F	0

(2) 杆端单位位移引起的单跨超静定梁杆端内力。杆端单位位移引起的杆端内力常称为刚度系数。规定 $i=\dfrac{EI}{l}$,称为线刚度。杆端单位位移引起的杆端弯矩和杆端剪力见表 11-2。

表 11-2 单跨超静定梁刚度系数

编号	梁的简图	弯 矩		剪 力	
		M_{AB}	M_{BA}	F_{SAB}	F_{SBA}
1		$4i$	$2i$	$-\dfrac{6i}{l}$	$-\dfrac{6i}{l}$
2		$-\dfrac{6i}{l}$	$-\dfrac{6i}{l}$	$\dfrac{12i}{l^2}$	$\dfrac{12i}{l^2}$
3		$3i$	0	$-\dfrac{3i}{l}$	$-\dfrac{3i}{l}$
4		$-\dfrac{3i}{l}$	0	$\dfrac{3i}{l^2}$	$\dfrac{3i}{l^2}$
5		i	$-i$	0	0

11.3 位移法的基本未知量和基本结构

位移法的基本未知量应是各结点的独立角位移和独立线位移。在计算时，应首先确定独立的结点角位移和线位移的数目。

11.3.1 独立角位移的确定

刚结点数目就是独立角位移数目。由于刚结点的特点，一个刚结点只有一个独立角位移。固端支座处，其转角等于零或已知的支座位移值。铰结点或铰支座处各杆端的转角，不是独立的，确定杆内力时可以不需要它们的数值，故可不作为基本未知量。例如图11.3(a)所示刚架，其独立角位移数是2。

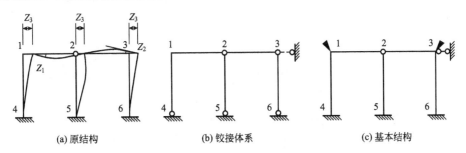

图 11.3 基本未知量和基本结构

11.3.2 独立结点线位移的确定

用位移法计算刚架时，一般忽略杆件的轴向变形和剪切变形的影响，并且在微小变形的情况下，可认为杆件变形前的直线长度与变形后两端点连线长度相等，从而使每一个受弯直杆就相当于一个约束，从而减少了独立的结点线位移数目。例如图11.3(a)中各弯曲杆变形前后长度保持不变，故1、2、3三个结点均有相同水平位移，因此只有一独立的结点线位移。

独立结点线位移确定也可采用刚结点铰化的方法，即将所有的刚结点及固定端支座均改为铰接，从而得到一个相应的铰接体系。对所得到的铰接体系进行几何组成分析，若为几何不变体系，则体系没有结点线位移。若为几何可变体，则需在结点上添加支座链杆，使其成为几何不变体系。所需添加支座链的数目等于独立的结点线位移数。图11.3(b)所示体系是几何可变的，必须在某结点处添加一根非竖向支座链杆(如虚线所示)，才能成为几何不变体，故知原结构独立的结点线位移数目是1。

11.3.3 位移法的基本结构

用位移法计算超静定结构时，每一个杆件都看成一个不同支座条件的单跨超静定梁。

为此，需要添加附加联系，即在每个刚结点上假想地加上一个**附加刚臂**，以阻止刚结点的转动(但不能阻止结点的移动)，同时加上**附加支座链杆**阻止结点的移动。

图 11.3(a)所示刚架，其结点角位移数目为 2，结点线位移数目为 1，一共有 3 个基本未知量。加上 2 个附加刚臂和 1 个支座链杆后，可得到基本结构如图 11.3(c)所示。此时结构离散为一个个单跨超静定梁，体系为单跨超静定梁的组合体。

11.4 位移法的典型方程及运用

11.4.1 位移法的典型方程

本节以图 11.4(a)所示的刚架为例，来说明位移法求解时，如何建立求解基本未知量的方程及具体计算步骤。

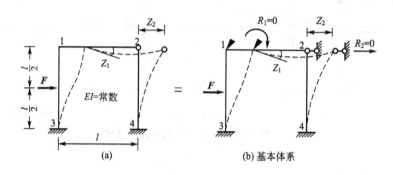

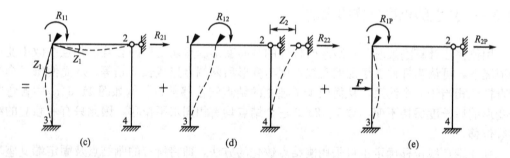

图 11.4 位移法的典型方程建立

此刚架有一个独立的结点角位移 Z_1 和一个独立的结点线位移 Z_2，共两个基本未知量。在产生独立角位移的结点 1 处加一附加刚臂，在产生水平线位移处(结点 1 或结点 2)加一水平附加支座链杆，便得到基本结构。此时的基本结构就是由 3 个单跨超静定梁 12、13、24 组成，在此基本结构上，令附加刚臂发生与原结构相同的转角 Z_1，同时令附加链杆发生与原结构相同的线位移 Z_2，再加上原结构的荷载作用，就得到基本体系，如图 11.4(b)所示。基本体系的变形和内力与原结构完全一致，因此可知在结点位移 Z_1、Z_2 和荷载 F 共同作用下，附加刚臂上的反力矩 R_1 和附加链杆上的反力 R_2 都应等于零。设由

Z_1、Z_2 和 F 单独作用时，所引起的附加刚臂上的反力矩分别为 R_{11}、R_{12} 和 R_{1P}，所引起附加链杆上的反力分别为 R_{21}、R_{22} 和 R_{2P}，如图 11.4(c)、(d)、(e)所示，根据叠加原理可得

$$\left.\begin{aligned}R_1=R_{11}+R_{12}+R_{1P}=0\\R_2=R_{21}+R_{22}+R_{2P}=0\end{aligned}\right\} \quad (11-1)$$

现以 r_{11}、r_{12} 分别表示由单位位移 $\overline{Z}_1=1$ 和 $\overline{Z}_2=1$ 所引起的附加刚臂上的反力矩，有 $R_{11}=r_{11}Z_1$、$R_{12}=r_{12}Z_2$；以 r_{21}、r_{22} 分别表示由单位位移 $\overline{Z}_1=1$ 和 $\overline{Z}_2=1$ 所引起的附加链杆上的反力，有 $R_{21}=r_{21}Z_1$、$R_{22}=r_{22}Z_2$，则式(11-1)可写成：

$$\left.\begin{aligned}r_{11}Z_1+r_{12}Z_2+R_{1P}=0\\r_{21}Z_1+r_{22}Z_2+R_{2P}=0\end{aligned}\right\} \quad (11-2)$$

该方程是求解 Z_1 和 Z_2 的线性方程组，我们称该方程为**位移法基本方程**，又称位移法的**典型方程**。它的物理意义是：基本结构在荷载等外界因素和结点位移的共同作用下，每一个附加联系上的附加反力矩和附加反力都等于零。它实质上反映了原结构的静力平衡条件。

同理，对于具有 n 个独立结点位移的结构，相应地在基本结构中需要加入 n 个附加联系，根据每个附加联系的附加反力矩或附加反力均应为零的平衡条件，同样可建立如下 n 个方程：

$$\left.\begin{aligned}r_{11}Z_1+\cdots+r_{1i}Z_i+\cdots+r_{1n}Z_n+R_{1P}=0\\\cdots\cdots\\r_{i1}Z_1+\cdots+r_{ii}Z_i+\cdots+r_{in}Z_n+R_{iP}=0\\\cdots\cdots\\r_{n1}Z_1+\cdots+r_{ni}Z_i+\cdots+r_{nn}Z_n+R_{nP}=0\end{aligned}\right\} \quad (11-3)$$

在上述典型方程式（11-3）中，主斜线上的系数 r_{ii} 称为主系数；其他系数 r_{ij} 称为副系数；R_{iP} 称为自由项。系数和自由项的符号规定是：以与该附加联系所设位移方向一致者为正。主反力 r_{ii} 的方向总是与所设位移 Z_i 的方向一致，故恒为正，且不会为零；副系数和自由项则可能为正、负或零。此外，根据反力互等定理可知，主斜线两边处于对称位置的两个副系数 r_{ij} 与 r_{ji} 的数值相等，即 $r_{ij}=r_{ji}$。

典型方程中的系数和自由项，可借助于表 11-1、表 11-2 绘出基本结构在 $\overline{Z}_1=1$、$\overline{Z}_2=1$ 和荷载分别作用下的弯矩图 $\overline{M}_1$、$\overline{M}_2$ 和 M_P 图，如图 11.5(a)、(b)、(c)所示，然后由平衡条件求出各系数和自由项。

系数和自由项可分为两类：一类是附加刚臂上的反力矩 r_{11}、r_{12} 和 R_{1P}；另一类是附加链杆上的反力 r_{21}、r_{22} 和 R_{2P}。对于刚臂上的反力矩，可分别在图 11.5(a)、(b)、(c)中取结点 1 为分离体，由力矩平衡方程 $\sum M_1=0$ 求得为

$$r_{11}=7i;\quad r_{12}=-\frac{6i}{l};\quad R_{1P}=\frac{Fl}{8}$$

对于附加链杆上的反力，可以分别在图 11.5(a)、(b)、(c)中用截面法截断两柱顶端，取柱的顶端以上横梁部分为分离体，并由表 11-1、表 11-2 查出柱 13、14 的杆端剪力，由投影方程 $\sum F_x=0$ 求得为

$$r_{21}=-\frac{6i}{l},\quad r_{22}=\frac{15i}{l^2},\quad R_{2P}=-\frac{F}{2}$$

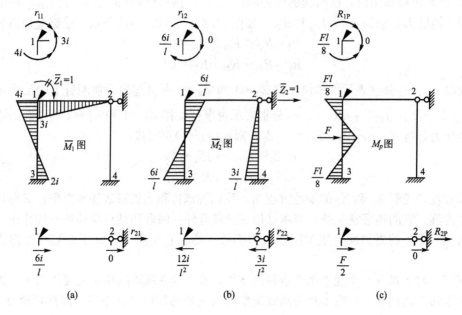

图 11.5 $\overline{M}_1$、$\overline{M}_2$ 和 M_P 图

将系数和自由项代入典型方程式(11-2)有

$$\begin{cases} 7iZ_1 - \dfrac{6i}{l}Z_2 + \dfrac{Fl}{8} = 0 \\ -\dfrac{6i}{l}Z_1 + \dfrac{15i}{l^2}Z_2 - \dfrac{F}{2} = 0 \end{cases}$$

解方程可得

$$Z_1 = \frac{9}{552}\frac{Fl}{i}, \quad Z_2 = \frac{22}{552}\frac{Fl^2}{i}$$

所得均为正值,说明 Z_1、Z_2 与所设方向相同。

结构的最后弯矩图可由叠加法绘制:$M = \overline{M}_1 Z_1 + \overline{M}_2 Z_2 + M_P$

例如杆端弯矩 M_{31} 之值为

$$M_{31} = 2i \times \frac{9}{552} \times \frac{FL}{i} - \frac{6i}{l} \times \frac{22}{552} \times \frac{FL^2}{i} - \frac{FL}{8} = -\frac{183}{552}Fl$$

同理,可算得其他各杆端的弯矩,最后弯矩图如图 11.6 所示。求出 M 图后,F_S 图和 F_N 图可由平衡条件求出,此处略。

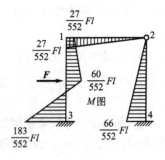

图 11.6 M 图

11.4.2 位移法的运用

利用位移法求解超静定结构的一般步骤如下:

(1) 确定原结构基本未知量,添加附加联系得到基本结构,使基本结构作用原荷载,并在各附加联系处发生与原结构相同的结点位移,从而建立基本体系。

（2）建立位移法典型方程。根据基本结构在荷载等外在因素和各结点位移共同作用下，各附加联系上的反力矩或反力均为零的条件。

（3）绘出基本结构在各结点的单位位移作用下的弯矩图和荷载作用下的弯矩图，由结构上的局部平衡条件求出各系数和自由项。

（4）解算典型方程，求出全部的基本未知量。

（5）按叠加法绘制最后弯矩图。计算公式为 $M=\overline{M}_1 Z_1+\overline{M}_2 Z_2+\cdots+M_P$。

【例题 11.1】 用位移法计算图 11.7(a)所示两跨连续梁，$EI=$ 常数，绘出弯矩图。

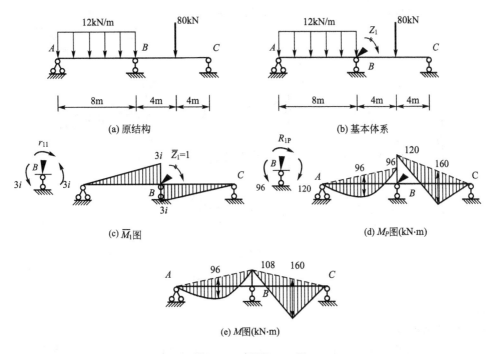

图 11.7 例题 11.1 图

解：

（1）建立基本体系。该两跨连续梁的基本未知量只有 B 结点 1 个独立角位移 Z_1，在 B 点添加附加刚臂得原结构的基本结构，在基本结构上作用原结构荷载并令附加刚臂 B 点发生角位移 Z_1，从而建立原结构的基本体系，如图 11.7(b)所示。

（2）建立位移法典型方程：
$$r_{11}z_1+R_{1P}=0$$

（3）求系数和自由项。令 $i=\dfrac{EI}{l}$，参照表 11-1、表 11-2 绘制基本结构产生的弯矩 $\overline{M}_1$、M_P 图，分别如图 11.7(c)、(e)所示。根据平衡条件得

$$r_{11}=3i+3i=6i, \quad R_{1P}=(96-120)\text{kN} \cdot \text{m}=-24\text{kN} \cdot \text{m}$$

（4）代入典型方程，解方程得：$Z_1=-\dfrac{R_{1P}}{r_{11}}=\dfrac{4}{i}\text{kN} \cdot \text{m}$

（5）按叠加法绘制最后弯矩图。$M=\overline{M}_1 Z_1+M_P$，弯矩图如图 11.6(e)所示。

【例题 11.2】 计算图 11.8(a)所示刚架，作弯矩图。

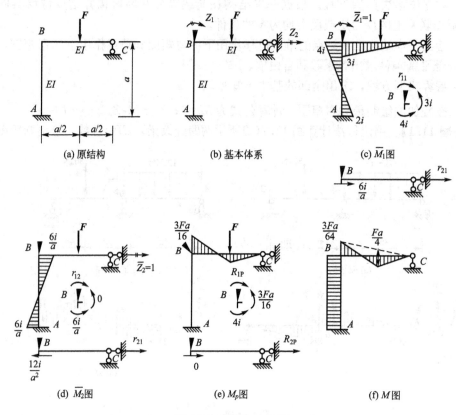

图 11.8 例题 11.2 图

解：

(1) 建立基本体系。

该刚架有 B 点的转角 Z_1 和 C 点的线位移 Z_2 两个未知量，在 B 点添加附加刚臂、C 点添加附加支座链杆，得原结构的基本结构。在基本结构上作用原结构荷载，并令附加刚臂 B 点发生角位移 Z_1，C 点附加支座链杆发生线位移 Z_2，从而建立原结构的基本体系，如图 11.8(b)所示。

(2) 建立位移法典型方程：

$$\begin{cases} r_{11}Z_1 + r_{12}Z_2 + R_{1P} = 0 \\ r_{21}Z_1 + r_{22}Z_2 + R_{2P} = 0 \end{cases}$$

(3) 求系数和自由项。令 $i = \dfrac{EI}{a}$，参照表 11-1、表 11-2 绘制基本结构产生的弯矩 $\overline{M}_1$、$\overline{M}_2$、M_P 图，分别如图 11.7(c)、(d)、(e)所示。根据平衡条件得

$$r_{11} = 3i + 4i = 7i, \quad r_{12} = r_{21} = -\frac{6i}{a}, \quad r_{22} = \frac{12i}{a^2}, \quad R_{1P} = -\frac{3Fa}{16}, \quad R_{2P} = 0$$

(4) 代入典型方程：

$$\begin{cases} 7iZ_1 - \dfrac{6i}{a}Z_2 - \dfrac{3Fa}{16} = 0 \\ -\dfrac{6i}{a}Z_1 + \dfrac{12i}{a^2}Z_2 = 0 \end{cases}$$

解方程得：
$$Z_1 = \frac{3Fa}{64i}, \quad Z_2 = \frac{3Fa^2}{128i}$$

(5) 按叠加法绘制最后弯矩图。$M = \overline{M}_1 Z_1 + \overline{M}_2 Z_2 + M_P$，弯矩图如图 11.8(f) 所示。

【例题 11.3】 计算图 11.9(a) 所示刚架，作弯矩图

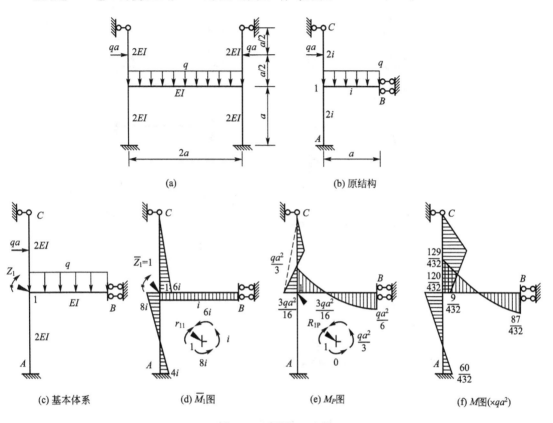

图 11.9　例题 11.3 图

解：

(1) 建立基本体系。图 11.9(a) 所示刚架为对称结构，荷载为正对称，取一半结构，如图 11.9(b) 所示。该刚架的基本未知量只有 1 结点 1 个独立角位移 Z_1，在 1 点添加附加刚臂，得原结构的基本结构。在基本结构上作用原结构荷载，并令附加刚臂 1 点发生角位移 Z_1，从而建立原结构的基本体系，如图 11.9(c) 所示。

(2) 建立位移法典型方程：
$$r_{11} z_1 + R_{1P} = 0$$

(3) 求系数和自由项。令 $i = \dfrac{EI}{l}$，参照表 11-1、表 11-2 绘制基本结构产生的弯矩 $\overline{M}_1$、M_P 图，分别如图 11.9(d)、(e) 所示。根据平衡条件得

$$r_{11} = 8i + 6i + i = 15i, \quad R_{1P} = -\frac{3qa^2}{16} - \frac{qa^2}{3} = -\frac{25qa^2}{48}$$

(4) 代入典型方程，解方程得：$Z_1 = -\dfrac{R_{1P}}{r_{11}} = \dfrac{5qa^2}{144i}$

(5) 按叠加法绘制最后弯矩图。$M=\overline{M}_1Z_1+M_P$，弯矩图如图 11.6(f)所示。

【例题 11.4】 计算图 11.10(a)所示排架，横梁刚度 $EA=\infty$，作弯矩图。

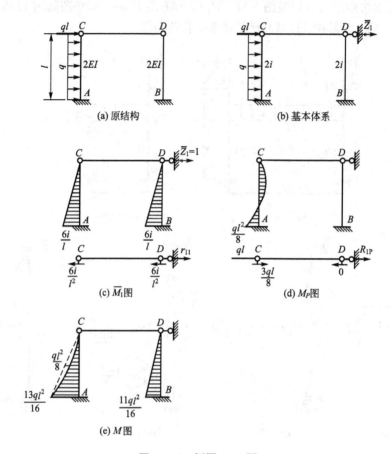

图 11.10 例题 11.4 图

解：

(1) 建立基本体系。图 11.10(a)所示排架，该排架的基本未知量只有 1 个独立线位移 Z_1，沿 Z_1 方向添加附加链杆，得原结构的基本结构。在基本结构上作用原结构荷载，并令附加链杆发生线位移 Z_1，从而建立原结构的基本体系，如图 11.10(b)所示。

(2) 建立位移法典型方程：

$$r_{11}z_1+R_{1P}=0$$

(3) 求系数和自由项。令 $i=\dfrac{EI}{l}$，参照表 11-1、表 11-2 绘制基本结构产生的弯矩 $\overline{M}_1$、M_P 图，分别如图 11.9(c)、(d)所示。根据平衡条件得

$$r_{11}=\dfrac{6i}{l^2}+\dfrac{6i}{l^2}=\dfrac{12i}{l^2}, \quad R_{1p}=-\dfrac{3ql}{8}-ql=-\dfrac{11ql}{8}$$

(4) 代入典型方程，解方程得：$Z_1=-\dfrac{R_{1P}}{r_{11}}=\dfrac{11ql^3}{96i}$

(5) 按叠加法绘制最后弯矩图。$M=\overline{M}_1Z_1+M_P$，弯矩图如图 11.10(e)所示。

小　　结

1. 位移法的基本未知量为独立角位移和独立线位移。

2. 位移法的基本结构是通过在原结构上施加附加约束的方法而得到的一个超静定梁组合体。在刚结点上附加刚臂约束以阻止刚结点转动，同时附加支座链杆以阻止结点的线位移，这是形成基本体系的关键。

3. 对于超静定结构，只要能求出其结点位移，就可以确定杆件的杆端力，用位移法求解超静定的关键是求出结点位移。

4. 位移法典型方程的物理意义是：基本结构在荷载等外界因素和节点位移的共同作用下，每一个附加联系上的附加反力矩和附加反力都等于零。它实质上反映了原结构的静力平衡条件。

5. 熟练地选取基本体系，熟练地计算位移法方程中的主、副系数和自由项，是掌握和运用位移法的关键。必须准确地理解主、副系数和自由项的物理意义，并在此基础上加深理解位移法的基本思想。

6. 计算过程中，结点位移和附加约束的反力一律要按规定的正向画出。

资 料 阅 读

航空航天领域的奠基人——冯·卡门

冯·卡门（Theodore von Karman，1881—1963），匈牙利裔美国工程师和物理学家，主要从事航空航天力学方面的工作，是工程力学和航空技术的权威，对于20世纪流体力学、空气动力学理论与应用的发展，尤其在超声速和高超声速气流表征方面及亚声速与超声速航空、航天器的设计产生了重大影响。

1906年到德国师从普朗特为博士研究生。在力学方面的固体力学和流体力学都有突出的贡献。1910年他给出了板的大挠度方程，至今被称为卡门方程。1913年，他组建了德国空气动力学研究所，20世纪30年代离开德国去美国。

他最早研究细长物体的阻力问题，为计算火箭与导弹的阻力提供了理论根据。1934年开展了高速飞行与喷气推进的研究。后在1939~1940年与钱学森最早给出了球壳受外压与圆柱壳受轴压失稳的非线性分析。在流体力学方面讨论了在超声速气流中细长体的阻力、可压缩流体的边界层理论，提出了用于近似计算超声速流中机翼上的压力变化的著名的卡门-钱方法。上述工作对超声速飞行产生了很大影响，根据其构思设计的 XS-1 火箭飞机在1947年10月14日超过了声速。1951年协助建立并担任北大西洋公约组织航天研究发展顾问团主席。1956~1960年任国际航空科学委员会和国际星际航行学会会长。

1963年获肯尼迪总统授予的美国第一枚国家科学勋章。

思 考 题

1. 位移法的基本未知量如何确定？基本结构如何建立？基本体系如何得到？
2. 位移法中，杆端力和杆端（结点）位移正负号如何规定？
3. 位移法典型方程的物理意义和实质是什么？位移法典型方程中各系数物理意义是什么？
4. 试述位移法求解计算步骤。

习 题

11-1 试确定位移法基本未知量数目，并绘出基本结构。

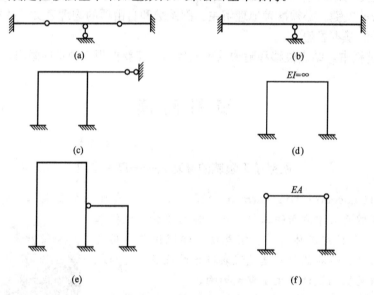

图 11.11 习题 11-1 图

11-2 试用位移法计算图示结构，绘制 M、F_S、F_N 图。

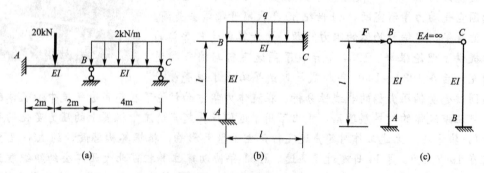

图 11.12 习题 11-2 图

11-3 试用位移法计算刚架，绘制 M 图。

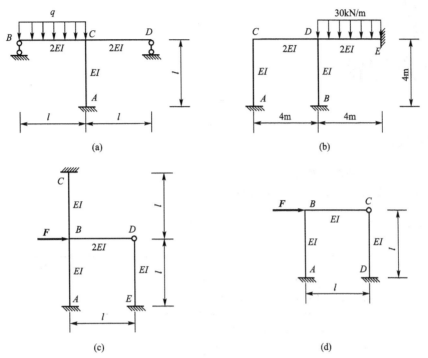

图 11.13 习题 11-3 图

11-4 试用位移法计算连续梁，$E=$ 常数，绘制弯矩图。

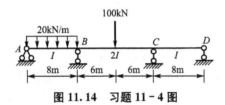

图 11.14 习题 11-4 图

11-5 试用对称性计算图示结构，绘制弯矩图。

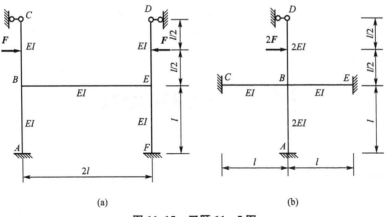

图 11.15 习题 11-5 图

第 12 章 力矩分配法

教学目标

理解力矩分配法的基本概念
熟练应用力矩分配法计算连续梁和无侧移刚架

教学要求

知识要点	能力要求	相关知识
力矩分配法的基本概念	(1) 了解力矩分配法理论基础 (2) 了解劲度系数和传递系数的概念 (3) 理解力矩分配法的求解过程	位移法
力矩分配法计算示例	(1) 熟练应用力矩分配法计算连续梁和无侧移刚架	位移法

引言

前面介绍的力法和位移法,是分析超静定结构的两种基本方法,它们都必须求解多元联立方程组。当基本未知量较多时,其计算工作将是十分繁重的。因此,从 20 世纪 30 年代起人们就开始寻找新的计算方法,力图避免组成和解算联立方程,陆续出现了各种渐进法,例如力矩分配法、无剪力分配法、迭代法。

这些方法都是以位移法为基础发展起来的渐进法,它们最大的优点是不必求解联立方程组,而且还可以直接求得杆端弯矩,运算式可以按照一定的步骤重复进行,因而比较容易掌握,适合手算。虽然,随着计算机的普及,这类手算的方法会有所减少,但是在许多场合下,仍为一种简便易行的方法。通过该法的学习加深了对结构受力的理解,对实际工程亦有一定指导意义。本章只介绍力矩分配法。

12.1 力矩分配法概述

12.1.1 力矩分配法导入

在力矩分配法中,有关计算的假定、杆端弯矩正负号的规定,以及选取基本结构,使之还原为原结构的基本思路都与位移法相同。

力矩分配法适用于连续梁和无结点线位移刚架的计算。其基本思路是在位移法分析的基础上,引入劲度系数和传递系数的概念,归纳出力矩分配法求解的基本概念。

12.1.2 劲度系数和传递系数的概念

1. 劲度系数

当杆件 AB(见图 12.1)的 A 端转动单位角位移时,A 端(又称**近端**)的杆端弯矩 M_{AB} 称为该杆端的劲度系数,用 S_{AB} 表示。它表示该杆端抵抗转动能力的大小,故又称转动刚度,其值和杆件的线刚度 $i=\dfrac{EI}{l}$ 及杆件另一端(又称**远端**)的支座情况均有关。

2. 传递系数

当 A 转动时,B 端也产生一定的弯矩,好比是近端的弯矩按一定的比例传到了远端一样,所以将 B 端弯矩与 A 端弯矩之比称为由 A 端向 B 端的传递系数,用 C_{AB} 表示,即 $C_{AB}=\dfrac{M_{BA}}{M_{AB}}$ 或 $M_{BA}=C_{AB}M_{AB}$。近端固定,远端各种支座情况等截面直杆的劲度系数和传递系数见表 12.1。值得注意的是,当 B 端为自由或为一根轴向支座链杆时,显然 A 端转动时杆件将毫无抵抗转动的能力,故其劲度系数为零。

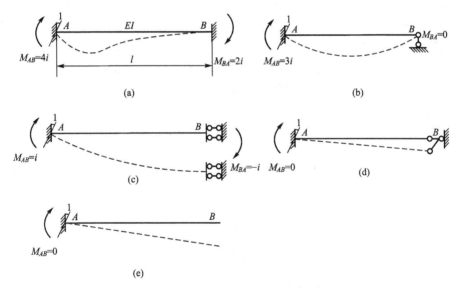

图 12.1　劲度系数和传递系数

表 12-1　各种等截面直杆的劲度系数和传递系数

远端支承情况	劲度系数 S_{AB}	传递系数 C_{AB}
固定	$4i$	0.5
铰支	$3i$	0
滑动	i	-1
自由或轴向支座链杆	0	

12.1.3 力矩分配法的基本概念

以图 12.2(a)所示刚架为例来说明。此刚架采用位移法求解时，只有一个基本未知量，即结点转角 Z_1，其典型方程为

$$r_{11}Z_1+R_{1P}=0$$

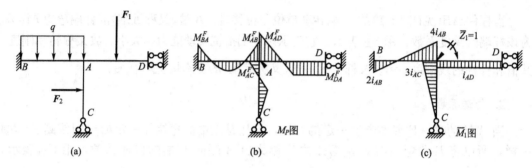

图 12.2 力矩分配法的基本概念

绘出 M_P、$\overline{M}_1$ 图，如图 12.2(b)、(c)所示，可求得自由项和系数：

$$R_{1P}=M_{AB}^F+M_{AC}^F+M_{AD}^F=\sum M_{Aj}^F \tag{12-1}$$

式中 R_{1p} 是结点固定时附加刚臂上的附加反力矩，又称刚臂反力矩，它等于汇交于结点 A 的各杆端固端弯矩的代数和 $\sum M_{Aj}^F$，也就是各杆固端弯矩所不能平衡的差额，所以又称结点上的不平衡力矩。即

$$r_{11}=4i_{AB}+3i_{AC}+i_{AD}=S_{AB}+S_{AC}+S_{AD}=\sum S_{Aj} \tag{12-2}$$

式中 $\sum S_{Aj}$ 为汇交于结点 A 的各杆端劲度系数的总和。

解典型方程得

$$Z_1=-\frac{R_{1P}}{r_{11}}=\frac{-\sum M_{Aj}^F}{\sum S_{Aj}}$$

按叠加法 $M=M_P+\overline{M}_1Z_1$ 计算各杆端的最后弯矩。各杆汇交于结点 A 的一端为近端，另一端为远端。各杆近端弯矩为

$$\left.\begin{aligned}M_{AB}&=M_{AB}^F+\frac{S_{AB}}{\sum S_{Aj}}(-\sum M_{Aj}^F)=M_{AB}^F+\mu_{AB}(-\sum M_{Aj}^F)\\M_{AC}&=M_{AC}^F+\frac{S_{AC}}{\sum S_{Aj}}(-\sum M_{Aj}^F)=M_{AC}^F+\mu_{AC}(-\sum M_{Aj}^F)\\M_{AD}&=M_{AD}^F+\frac{S_{AD}}{\sum S_{Aj}}(-\sum M_{Aj}^F)=M_{AD}^F+\mu_{AD}(-\sum M_{Aj}^F)\end{aligned}\right\} \tag{12-3}$$

式(12-3)中等号右端第一项为荷载产生的固端弯矩，第二项为结点转动 Z_1 角所产生的弯矩，这相当于把不平衡力矩反号后按劲度系数大小的比例分给近端，因此称为**分配弯矩**。而 μ_{AB}、μ_{AC}、μ_{AD} 等为分配系数，其计算公式为

$$\mu_{Aj}=\frac{S_{Aj}}{\sum S_{Aj}} \tag{12-4}$$

显然同一结点各杆分配系数之和等于 1。

各杆远端弯矩为

$$M_{BA} = M_{BA}^F + \frac{C_{AB}S_{AB}}{\sum S_{Aj}}(-\sum M_{Aj}^F) = M_{BA}^F + C_{AB}[\mu_{AB}(-\sum M_{Aj}^F)]$$
$$M_{CA} = M_{CA}^F + C_{AC}[\mu_{AC}(-\sum M_{Aj}^F)]$$
$$M_{DA} = M_{DA}^F + C_{AD}[\mu_{AD}(-\sum M_{Aj}^F)]$$
(12-5)

式(12-5)右边第一项仍是固端弯矩。第二项是由结点转动 Z_1 角所产生的弯矩，就好像是将各近端的分配弯矩按传递系数的比例传到各远端一样，故称为**传递弯矩**。

据上述分析过程可知，不必绘出 M_P、$\overline{M_1}$ 图，也不必列出典型方程，就可以直接按以上结论计算各杆端弯矩。其过程可形象地归纳为以下几步：

(1) 固定结点。加入刚臂，各杆端有固端弯矩，而结点上产生不平衡力矩，由刚臂承担。

(2) 放松结点。取消刚臂，让结点转动。这相当于在结点上加上一个等值反向的不平衡力矩，于是不平衡力矩被消除而结点获得平衡。此反号的不平衡力矩将按劲度系数大小的比例分配给各近端，于是各近端得到分配弯矩，同时各自向其远端进行传递，各远端得到传递弯矩。

(3) 原结构各杆近端弯矩等于固端弯矩加分配弯矩，各杆远端弯矩等于固端弯矩加传递弯矩。

【**例题 12.1**】 试作图 12.3(a)所示刚架的弯矩图。

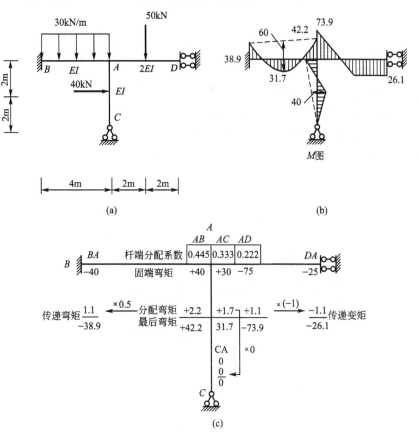

图 12.3 例题 12.1 图

解：

(1) 计算各杆端分配系数。为了计算方便，令

$i_{AB} = i_{AC} = \dfrac{EI}{4} = 1$，则 $i_{AD} = 2$。则由式(12-2)有

$$\sum S_{Aj} = 4i_{AB} + 3i_{AC} + i_{AD} = 4 \times 1 + 3 \times 1 + 2 = 9$$

由式(12-4)得

$$\mu_{AB} = \dfrac{4 \times 1}{9} = 0.445, \quad \mu_{AC} = \dfrac{3 \times 1}{9} = 0.333, \quad \mu_{AD} = \dfrac{2}{9} = 0.222$$

(2) 计算固端弯矩：

$$M_{BA}^F = -\dfrac{30\text{kN/m} \times (4\text{m})^2}{12} = -40\text{kN} \cdot \text{m}$$

$$M_{AB}^F = +\dfrac{30\text{kN/m} \times (4\text{m})^2}{12} = +40\text{kN} \cdot \text{m}$$

$$M_{AD}^F = -\dfrac{3 \times 50\text{kN} \times 4\text{m}}{8} = -75\text{kN} \cdot \text{m}$$

$$M_{DA}^F = -\dfrac{50\text{kN} \times 4\text{m}}{8} = -25\text{kN} \cdot \text{m}$$

$$M_{AC}^F = +\dfrac{3}{16} \times 40\text{kN} \times 4\text{m} = +30\text{kN} \cdot \text{m}$$

(3) 进行力矩的分配和传递。结点 A 的不平衡力矩为

$$\sum M_{Aj}^F = (+40+30-75)\text{kN} \cdot \text{m} = -5\text{kN} \cdot \text{m}$$

将其反号并乘以分配系数即得各近端的分配弯矩，再乘以传递系数即得各远端的传递弯矩。在力矩分配法中，为了使计算过程的表达更紧凑、直观，避免罗列大量计算式，整个计算可直接在图上书写(或列表计算)，如图 12.3(b)所示。

(4) 计算杆端最后弯矩。将固端弯矩和分配弯矩、传递弯矩叠加，便得到各杆端的最后弯矩。据此即可绘出刚架的弯矩图，如图 12.3(c)所示。

【例题 12.2】 试作图 12.4(a)所示连续梁的弯矩图。

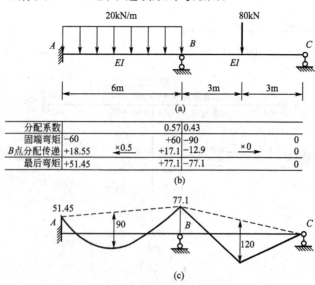

图 12.4 例题 12.2 图

解：

(1) 计算各杆端分配系数。为了计算方便，令 $i_{BA}=i_{BC}=\dfrac{EI}{6}=1$。则由式(12-2)有

$$\sum S_{Bj}=4i_{BA}+3i_{BC}=4\times1+3\times1=7$$

由式(12-4)得

$$\mu_{BA}=\frac{4\times1}{7}=0.57,\quad \mu_{BC}=\frac{3\times1}{7}=0.43$$

(2) 计算固端弯矩：

$$M_{BA}^F=-\frac{20\text{kN/m}\times(6\text{m})^2}{12}=+60\text{kN}\cdot\text{m}$$

$$M_{AB}^F=+\frac{20\text{kN/m}\times(6\text{m})^2}{12}=-60\text{kN}\cdot\text{m}$$

$$M_{BC}^F=-\frac{3\times80\text{kN}\times6\text{m}}{16}=-90\text{kN}\cdot\text{m}$$

(3) 进行力矩的分配和传递。结点 B 的不平衡力矩为

$$\sum M_{Bj}^F=(+60-90)\text{kN}\cdot\text{m}=-30\text{kN}\cdot\text{m}$$

将其反号并乘以分配系数即得各近端的分配弯矩，再乘以传递系数即得各远端的传递弯矩。如图 12.4(b)所示。

(4) 计算杆端最后弯矩。将固端弯矩和分配弯矩、传递弯矩叠加，便得到各杆端的最后弯矩。据此即可绘出连续梁的弯矩图，如图 12.4(c)所示。

12.2 用力矩分配法计算连续梁和无侧移刚架

12.1 节结合单个结点的刚架，说明了力矩分配法的基本概念。对于只有一个刚结点的简单情况，一次放松即可消除刚臂的作用，所得结果实际是精确答案。对于具有多个结点转角但无结点线位移(简称无侧移)的结构，只需依次对各结点使用上节所述方法便可求解。求解步骤是：第一步，固定所有结点，计算各杆固端弯矩、分配系数、传递系数及各结点不平衡力矩；第二步，依次轮流放松各结点，即每次只放松一个结点，其他结点仍暂时固定，这样把各结点的不平衡力矩依次轮流地进行分配、传递，直到传递弯矩小到可略去时，即可停止分配和传递。最后根据叠加原理求得结构的各杆端弯矩。下面结合具体实例来说明。

【例题 12.3】 试用力矩分配法计算图 12.5(a)所示连续梁，并绘弯矩图。

解：

1. 固定结点

1) 计算各结点的分配系数和传递系数

结点 B：

$$S_{BA}=4i_{BA}=4\times\frac{1}{6}=0.667$$

$$S_{BC}=4i_{BC}=4\times\frac{1.5}{6}=1.0$$

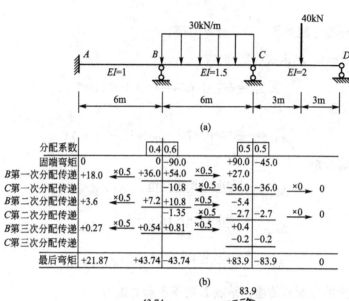

图 12.5 例题 12.3 图

所以
$$\mu_{BA}=\frac{S_{BA}}{S_{BA}+S_{BC}}=\frac{0.667}{0.667+1}=0.4, \quad C_{BA}=\frac{1}{2}$$

$$\mu_{BC}=\frac{S_{BC}}{S_{BA}+S_{BC}}=\frac{1}{0.667+1}=0.6, \quad C_{BC}=\frac{1}{2}$$

结点 C：
$$S_{BC}=4i_{BC}=4\times\frac{1.5}{6}=1$$

$$S_{CD}=3i_{CD}=3\times\frac{2}{6}=1$$

所以
$$\mu_{CB}=\frac{S_{CB}}{S_{CB}+S_{CD}}=\frac{1}{1+1}=0.5, \quad C_{CB}=\frac{1}{2}$$

$$\mu_{CD}=\frac{S_{CD}}{S_{CB}+S_{CD}}=\frac{1}{1+1}=0.5, \quad C_{CD}=0$$

2) 计算各杆的固端弯矩

$$M_{AB}^F=M_{BA}^F=M_{DC}^F=0$$

$$M_{CB}^F=-M_{BC}^F=\frac{ql^2}{12}=\frac{30\times 6^2}{12}\text{kN}\cdot\text{m}=90\text{kN}\cdot\text{m}$$

$$M_{CD}^F=-\frac{3Pl}{16}=-\frac{3\times 40\times 6}{16}\text{kN}\cdot\text{m}=-45\text{kN}\cdot\text{m}$$

3) 计算结点不平衡力矩

结点 B： $\sum M_{Bj}^F=M_{BA}^F+M_{BC}^F=-90\text{kN}\cdot\text{m}$

结点 C： $\sum M_{Cj}^F=M_{CB}^F+M_{CD}^F=45\text{kN}\cdot\text{m}$

2. 放松结点

在结点 B 和 C 轮流进行力矩分配和传递计算。为了计算时收敛速度较快，分配应从结点不平衡力矩值较大的结点开始，本例应先放松 B 结点

1) 第一次放松结点 B，结点 C 仍然固定

按单结点的力矩分配法，在结点 B 进行分配和传递。放松结点 B，相当于在结点 B 处加一不平衡力矩的负值 $[-(-90)]$ kN·m，杆端 BA 和 BC 的分配弯矩为

$$M_{BA}^{\mu}=0.4\times 90\text{kN}\cdot\text{m}=36\text{kN}\cdot\text{m}$$

$$M_{BC}^{\mu}=0.6\times 90\text{kN}\cdot\text{m}=54\text{kN}\cdot\text{m}$$

对杆端 AB 和 CB 的传递弯矩为

$$M_{AB}^{C}=\frac{1}{2}\times 36\text{kN}\cdot\text{m}=18\text{kN}\cdot\text{m}$$

$$M_{CB}^{C}=\frac{1}{2}\times 54\text{kN}\cdot\text{m}=27\text{kN}\cdot\text{m}$$

经过分配和传递，结点 B 的力矩已经平衡。

2) 再固定结点 B，第一次放松结点 C

同样按单结点力矩分配法，在结点 C 进行分配和传递。此时结点 C 的不平衡力矩除杆端 CB 和 CD 的固端弯矩，外还要加上由结点 B 放松而产生的传递弯矩，因此

$$\sum M_{Cj}^{F}=45+M_{CB}^{C}=(45+27)\text{kN}\cdot\text{m}=72\text{kN}\cdot\text{m}$$

放松结点 C 等于在结点 C 加一不平衡力矩的负值（-72kN·m）对杆端 CB 和 CD 的分配弯矩为

$$M_{CB}^{\mu}=0.5\times(-72)\text{kN}\cdot\text{m}=-36\text{kN}\cdot\text{m}$$

$$M_{CD}^{\mu}=0.5\times(-72)\text{kN}\cdot\text{m}=-36\text{kN}\cdot\text{m}$$

杆端 BC 和 CD 的传递弯矩为

$$M_{BC}^{C}=\frac{1}{2}\times(-36)=-18\text{kN}\cdot\text{m}$$

$$M_{DC}^{C}=0$$

经过分配后结点 C 的不平衡力矩已经被消除。此时结点 B 由于接受了由结点 C 传来传递弯矩 M_{BC}^{C}，使这个结点的力矩又不平衡，也就是说刚臂对结点 B 又产生了新的结点不平衡力矩，需要再次加以分配，以上称为力矩分配法的第一轮计算。

3) 第二次放松 B，再固定结点 C

这时结点 B 的不平衡力矩等于由结点 C 传来的传递弯矩，即

$$\sum M_{Bj}^{F}=-18\text{kN}\cdot\text{m}$$

杆端 BA 和 BC 的分配弯矩为

$$M_{BA}^{\mu}=0.4\times 18\text{kN}\cdot\text{m}=7.2\text{kN}\cdot\text{m}$$

$$M_{BC}^{\mu}=0.6\times 18\text{kN}\cdot\text{m}=10.8\text{kN}\cdot\text{m}$$

杆端 AB 和 CB 的传递弯矩为

$$M_{AB}^{C}=\frac{1}{2}\times 7.2\text{kN}\cdot\text{m}=3.6\text{kN}\cdot\text{m}$$

$$M_{CB}^{C}=\frac{1}{2}\times 10.8\text{kN}\cdot\text{m}=5.4\text{kN}\cdot\text{m}$$

4) 再固定结点 B，第二次放松结点 C

在节点 C 进行分配和传递，此时在结点 C 处的不平衡力矩为 $5.4\text{kN}\cdot\text{m}$。

5) 第三次放松结点 B，再固定结点 C

在结点 B 进行分配和传递，此时在结点 B 处的不平衡力矩为 $-1.35\text{kN}\cdot\text{m}$。

6) 再固定结点 B，第三次放松结点 C

在结点 C 进行分配和传递，此时结点 C 的不平衡力矩已减小到 $0.4\text{kN}\cdot\text{m}$。

可见，经过逐次在 B 和 C 进行分配和传递，各结点处不平衡力矩都已趋于很小，说明刚臂约束作用已经消失，此时结构已经接近实际状态。因此，计算工作可以停止。在进行最后一次分配后，为了使邻近结点不再产生新的不平衡力矩，就不要再向它们进行力矩传递。各轮分配和传递的计算，实际是梁由固定状态逐步接近实际状态的过程。

3. 计算杆端的最后弯矩

将各杆端的固定弯矩和屡次的分配弯矩及传递弯矩相加，即得最后弯矩。汇交结点的各杆最后杆端弯矩代数和应等于零，可以作为校核之用。

上面的全部计算过程，通常可在框图表格中进行。

【例题 12.4】 试用力矩分配法计算图 12.6(a)所示刚架，并绘弯矩图。

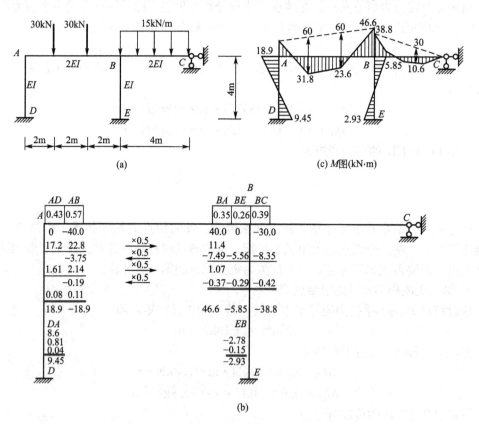

图 12.6 例题 12.4 图

解：

用力矩分配法计算无侧移刚架时与计算连续梁不同之处，只是在力矩分配和传递时，应将柱子考虑在内，所以书写的运算表格，比连续梁稍微复杂些。

（1）计算分配系数和传递系数。设 $\dfrac{EI}{4}=1$，则 $i_{AD}=1$，$i_{AB}=\dfrac{4}{3}$，$i_{BE}=1$，$i_{BC}=2$，各杆的转动刚度为

$$S_{AD}=4i_{AD}=4\times 1=4$$

$$S_{AB}=4i_{AB}=4\times \dfrac{4}{3}=\dfrac{16}{3}$$

$$S_{BA}=\dfrac{16}{3}$$

$$S_{BE}=4i_{BE}=4$$

$$S_{BC}=3i_{BC}=3\times 2=6$$

分配系数为：

结点 A
$$\mu_{AD}=\dfrac{S_{AD}}{S_{AD}+S_{AB}}=\dfrac{4}{4+16/3}=0.43$$

$$\mu_{AB}=\dfrac{S_{AB}}{S_{AD}+S_{AB}}=\dfrac{16/3}{4+16/3}=0.57$$

结点 B
$$\mu_{BA}=\dfrac{S_{BA}}{S_{BA}+S_{BC}+S_{BE}}=\dfrac{16/3}{4+6+16/3}=0.35$$

$$\mu_{BE}=\dfrac{S_{BE}}{S_{BA}+S_{BC}+S_{BE}}=\dfrac{4}{4+16/3+6}=0.26$$

$$\mu_{BC}=\dfrac{S_{BC}}{S_{BA}+S_{BC}+S_{BE}}=\dfrac{6}{4+16/3+6}=0.39$$

传递系数为
$$C_{AD}=C_{AB}=C_{BA}=C_{BE}=\dfrac{1}{2}$$

$$C_{BC}=0$$

（2）计算固端弯矩：

$$M_{BA}^{F}=-M_{AB}^{F}=\left(\dfrac{30\times 4^2\times 2}{6^2}+\dfrac{30\times 2^2\times 4}{6^2}\right)\text{kN}\cdot\text{m}=\left(\dfrac{160}{6}+\dfrac{80}{6}\right)\text{kN}\cdot\text{m}=40\text{kN}\cdot\text{m}$$

$$M_{BC}^{F}=-\dfrac{ql^2}{8}=-\dfrac{15\times 4^2}{8}\text{kN}\cdot\text{m}=-30\text{kN}\cdot\text{m}$$

（3）力矩分配和传递计算。为了缩短计算过程，从节点不平衡力矩较大的节点 A 开始放松，运算过程如图 12.6(b)所示。

（4）绘弯矩图，如图 12.6(c)所示。

小　　结

1. 力矩分配法是以位移法为理论基础。适用于求解连续梁和无侧移刚架。该法以杆端弯矩为计算对象，并且采用逐渐逼近的方法，使杆端弯矩趋于精确解。它的优点是计算时总是重复一个基本的运算过程，很容易掌握，一直为工程技术人员所应用。

2. 力矩分配法采用了固定-放松-传递的重复运算过程，它的每一步骤的物理意义都十分清楚。要深刻的理解每一步的物理意义，才能正确计算，并灵活运用。应用力矩分配法

时，要准确算出固端弯矩、分配系数、和传递系数，即力矩分配法的三要素。计算过程中要抓住下面三个环节：

(1) 根据各杆的杆端弯矩求各结点的不平衡力矩。

(2) 根据分配系数，求出各杆杆端的分配弯矩。

(3) 根据传递系数，求出传递弯矩。

3. 力矩分配法的有较快的收敛速度，通常经三、四个循环所得结果的精度就可满足工程的需要。多结点时应从结点不平衡力矩较大的开始分配。

4. 运用力矩分配法时，失误常出在正负号上，该法的正负号法则与位移法中的规定完全一致。要特别注意不平衡力矩的正负号规定，在求分配弯矩时要将不平衡力矩变号再进行分配。

资 料 阅 读

导弹之父——钱学森

钱学森，著名科学家，1911年出生于浙江杭州，1935年从清华大学赴美国留学，在麻省理工学院航空系学习，后转学到加州理工学院师从冯·卡门学习力学。1939年在美国获博士学位后留美国从事火箭研究。1950年，钱学森开始争取回归祖国，而当时美国海军次长金布尔声称："钱学森无论走到哪里，都抵得上5个师的兵力，我宁可把他击毙在美国，也不能让他离开。"钱学森由此受到美国政府迫害，遭到软禁，失去自由。经过不断努力，终于在1955年回国。此后，他受命组建我国第一个火箭、导弹研究机构——国防部第五研究院。新中国的火箭、导弹和航天事业由此起步。

钱学森是著名的力学家、航空专家与火箭专家。作为力学家，他在流体力学、固体力学、一般力学方面都有重要贡献。他提出物理力学概念，主张从物质的微观规律确定其宏观力学特性，开拓了高温高压的新领域。作为航空与航天专家，他在空气动力学、飞机火箭有关的结构力学、飞行控制方面都是造诣很深的专家。他是中国火箭、导弹与航天事业的开拓者。1991年和1999年，他先后被授予"国家杰出贡献科学家"荣誉称号和"两弹一星功勋"奖章。

思 考 题

1. 力矩分配法适用范围是什么？
2. 什么叫转动刚度？它与哪些因素有关？
3. 为什么要将结点不平衡力矩反号进行分配？说明它表示的物理意义？
4. 在力矩分配法的计算中？为什么结点不平衡力矩会越来越小？

5. 单结点分配与多结点分配有何异同？

习　题

12-1　用力矩分配法计算图示结构，并作 M 图。

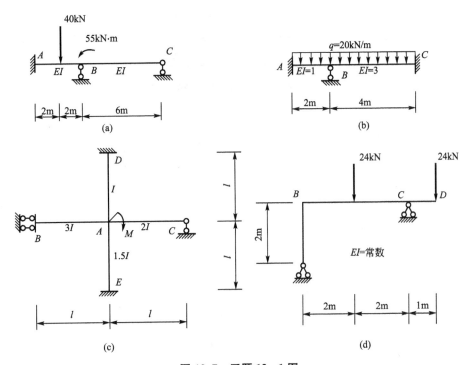

图 12.7　习题 12-1 图

12-2　用力矩分配法计算图示连续梁，并作 M 图。

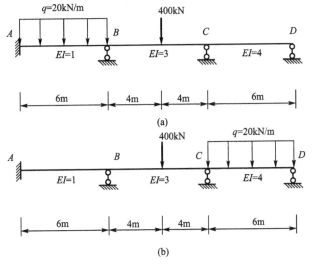

图 12.8　习题 12-2 图

12-3 用力矩分配法计算图示刚架，$EI=$ 常数，作 M 图。

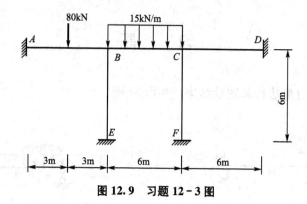

图 12.9 习题 12-3 图

附录 A
截面的几何性质

A1 截面的形心和静矩

计算杆在外力作用下的应力和变形时,用到杆横截面的几何性质,例如在杆的拉(压)计算中用到横截面的面积 A,在圆杆扭转计算中用到横截面的极惯性矩 I_P,以及在梁的弯曲计算中所用的横截面的静矩、惯性矩等。

设任意形状截面如图 A1 所示,其截面积为 A。从截面中坐标为 (x, y) 处取一面积元素 dA,则 xdA 和 ydA 分别称为该面积元素 dA 对于 y 轴和 x 轴的**静矩**,而以下积分

$$S_y = \int_A x dA, \quad S_x = \int_A y dA \quad (A-1)$$

分别定义为该截面对于 y 轴和 x 轴的静矩。上述积分应遍及整个截面的面积 A。

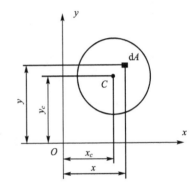

图 A1 形心和静矩

从理论力学已知,在 Oxy 坐标系中,均质等厚薄板的重心坐标为

$$x_C = \frac{\int_A x dA}{A}, \quad y_C = \frac{\int_A y dA}{A}$$

而均质薄板的重心与该薄板平面图形的形心是重合的,所以,上式可用来计算截面(见图 A1)的形心坐标。于是可将上式改写为

$$x_C = \frac{S_y}{A}, \quad y_C = \frac{S_x}{A} \quad (A-2)$$

因此,在知道截面对于 y 轴和 x 轴的静矩以后,即可求得截面形心的坐标。若将上式改写为

$$S_y = A x_C, \quad S_x = A y_C \quad (A-3)$$

则在已知截面的面积 A 及其形心的坐标 x_C,y_C 时,就可求得截面对于 y 轴和 x 轴的静矩。

由以上两式可见,若截面对于某一轴的静矩等于零,则该轴必通过截面的形心;反之,截面对通过其形心轴的静矩恒等于0。

应该注意,截面的静矩是对于一定的轴而言的,同一截面对不同坐标轴的静矩不同。静矩可能是正值或负值,也可能为 0。其量纲为 [长度]^3,常用单位为 m^3 或 mm^3。

当截面由若干简单图形例如矩形、圆形或三角形等组成时,由于简单图形的面积及其形心位置均为已知,可分别计算简单图形对该轴的静矩,然后再代数相加,即

$$S_x = \sum_{i=1}^{n} A_i y_i, \quad S_y = \sum_{i=1}^{n} A_i x_i \tag{A-4}$$

式中,A_i 和 x_i、y_i 分别代表各简单图形的面积和形心坐标;n 为简单图形的个数。

将式(A-4)代入式(A-2),可得计算组合截面形心坐标的公式,即

$$x_C = \frac{\sum_{i=1}^{n} A_i x_i}{\sum_{i=1}^{n} A_i}, \quad y_C = \frac{\sum_{i=1}^{n} A_i y_i}{\sum_{i=1}^{n} A_i} \tag{A-5}$$

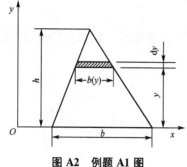

图 A2 例题 A1 图

【例题 A1】 试计算图 A2 所示三角形截面对于与其底边重合的 x 轴的静矩。

解:

取平行于 x 轴的狭长条(见图 A2)作为面积元素,即 $dA = b(y)dy$。由相似三角形关系,可知 $b(y) = \dfrac{b}{h}(h-y)$,因此有 $dA = \dfrac{b}{h}(h-y)dy$。将其代入式(A-1)的第二式,即得

$$S_x = \int_A y \, dA = \int_0^h \frac{b}{h}(h-y)y \, dy$$
$$= b\int_0^h y \, dy - \frac{b}{h}\int_0^h y^2 \, dy = \frac{bh^2}{6}$$

A2 极惯性矩、惯性矩、惯性积

设一面积为 A 的任意形状截面如图 A3 所示。从截面中坐标为 (x, y) 处取一面积元素 dA,则 dA 与其坐标原点距离平方的乘积 $\rho^2 dA$,称为面积元素对 O 点的**极惯性矩**。

而以下积分

$$I_P = \int_A \rho^2 \, dA \tag{A-6}$$

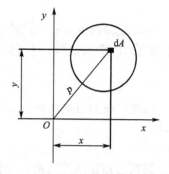

图 A3 极惯性矩、惯性矩和惯性积

定义为整个截面对于 O 点的极惯性矩。上述积分应遍及整个截面面积 A。显然,极惯性矩的数值恒为正值,其单位为 m^4 或 mm^4。

面积元素 dA 与其至 y 轴或 x 轴距离平方的乘积 $x^2 dA$ 或 $y^2 dA$,分别称为该面积元素对于 y 轴或 x 轴的**惯性矩**。而以下积分

$$I_y = \int_A x^2 \, dA, \quad I_x = \int_A y^2 \, dA \tag{A-7}$$

则分别定义为整个截面对于 y 轴和 x 轴的**惯性矩**。同样，上述积分应遍及整个截面的面积 A。

由图 A3 所示，$\rho^2 = x^2 + y^2$，故有

$$I_P = \int_A \rho^2 \mathrm{d}A = \int_A (x^2 + y^2) \mathrm{d}A = I_y + I_x \tag{A-8}$$

式(A-8)表明：截面对任意一对互相垂直轴的惯性矩之和，等于截面对该两轴交点的极惯性矩。

面积元素 $\mathrm{d}A$ 与其分别至 y 轴和 x 轴距离的乘积 $xy\mathrm{d}A$，称为该面积元素对于两坐标轴的**惯性积**。而以下积分

$$I_{xy} = \int_A xy \mathrm{d}A \tag{A-9}$$

定义为整个截面对于 x、y 两坐标轴的惯性积，其积分也应遍及整个截面的面积。

从上述定义可见，惯性矩 I_x、I_y 和惯性积 I_{xy} 都是对轴而言的，同一截面对不同轴的数值不同。极惯性矩是对点而言的。同一截面对不同点的极惯性矩值也是各不相同。惯性矩恒为正值，而惯性积则可正可负，也可能等于零。若 x、y 两坐标轴中有一个为截面的对称轴，则其惯性积 I_{xy} 恒等于零。惯性矩和惯性积的单位相同，均为 m^4 或 mm^4。

在某些应用中，将惯性矩表示为截面面积 A 与某一长度平方的乘积，即

$$I_y = i_y^2 A, \quad I_x = i_x^2 A \tag{A-10a}$$

式中，i_y 和 i_x 分别称为截面对于 y 轴和 x 轴的**惯性半径**，其单位为 m 或 mm。

当已知截面面积 A 和惯性矩 I_x、I_y 时，惯性半径即可从下式求得：

$$i_y = \sqrt{\frac{I_y}{A}}, \quad i_x = \sqrt{\frac{I_x}{A}} \tag{A-10b}$$

【例题 A2】 试计算如图 A4 所示矩形截面对于其对称轴（即形心轴）x 和 y 的惯性矩。

解：
先计算对 x 轴的惯性矩。取平行于 x 轴的阴影面积为面积元素，则

$$\mathrm{d}A = b\mathrm{d}y$$

$$I_x = \int_A y^2 \mathrm{d}A = \int_{-\frac{h}{2}}^{\frac{h}{2}} by^2 \mathrm{d}y = \frac{bh^3}{12}$$

同理，可求得对 y 轴的惯性矩为 $I_y = \frac{hb^3}{12}$。

【例题 A3】 试计算如图 A5 所示圆截面对圆心 O 的极惯性矩和其形心轴（即直径轴）的惯性矩。

解：
取图示圆环形面积为面积元素，则

$$\mathrm{d}A = 2\pi\rho\mathrm{d}\rho$$

$$I_P = \int_A \rho^2 \mathrm{d}A = \int_0^{\frac{d}{2}} 2\pi\rho^3 \mathrm{d}\rho = \frac{\pi d^4}{32}$$

由于 y、x 轴通过圆心，所以 $I_x = I_y$，由式(A-8)可得

$$I_P = I_x + I_y = 2I_x$$

即

$$I_x = I_y = \frac{I_P}{2} = \frac{\pi d^4}{64}$$

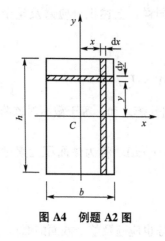
图 A4　例题 A2 图

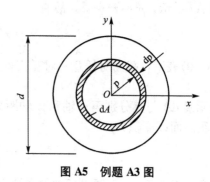
图 A5　例题 A3 图

A3　惯性矩和惯性积的平行移轴公式及转轴公式

已知，同一截面对不同坐标轴的惯性矩（惯性积）的数值是各不相同的，本节将讨论坐标轴变换时，截面对不同轴的惯性矩（惯性积）之间的关系。

A3.1　惯性矩和惯性积的平行移轴公式

设一面积为 A 的任意形状的截面，如图 A6 所示。截面对任意的 x、y 两坐标轴的惯性矩和惯性积分别为 I_x、I_y 和 I_{xy}。另外，通过截面的形心 C 有分别与 x、y 轴平行的 x_C、y_C 轴，称为**形心轴**。截面对于形心轴的惯性矩和惯性积分别为 I_{x_C}、I_{y_C} 和 $I_{x_C y_C}$。

由图 A6 可见，截面上任一面积元素 dA 在两坐标系内的坐标 (x,y) 和 (x_C,y_C) 之间的关系为

$$x = x_C + b, \quad y = y_C + a \tag{a}$$

式中，a、b 是截面形心在 Oxy 坐标系内的坐标值。将式(a)中的 y 代入式(A-7)中的第二式，可得

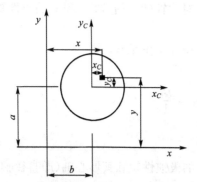
图 A6　惯性矩和惯性积的平行移轴公式

$$I_x = \int_A y^2 dA = \int_A (y_C + a)^2 dA = \int_A y_C^2 dA + 2a \int_A y_C dA + a^2 \int_A dA$$

$$= I_{x_C} + 2a S_{x_C} + a^2 A$$

因为 x_C 轴为形心轴，所以 $S_{x_C} = 0$，因此可得

$$I_x = I_{x_C} + a^2 A \tag{A-11a}$$

同理

$$I_y = I_{y_C} + b^2 A \tag{A-11b}$$

式(A-11a)称为**惯性矩的平行移轴公式**。其中，$a^2 A$ 与 $b^2 A$ 均为正值，因此，截面对通过其形心轴的惯性矩是对所有平行轴的惯性矩中的最小者。

下面求对 x、y 轴的惯性积。根据定义，截面对 x、y 轴的惯性积为

$$I_{xy} = \int_A xy\,\mathrm{d}A = \int_A (x_C+b)(y_C+a)\mathrm{d}A$$
$$= \int_A x_C y_C\,\mathrm{d}A + b\int_A y_C\,\mathrm{d}A + a\int_A x_C\,\mathrm{d}A + ab\int_A \mathrm{d}A$$
$$= I_{x_C y_C} + bS_{x_C} + aS_{y_C} + abA$$

因为 x_C、y_C 轴为形心轴，所以 $S_{x_C} = S_{y_C} = 0$，因此可得

$$I_{xy} = I_{x_C y_C} + abA \tag{A-12}$$

式(A-12)即为**惯性积的平行移轴公式**。

前式中的 a、b 均存在正负问题，其正负是以截面的形心在 Oxy 坐标系中的位置来确定的。所以移轴后的惯性积可能增加也可能减少。

应该注意，惯性矩与惯性积的平行移轴公式中，x_C，y_C 必须是形心轴，否则不能应用。

A3.2 惯性矩和惯性积的转轴公式

如图 A7 所示，截面对与任意的 x、y 两坐标轴的惯性矩和惯性积分别为 I_x、I_y 和 I_{xy}。现将 Oxy 坐标系绕坐标原点 O 逆时针转过 α 角（α 角以逆时针转向为正）得到新的坐标系 $Ox_1 y_1$。则截面对新坐标系的 I_{x_1}、I_{y_1} 和 $I_{x_1 y_1}$ 与截面对原坐标系的 I_x、I_y 和 I_{xy} 之间的关系为

$$\left.\begin{array}{l} I_{x_1} = \dfrac{I_x+I_y}{2} + \dfrac{I_x-I_y}{2}\cos 2\alpha - I_{xy}\sin 2\alpha \\[2mm] I_{y_1} = \dfrac{I_x+I_y}{2} - \dfrac{I_x-I_y}{2}\cos 2\alpha + I_{xy}\sin 2\alpha \\[2mm] I_{x_1 y_1} = \dfrac{I_x-I_y}{2}\sin 2\alpha + I_{xy}\cos 2\alpha \end{array}\right\} \tag{A-13}$$

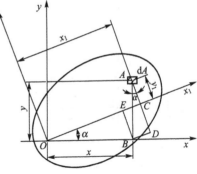

图 A7 惯性矩和惯性积的转轴公式

以上三式就是惯性矩和惯性积的**转轴公式**。

将式(A-13)中的 I_{x_1} 和 I_{y_1} 相加，可得

$$I_{x_1} + I_{y_1} = I_x + I_y \tag{A-14}$$

式(A-14)表明，截面对通过同一点的任意一对相互垂直的坐标轴的两惯性矩之和为一常数，并等于截面对该坐标原点的极惯性矩。

A4 主惯性轴和主惯性矩

由惯性积的转轴公式

$$I_{x_1 y_1} = \dfrac{I_x - I_y}{2}\sin 2\alpha + I_{xy}\cos 2\alpha$$

可知，当 α 变化时，惯性积 $I_{x_1 y_1}$ 也随之作周期性变化，且有正有负。因此，总可以找到一对坐标轴(x_0，y_0)，使截面对(x_0，y_0)轴的惯性积等于 0。截面对其惯性积等于零的一对

坐标轴，称为**主惯性轴**。截面对于主惯性轴的惯性矩，称为**主惯性矩**。当一对主惯性轴的交点与截面的形心重合时，就称为**形心主惯性轴**。截面对于形心主惯性轴的惯性矩，称为**形心主惯性矩**。

过截面上的任何一点均可找到一对惯性主轴。通过截面形心的主惯性轴，称为形心主惯性轴(简称**形心主轴**)，对形心主轴的惯性矩称为**形心主矩**。

具有对称轴的截面如矩形、工字形、圆形等，其对称轴就是形心主轴，因为对称轴既是主惯性轴(惯性积等于零)又通过截面的形心。

A5 组合截面的形心主轴与形心主惯性矩

工程计算中应用最广泛的是组合截面的形心主惯性矩。为此，必须首先确定截面的形心以及形心主轴的位置。

根据惯性矩的定义可知，组合截面关于形心主轴的惯性矩就等于各组成部分对该轴的惯性矩之和。

【**例题 A4**】 T 形截面的各部分尺寸如图 A8 所示，求截面的形心主惯性矩。

解：
(1) 首先确定形心位置：

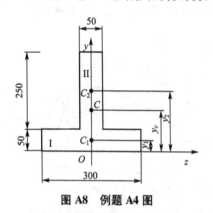

图 A8 例题 A4 图

$$y_C = \frac{\sum_{i=1}^{n} A_i y_i}{\sum_{i=1}^{n} A_i} = \frac{A_1 y_1 + A_2 y_2}{A_1 + A_2}$$

$$= \frac{300 \times 50 \times 25 + 250 \times 50 \times 175}{300 \times 50 + 250 \times 50} \text{mm}$$

$$= 93.18 \text{mm}$$

(2) 确定形心主轴。如图 A8 所示的 (y_C, z_C) 即为形心主轴。

(3) 求形心主惯性矩。形心主轴 z_C 到两个矩形形心的距离分别为

$$a_I = y_C - 25 = 68.18 \text{mm}$$
$$a_{II} = 175 - y_C = 81.82 \text{mm}$$

截面对 z_C 轴的惯性矩为两个矩形截面对 z_C 轴的惯性矩之和，即

$$I_{z_C} = I_{z_C}^I + I_{z_C}^{II} = \left(\frac{300 \times 50^3}{12} + 68.18^2 \times 300 \times 50 + \frac{50 \times 250^3}{12} + 81.82^2 \times 250 \times 50\right) \text{mm}^4$$
$$= 2.2 \times 10^8 \text{mm}^4$$

$$I_{y_C} = I_{y_C}^I + I_{y_C}^{II} = \left(\frac{500 \times 300^3}{12} + \frac{250 \times 50^3}{12}\right) \text{mm}^4 = 1.15 \times 10^8 \text{ mm}^4$$

A6 习 题

A-1 求图 A9 所示截面图形对 z 轴的静矩与形心的位置。

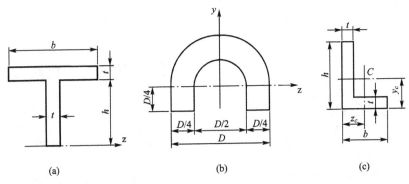

图 A9 习题 A-1 图

A-2 如图 A10 所示组合截面为两根 20a 型的普通热轧槽型钢所组成的截面，今欲使 $I_z = I_y$，试求 A（提示：计算所需数据均可由型钢表中查得）。

A-3 已知图 A11 所示的矩形截面中 I_{y_1} 及 A、h。试求 I_{y_2}，现有四种答案，试判断哪一种是正确的。

(A) $I_{y_2} = I_{y_1} + \dfrac{1}{4}bh^3$ (B) $I_{y_2} = I_{y_1} + \dfrac{3}{16}bh^3$

(C) $I_{y_2} = I_{y_1} + \dfrac{1}{16}bh^3$ (D) $I_{y_2} = I_{y_1} - \dfrac{3}{16}bh^3$

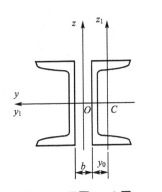

图 A10 习题 A-2 图

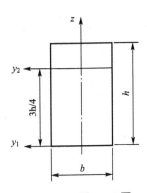

图 A11 习题 A-3 图

A-4 试求图 A12 所示正方形截面对其对角线的惯性矩。

A-5 试分别求图 A13 所示环形和箱形截面对其对称轴 x 的惯性矩。

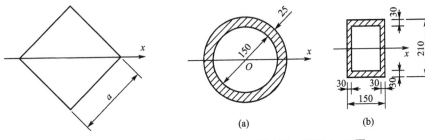

图 A12 习题 A-4 图   图 A13 习题 A-5 图

A-6 试求图 A14 所示组合截面对于形心轴 x 的惯性矩。

A-7 试求图 A15 所示各组合截面对其对称轴 x 的惯性矩。

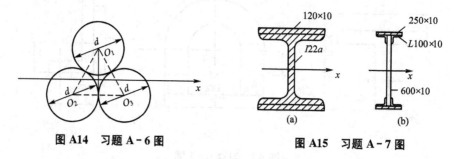

图 A14 习题 A-6 图   图 A15 习题 A-7 图

A-8 直角三角形截面斜边中点 D 处的一对正交坐标轴 x、y 如图 A16 所示，试问：
① x，y 是否为一对主惯性轴？
② 不用积分，计算其 I_x 和 I_{xy} 值。

A-9 图 A17 所示为一等边三角形中心挖去一半径为 r 的圆孔的截面。试证明该截面通过形心 A 的任一轴均为形心主惯性轴。

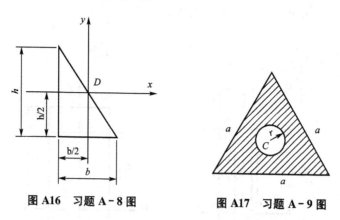

图 A16 习题 A-8 图   图 A17 习题 A-9 图

附录 B
简单荷载作用下梁的挠度和转角

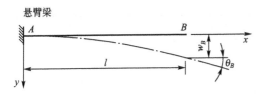

w = 沿 y 方向的挠度
$w_B = w(l)$ = 梁右端处的挠度
$\theta_B = w'(l)$ = 梁右端处

序号	梁上荷载及弯矩图	挠曲线方程	转角和挠度
1		$w = \dfrac{M_e x^2}{2EI}$	$\theta_B = \dfrac{M_e l}{EI}$ $w_B = \dfrac{M_e l^2}{2EI}$
2		$w = \dfrac{F x^2}{6EI}(3l - x)$	$\theta_B = \dfrac{F l^2}{2EI}$ $w_B = \dfrac{F l^3}{3EI}$
3		$w = \dfrac{F x^2}{6EI}(3a - x)$ $(0 \leqslant x \leqslant a)$ $w = \dfrac{F a^2}{6EI}(3x - a)$ $(a \leqslant x \leqslant l)$	$\theta_B = \dfrac{F a^2}{2EI}$ $w_B = \dfrac{F a^2}{6EI}(3l - a)$
4		$w = \dfrac{q x^2}{24EI}(x^2 + 6l^2 - 4lx)$	$\theta_B = \dfrac{q l^3}{6EI}$ $w_B = \dfrac{q l^4}{8EI}$
5		$w = \dfrac{q_0 x^2}{120 EI l}(10l^4 - 10l^2 x + 5lx^2 - x^3)$	$\theta_B = \dfrac{q_0 l^3}{24EI}$ $w_B = \dfrac{q_0 l^4}{30EI}$

(续)

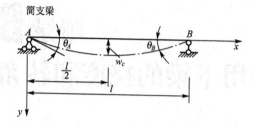

w＝沿 y 方向的挠度
$w_c = w(l/2)$＝梁的中点挠度
$\theta_A = w'(0)$＝梁左端处的转角
$\theta_B = w'(l)$＝梁右端处的转角

序号	梁上荷载及弯矩图	挠曲线方程	转角和挠度
6		$w = \dfrac{M_A x}{6EIl}(l-x)(2l-x)$	$\theta_A = \dfrac{M_A l}{3EI}$ $\theta_B = -\dfrac{M_A l}{6EI}$ $w_C = \dfrac{M_A l^2}{16EI}$
7		$w = \dfrac{M_B x}{6EIl}(l^2 - x^2)$	$\theta_A = \dfrac{M_B l}{6EI}$ $\theta_B = -\dfrac{M_B l}{3EI}$ $w_C = \dfrac{M_B l^2}{16EI}$
8		$w = \dfrac{qx}{24EI}(l^3 - 2lx^2 + x^3)$	$\theta_A = \dfrac{ql^3}{24EI}$ $\theta_B = -\dfrac{ql^3}{24EI}$ $w_C = \dfrac{5ql^4}{384EI}$
9		$w = \dfrac{q_0 x}{360EIl}(7l^4 - 10l^2 x^2 + 3x^4)$	$\theta_A = \dfrac{7q_0 l^3}{360EI}$ $\theta_B = -\dfrac{q_0 l^3}{45EI}$ $w_C = \dfrac{5q_0 l^4}{768EI}$
10		$w = \dfrac{Fx}{48EI}(3l^2 - 4x^2)\left(0 \leqslant x \leqslant \dfrac{l}{2}\right)$	$\theta_A = \dfrac{Fl^2}{16EI}$ $\theta_B = -\dfrac{Fl^2}{16EI}$ $w_C = \dfrac{Fl^3}{48EI}$

(续)

序号	梁上荷载及弯矩图	挠曲线方程	转角和挠度
11		$w = \dfrac{Fab}{6EIl}(l^2 - x^2 + b^2)$ $(0 \leqslant x \leqslant a)$ $w = \dfrac{Fb}{6EIl}\left[\dfrac{1}{b}(l-a)^2 + (l^2 - b^2)x - x^3\right]$ $(a \leqslant x \leqslant l)$	$\theta_A = \dfrac{Fab(l+b)}{6EIl}$ $\theta_B = -\dfrac{Fab(l+a)}{6EIl}$ $w_C = \dfrac{Fb(2l^2 - 4b^2)}{48EI}$ （当 $a \geqslant b$ 时）
12		$w = \dfrac{M_e x}{6EIl}(6la - 3a^2 - 2l^2 - x^2)$ $(0 \leqslant x \leqslant a)$ 当 $a = b = \dfrac{1}{2}$ 时， $w = \dfrac{M_e x}{24EIl}(l^2 - 4x^2)$ $(0 \leqslant x \leqslant l/2)$	$\theta_A = \dfrac{M_e}{6EI}(6al - 3a^2 - 2l^2)$ $\theta_B = \dfrac{M_e}{6EI}(l^2 - 3a^2)$ 当 $a = b = \dfrac{1}{2}$ 时， $\theta_A = \dfrac{M_e l}{24EI}$ $\theta_B = \dfrac{M_e l}{24EI}$, $w_C = 0$
13		$w = -\dfrac{qb^2}{24EIl}\left[2\dfrac{x^2}{b^2} - \dfrac{x}{b}\left(2\dfrac{l^2}{b^2} - 1\right)\right]$ $(0 \leqslant x \leqslant a)$ $w = -\dfrac{q}{24EIl}\left[2\dfrac{b^2 x^3}{l} - \dfrac{b^2 x}{l}(2l^2 - b^2) - (x-a)^4\right]$ $(a \leqslant x \leqslant l)$	$\theta_A = \dfrac{qb^3(2l^2 - b^2)}{24EIl}$ $\theta_A = -\dfrac{qb^2(2l - b)^2}{24EIl}$ $w_C = \dfrac{qb^5}{24EIl}\left(\dfrac{3}{4}\dfrac{l^3}{b^3} - \dfrac{1}{2}\dfrac{l}{b}\right)$ （当 $a > b$ 时） $w_C = \dfrac{qb^5}{24EIl}\left[\dfrac{3}{4}\dfrac{l^3}{b^3} - \dfrac{1}{2}\dfrac{l}{b} + \dfrac{1}{16}\dfrac{l^5}{b^5}\left(1 - \dfrac{2a}{l}\right)^4\right]$ （当 $a < b$ 时）

附录 C 型钢规格表

附表 1 热轧等边角钢（GB/T 9787—1988）

符号意义：
b——边宽度；
d——边厚度；
r——内圆弧半径；
r_1——边端内圆弧半径；
I——惯性矩；
i——惯性半径；
W——截面系数；
z_0——重心距离。

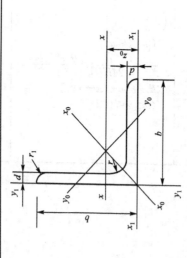

角钢号数	尺寸/mm b	尺寸/mm d	尺寸/mm r	截面面积/cm²	理论重量/(kg/m)	外表面积/(m²/m)	$x-x$ I_x/cm⁴	$x-x$ i_x/cm	$x-x$ W_x/cm³	x_0-x_0 I_{x0}/cm⁴	x_0-x_0 i_{x0}/cm	x_0-x_0 W_{x0}/cm³	y_0-y_0 I_{y0}/cm⁴	y_0-y_0 i_{y0}/cm	y_0-y_0 W_{y0}/cm³	x_1-x_1 I_{x1}/cm⁴	z_0/cm
2	20	3	3.5	1.132	0.889	0.078	0.40	0.59	0.29	0.63	0.75	0.45	0.17	0.39	0.20	0.81	0.60
2	20	4	3.5	1.459	1.145	0.077	0.50	0.58	0.36	0.78	0.73	0.55	0.22	0.38	0.24	1.09	0.64
2.5	25	3	3.5	1.432	1.124	0.098	0.82	0.76	0.46	1.29	0.95	0.73	0.34	0.49	0.33	1.57	0.73
2.5	25	4	3.5	1.859	1.459	0.097	1.03	0.74	0.59	1.62	0.93	0.92	0.43	0.48	0.40	2.11	0.76
3.0	30	3	4.5	1.749	1.373	0.117	1.46	0.91	0.68	2.31	1.15	1.09	0.61	0.59	0.51	2.71	0.85
3.0	30	4	4.5	2.276	1.786	0.117	1.84	0.90	0.87	2.92	1.13	1.37	0.77	0.58	0.62	3.63	0.89

(续)

角钢号数	尺寸/mm b	尺寸/mm d	尺寸/mm r	截面面积/cm²	理论重量/(kg/m)	外表面积/(m²/m)	$x-x$ I_x/cm⁴	$x-x$ i_x/cm	$x-x$ W_x/cm³	x_0-x_0 I_{x0}/cm⁴	x_0-x_0 i_{x0}/cm	x_0-x_0 W_{x0}/cm³	y_0-y_0 I_{y0}/cm⁴	y_0-y_0 i_{y0}/cm	y_0-y_0 W_{y0}/cm³	x_1-x_1 I_{x1}/cm⁴	z_0/cm
3.6	36	3	4.5	2.109	1.656	0.141	2.58	1.11	0.99	4.09	1.39	1.61	1.07	0.71	0.76	4.68	1.00
		4		2.756	2.163	0.141	3.29	1.09	1.28	5.22	1.38	2.05	1.37	0.70	0.93	6.25	1.04
		5		3.382	2.654	0.141	3.95	1.08	1.56	6.24	1.36	2.45	1.65	0.70	1.09	7.84	1.07
4.0	40	3	5	2.359	1.852	0.157	3.59	1.23	1.23	5.69	1.55	2.01	1.49	0.79	0.96	6.41	1.09
		4		3.086	2.422	0.157	4.60	1.22	1.60	7.29	1.54	2.58	1.91	0.79	1.19	8.56	1.13
		5		3.791	2.976	0.156	5.53	1.21	1.96	8.76	1.52	3.01	2.30	0.78	1.39	10.74	1.17
4.5	45	3	5	2.659	2.088	0.177	5.17	1.40	1.58	8.20	1.76	2.58	2.14	0.90	1.24	9.12	1.22
		4		3.486	2.736	0.177	6.65	1.38	2.05	10.56	1.74	3.32	2.75	0.89	1.54	12.18	1.26
		5		4.292	3.369	0.176	8.04	1.37	2.51	12.74	1.72	4.00	3.33	0.88	1.81	15.25	1.30
		6		5.076	3.985	0.176	9.33	1.36	2.95	14.76	1.70	4.64	3.89	0.88	2.06	18.36	1.33
5	50	3	5.5	2.971	2.332	0.197	7.18	1.55	1.96	11.37	1.96	3.22	2.98	1.00	1.57	12.50	1.34
		4		3.897	3.059	0.197	9.26	1.54	2.56	14.70	1.94	4.16	3.82	0.99	1.96	16.69	1.38
		5		4.803	3.770	0.196	11.21	1.53	3.13	17.79	1.92	5.03	4.64	0.98	2.31	20.90	1.42
		6		5.688	4.465	0.196	13.05	1.52	3.68	20.68	1.91	5.85	5.42	0.98	2.63	25.14	1.46
5.6	56	3	6	3.343	2.624	0.221	10.19	1.75	2.48	16.14	2.20	4.08	4.24	1.13	2.02	17.56	1.48
		4		4.390	3.446	0.220	13.18	1.73	3.24	20.92	2.18	5.28	5.46	1.11	2.52	23.43	1.53
5.6	56	5	6	5.415	4.251	0.220	16.02	1.72	3.97	25.42	2.17	6.42	6.61	1.10	2.98	29.33	1.57
		8	7	8.367	6.568	0.219	23.63	1.68	6.03	37.37	2.11	9.44	9.89	1.09	4.16	47.24	1.68
6.3	63	4	7	4.978	3.907	0.248	19.03	1.96	4.13	30.17	2.46	6.78	7.89	1.26	3.29	33.35	1.70
		5		6.143	4.822	0.248	23.17	1.94	5.08	36.77	2.45	8.25	9.57	1.25	3.90	41.73	1.74
		6		7.288	5.721	0.247	27.12	1.93	6.00	43.03	2.43	9.66	11.20	1.24	4.46	50.14	1.78
		8		9.515	7.469	0.247	34.46	1.90	7.75	54.56	2.40	12.25	14.33	1.23	5.47	67.11	1.85
		10		11.657	9.151	0.246	41.09	1.88	9.39	64.85	2.36	14.56	17.33	1.22	6.36	84.31	1.93
7	70	4	8	5.570	4.372	0.275	26.39	2.18	5.14	41.80	2.74	8.44	10.99	1.40	4.17	45.74	1.86
		5		6.875	5.397	0.275	32.21	2.16	6.32	51.08	2.73	10.32	13.34	1.39	4.95	57.21	1.91
		6		8.160	6.406	0.275	37.77	2.15	7.48	59.93	2.71	12.11	15.61	1.38	5.67	68.73	1.95
		7		9.424	7.398	0.275	43.09	2.14	8.59	68.35	2.69	13.81	17.82	1.38	6.34	80.29	1.99
		8		10.667	8.373	0.274	48.17	2.12	9.68	76.37	2.68	15.43	19.98	1.37	6.98	91.92	2.03

(续)

角钢号数	尺寸/mm b	d	r	截面面积/cm²	理论重量/(kg/m)	外表面积/(m²/m)	I_x/cm⁴	i_x/cm	W_x/cm³	I_{x0}/cm⁴	i_{x0}/cm	W_{x0}/cm³	I_{y0}/cm⁴	i_{y0}/cm	W_{y0}/cm³	I_{x1}/cm⁴	z_0/cm
7.5	75	5	9	7.367	5.818	0.295	39.97	2.33	7.32	63.30	2.92	11.94	16.63	1.50	5.77	70.56	2.04
		6		8.797	6.905	0.294	46.95	2.31	8.64	74.38	2.90	14.02	19.51	1.49	6.67	84.55	2.07
		7		10.160	7.976	0.294	53.57	2.30	9.93	84.96	2.89	16.02	22.18	1.48	7.44	98.71	2.11
		8		11.503	9.030	0.294	59.96	2.28	11.20	95.07	2.88	17.93	24.86	1.47	8.19	112.97	2.15
		10		14.126	11.089	0.293	71.98	2.26	13.64	113.92	2.84	21.48	30.05	1.46	9.56	141.71	2.22
8	80	5	9	7.912	6.211	0.315	48.79	2.48	8.34	77.33	3.13	13.67	20.25	1.60	6.66	85.36	2.15
		6		9.397	7.376	0.314	57.35	2.47	9.87	90.98	3.11	16.08	23.72	1.59	7.65	102.50	2.19
		7		10.860	8.525	0.314	65.58	2.46	11.37	104.07	3.10	18.40	27.09	1.58	8.58	119.70	2.23
		8		12.303	9.658	0.314	73.49	2.44	12.83	116.60	3.08	20.61	30.39	1.57	9.46	136.97	2.27
		10		15.126	11.874	0.313	88.43	2.42	15.64	140.09	3.04	24.76	36.77	1.56	11.08	171.74	2.35
9	90	6	10	10.637	8.350	0.354	82.77	2.79	12.61	131.26	3.51	20.63	34.28	1.80	9.95	145.87	2.44
		7		12.301	9.656	0.354	94.83	2.78	14.54	150.47	3.50	23.64	39.18	1.78	11.19	170.30	2.48
		8		13.944	10.946	0.353	106.47	2.76	16.42	168.97	3.48	26.55	43.97	1.78	12.35	194.80	2.52
		10		17.167	13.476	0.353	128.58	2.74	20.07	203.90	3.45	32.04	53.26	1.76	14.52	244.07	2.59
		12		20.306	15.940	0.352	149.22	2.71	23.57	236.21	3.41	37.12	62.22	1.75	16.49	293.76	2.67
10	100	6	12	11.932	9.366	0.393	114.95	3.01	15.68	181.98	3.90	25.74	47.92	2.00	12.69	200.07	2.67
		7		13.796	10.830	0.393	131.86	3.09	18.10	208.97	3.89	29.55	54.74	1.99	14.26	233.54	2.71
		8		15.638	12.276	0.393	148.24	3.08	20.47	235.07	3.88	33.24	61.41	1.98	15.75	267.09	2.76
		10		19.261	15.120	0.392	179.51	3.05	25.06	284.68	3.84	40.26	74.35	1.96	18.54	334.48	2.84
		12		22.800	17.898	0.391	208.90	3.03	29.48	330.95	3.81	46.80	86.84	1.95	21.08	402.34	2.91
		14		26.256	20.611	0.391	236.53	3.00	33.73	374.06	3.77	52.90	99.00	1.94	23.44	470.75	2.99
		16		29.627	23.257	0.390	262.53	2.98	37.82	414.16	3.74	58.57	110.89	1.94	25.63	539.80	3.06
11	110	7	12	15.196	11.928	0.433	177.16	3.41	22.05	280.94	4.30	36.12	73.38	2.20	17.51	310.64	2.96
		8		17.238	13.532	0.433	199.46	3.40	24.95	316.49	4.28	40.69	82.42	2.19	19.39	355.20	3.01
		10		21.261	16.690	0.432	242.19	3.38	30.60	384.39	4.25	49.42	99.98	2.17	22.91	444.65	3.09
		12		25.200	19.782	0.431	282.55	3.35	36.05	448.17	4.22	57.62	116.93	2.15	26.15	534.60	3.16
		14		29.056	22.809	0.431	320.71	3.32	41.31	508.01	4.18	65.31	133.40	2.14	29.14	625.16	3.24

附录C 型钢规格表

(续)

角钢号数	尺寸/mm b	尺寸/mm d	尺寸/mm r	截面面积/cm²	理论重量/(kg/m)	外表面积/(m²/m)	参 考 数 值 $x-x$ I_x/cm⁴	$x-x$ i_x/cm	$x-x$ W_x/cm³	x_0-x_0 I_{x0}/cm⁴	x_0-x_0 i_{x0}/cm	x_0-x_0 W_{x0}/cm³	y_0-y_0 I_{y0}/cm⁴	y_0-y_0 i_{y0}/cm	y_0-y_0 W_{y0}/cm³	x_1-x_1 I_{x1}/cm⁴	z_0/cm
12.5	125	8	14	19.750	15.504	0.492	297.03	3.88	32.52	470.89	4.88	53.28	123.16	2.50	25.86	521.01	3.37
		10		24.373	19.133	0.491	361.67	3.85	39.97	573.89	4.85	64.93	149.46	2.48	30.62	651.93	3.45
		12		28.912	22.696	0.491	423.16	3.83	41.17	671.44	4.82	75.96	174.88	2.46	35.03	783.42	3.53
		14		33.367	26.193	0.490	481.65	3.80	54.16	763.73	4.78	86.41	199.57	2.45	39.13	915.61	3.61
14	140	10	14	27.373	21.488	0.551	514.65	4.34	50.58	817.27	5.46	82.56	212.04	2.78	39.20	915.11	3.82
		12		32.512	25.522	0.551	603.68	4.31	59.80	958.79	5.43	96.85	248.57	2.76	45.02	1099.28	3.90
		14		37.567	29.490	0.550	688.81	4.28	68.75	1093.56	5.40	110.47	284.06	2.75	50.45	1284.22	3.98
		16		42.539	33.393	0.549	770.24	4.26	77.46	1221.81	5.36	123.42	318.67	2.74	55.55	1470.07	4.06
16	160	10	16	31.502	24.729	0.630	779.53	4.98	66.70	1237.30	6.27	109.36	321.76	3.20	52.76	1365.33	4.31
		12		37.441	29.391	0.630	916.58	4.95	78.98	1455.68	6.24	128.67	377.49	3.18	60.74	1639.57	4.39
		14		43.296	33.987	0.629	1048.36	4.92	90.95	1665.02	6.20	147.17	431.70	3.16	68.244	1914.68	4.47
		16		49.067	38.518	0.629	1175.08	4.89	102.63	1865.57	6.17	164.89	484.59	3.14	75.31	2190.82	4.55
18	180	12	16	42.241	33.159	0.710	1321.35	5.59	100.82	2100.10	7.05	165.00	542.61	3.58	78.41	2332.80	4.89
		14		48.896	38.388	0.709	1514.48	5.56	116.25	2407.42	7.02	189.14	625.53	3.56	88.38	2723.48	4.97
		16		55.467	43.542	0.709	1700.99	5.54	131.13	2703.37	6.98	212.40	698.60	3.55	97.83	3115.29	5.05
		18		61.955	48.634	0.708	1875.12	5.50	145.64	2988.24	6.94	234.78	762.01	3.51	105.14	3502.43	5.13
20	200	14	18	54.642	42.894	0.788	2103.55	6.20	144.70	3343.26	7.82	236.40	863.83	3.98	111.82	3734.10	5.46
		16		62.013	48.680	0.788	2366.15	6.18	163.65	3760.89	7.79	265.93	971.41	3.96	123.96	4270.39	5.54
		18		69.301	54.401	0.787	2620.64	6.15	182.22	4164.54	7.75	294.48	1076.74	3.94	135.52	4808.13	5.62
		20		76.505	60.056	0.787	2867.30	6.12	200.42	4554.55	7.72	322.06	1180.04	3.93	146.55	5347.51	5.69
		24		90.661	71.168	0.785	2338.25	6.07	236.17	5294.97	7.64	374.41	1381.53	3.90	166.55	6457.16	5.87

注：截面图中的 $r_1 = \frac{1}{3}d$ 及表中 r 值的数据用于孔型设计，不作交货条件。

附表 2 热轧不等边角钢(GB/T 9788—1988)

符号意义:
- B——长边宽度;
- d——边厚度;
- r_1——边端内圆弧半径;
- i——惯性半径;
- x_0——y_1 轴与 y 轴间距;
- b——短边宽度;
- r——内圆弧半径;
- I——惯性矩;
- W——截面系数;
- y_0——x_1 轴与 x 轴间距;
- u——形心主轴

角钢号数	尺寸/mm B	b	d	r	截面面积/cm²	理论重量/(kg/m)	外表面积/(m²/m)	$x-x$ I_x/cm⁴	i_x/cm	W_x/cm³	$y-y$ I_y/cm⁴	i_y/cm	W_y/cm³	x_1-x_1 I_{x1}/cm⁴	y_0/cm	y_1-y_1 I_{y1}/cm⁴	x_0/cm	$u-u$ I_u/cm⁴	i_u/cm	W_u/cm³	$\tan\alpha$
2.5/1.6	25	16	3	3.5	1.162	0.912	0.080	0.70	0.78	0.43	0.22	0.44	0.19	1.56	0.86	0.43	0.42	0.14	0.34	0.16	0.392
			4		1.499	1.176	0.079	0.88	0.77	0.55	0.27	0.43	0.24	2.09	0.90	0.59	0.46	0.17	0.34	0.20	0.381
3.2/2	32	20	3	3.5	1.492	1.171	0.102	1.53	1.01	0.72	0.46	0.55	0.30	3.27	1.08	0.82	0.49	0.28	0.43	0.25	0.382
			4		1.939	1.522	0.101	1.93	1.00	0.93	0.57	0.54	0.39	4.37	1.12	1.12	0.53	0.35	0.42	0.32	0.374
4/2.5	40	25	3	4	1.890	1.484	0.127	3.08	1.28	1.15	0.93	0.70	0.49	6.39	1.32	1.59	0.59	0.56	0.54	0.40	0.386
			4		2.467	1.936	0.127	3.93	1.26	1.49	1.18	0.69	0.63	8.53	1.37	2.14	0.63	0.71	0.54	0.52	0.381
4.5/2.8	45	28	3	5	2.149	1.687	0.143	4.45	1.44	1.47	1.34	0.79	0.62	9.10	1.47	2.23	0.64	0.80	0.61	0.51	0.383
			4		2.806	2.203	0.143	5.69	1.42	1.91	1.70	0.78	0.80	12.13	1.51	3.00	0.68	1.02	0.60	0.66	0.380
5/3.2	50	32	3	5.5	2.431	1.908	0.161	6.24	1.60	1.84	2.02	0.91	0.82	12.49	1.60	3.31	0.73	1.20	0.70	0.68	0.404
			4		3.177	2.494	0.160	8.02	1.59	2.39	2.58	0.90	1.06	16.65	1.65	4.45	0.77	1.53	0.69	0.87	0.402
5.6/3.6	56	36	3	6	2.743	2.153	0.181	8.88	1.80	2.32	2.92	1.03	1.05	17.54	1.78	4.70	0.80	1.73	0.79	0.87	0.408
			4		3.590	2.818	0.180	11.45	1.79	3.03	3.76	1.02	1.37	23.39	1.82	6.33	0.85	2.23	0.79	1.13	0.408
			5		4.415	3.466	0.180	13.86	1.77	3.71	4.49	1.01	1.65	29.25	1.87	7.94	0.88	2.67	0.78	1.36	0.404

附录C 型钢规格表

(续)

角钢号数	尺寸/mm B	b	d	r	截面面积/cm²	理论重量/(kg/m)	外表面积/(m²/m)	参 考 数 值													
								x—x			y—y			x_1-x_1		y_1-y_1		u—u			
								I_x/cm⁴	i_x/cm	W_x/cm³	I_y/cm⁴	i_y/cm	W_y/cm³	I_{x1}/cm⁴	y_0/cm	I_{y1}/cm⁴	x_0/cm	I_u/cm⁴	i_u/cm	W_u/cm³	tanα
6.3/4	63	40	4	7	4.058	3.185	0.202	16.49	2.02	3.87	5.23	1.14	1.70	33.30	2.04	8.63	0.92	3.12	0.88	1.40	0.398
			5		4.993	3.920	0.202	20.02	2.00	4.74	6.31	1.12	2.71	41.63	2.08	10.86	0.95	3.76	0.87	1.71	0.396
			6		5.908	4.638	0.201	23.36	1.96	5.59	7.29	1.11	2.43	49.98	2.12	13.12	0.99	4.34	0.86	1.99	0.393
			7		6.802	5.339	0.201	26.53	1.98	6.40	8.24	1.10	2.78	58.07	2.15	15.47	1.03	4.97	0.86	2.29	0.389
7/4.5	70	45	4	7.5	4.547	3.570	0.226	23.17	2.26	4.86	7.55	1.29	2.17	45.92	2.24	12.26	1.02	4.40	0.98	1.77	0.410
			5		5.609	4.403	0.225	27.95	2.23	5.92	9.13	1.28	2.65	57.10	2.28	15.39	1.06	5.40	0.98	2.19	0.407
			6		6.647	5.218	0.225	32.54	2.21	6.95	10.62	1.26	3.12	68.35	2.32	18.58	1.09	6.35	0.98	2.59	0.404
			7		7.657	6.011	0.225	37.22	2.20	8.03	12.01	1.25	3.57	79.99	2.36	21.84	1.13	7.16	0.97	2.94	0.402
7.5/5	75	50	5	8	6.125	4.808	0.245	34.86	2.39	6.83	12.61	1.44	3.30	70.00	2.40	21.04	1.17	7.41	1.10	2.74	0.435
			6		7.260	5.699	0.245	41.12	2.38	8.12	14.70	1.42	3.88	84.30	2.44	25.37	1.21	8.54	1.08	3.19	0.435
			8		9.467	7.431	0.244	52.39	2.35	10.52	18.53	1.40	4.99	112.50	2.52	34.23	1.29	10.87	1.07	4.10	0.429
			10		11.590	9.098	0.244	62.71	2.33	12.79	21.96	1.38	6.04	140.80	2.60	43.43	1.36	13.10	1.06	4.99	0.423
8/5	80	50	5	8	6.375	5.005	0.255	41.96	2.56	7.78	12.82	1.42	3.32	85.21	2.60	21.06	1.14	7.66	1.10	2.74	0.388
			6		7.560	5.935	0.255	49.49	2.56	9.25	14.95	1.41	3.91	102.53	2.65	25.41	1.18	8.85	1.08	3.20	0.387
			7		8.724	6.848	0.255	56.16	2.54	10.58	16.96	1.39	4.48	119.33	2.69	29.82	1.21	10.18	1.08	3.70	0.384
			8		9.867	7.745	0.254	62.83	2.52	11.92	18.85	1.38	5.03	136.41	2.73	34.32	1.25	11.38	1.07	4.16	0.381
9/5.6	90	56	5	9	7.212	5.661	0.287	60.45	2.90	9.92	18.32	1.59	4.21	121.32	2.91	29.53	1.25	10.98	1.23	3.49	0.385
			6		8.557	6.717	0.286	71.03	2.88	11.74	21.42	1.58	4.96	145.59	2.95	35.58	1.29	12.90	1.23	4.18	0.384
			7		9.880	7.756	0.286	81.01	2.86	13.49	24.36	1.57	5.70	169.66	3.00	41.71	1.33	14.67	1.22	4.72	0.382
			8		11.183	8.779	0.286	91.03	2.85	15.27	27.15	1.56	6.41	194.17	3.04	47.93	1.36	16.34	1.21	5.29	0.380
10/6.3	100	63	6	10	9.617	7.550	0.320	99.06	3.21	14.64	30.94	1.79	6.35	199.71	3.24	50.50	1.43	18.42	1.38	5.25	0.394
			7		11.111	8.722	0.320	113.45	3.29	16.88	35.26	1.78	7.29	233.00	3.28	59.14	1.47	21.00	1.38	6.02	0.393
			8		12.584	9.878	0.319	127.37	3.18	19.08	39.39	1.77	8.21	266.32	3.32	67.88	1.50	23.50	1.37	6.78	0.391
			10		15.467	12.142	0.319	153.81	3.15	23.32	47.12	1.74	9.98	333.06	3.40	85.73	1.58	28.33	1.35	8.24	0.387
10/8	100	80	6	10	10.637	8.350	0.354	107.04	3.17	15.19	61.24	2.40	10.16	199.83	2.95	102.68	1.97	31.65	1.72	8.37	0.627
			7		12.301	9.656	0.354	122.73	3.16	17.52	70.08	2.39	11.71	233.20	3.00	119.98	2.01	36.17	1.72	9.60	0.626
			8		13.944	10.946	0.353	137.92	3.14	19.81	78.58	2.37	13.21	266.61	3.04	137.37	2.05	40.58	1.71	10.80	0.625
			10		17.167	13.476	0.353	166.87	3.12	24.24	94.65	2.35	16.12	333.63	3.12	172.48	2.13	49.10	1.69	13.12	0.622

(续)

角钢号数	尺寸/mm				截面面积/cm²	理论重量/(kg/m)	外表面积/(m²/m)	参 考 数 值														
								$x-x$				$y-y$				x_1-x_1		y_1-y_1		x_0-x_0	$u-u$			
	B	b	d	r				I_x/cm⁴	i_x/cm	W_x/cm³	I_y/cm⁴	i_y/cm	W_y/cm³	I_{x1}/cm⁴	x_1/cm	I_{y1}/cm⁴	y_0/cm	x_0/cm	I_u/cm⁴	i_u/cm	W_u/cm³	tanα
11/7	110	70	6	10	10.637	8.350	0.354	133.37	3.54	17.85	42.92	2.01	7.90	265.78	3.53	69.08	1.57	1.54	25.36	1.54	6.53	0.403
			7		12.301	9.656	0.354	153.00	3.53	20.60	49.01	2.00	9.09	310.07	3.57	80.82	1.61	1.53	28.95	1.53	7.50	0.402
			8		13.944	10.946	0.353	172.04	3.51	23.30	54.87	1.98	10.25	354.39	3.62	92.70	1.65	1.53	32.45	1.53	8.45	0.401
			10		17.167	13.476	0.353	208.39	3.48	28.54	65.88	1.96	12.48	443.13	3.70	116.83	1.72	1.51	39.20	1.51	10.29	0.397
12.5/8	125	80	7	11	14.096	11.066	0.403	277.98	4.02	26.86	74.42	2.30	12.01	454.99	4.01	120.32	1.80	1.76	43.81	1.76	9.92	0.408
			8		15.989	12.551	0.403	256.77	4.01	30.41	83.49	2.28	13.56	519.99	4.06	137.85	1.84	1.75	49.15	1.75	11.18	0.407
			10		19.712	15.474	0.402	312.04	3.98	37.33	100.67	2.26	16.56	650.09	4.14	173.40	1.92	1.74	59.45	1.74	13.64	0.404
			12		23.351	18.330	0.402	364.41	3.95	44.01	116.67	2.24	19.43	780.39	4.22	209.67	2.00	1.72	69.35	1.72	16.01	0.400
14/9	140	90	8	12	18.038	14.160	0.453	365.64	4.50	38.48	120.69	2.59	17.34	730.53	4.50	195.79	2.04	1.98	70.83	1.98	14.31	0.411
			10		22.261	17.475	0.452	445.50	4.47	47.31	146.03	2.56	21.22	913.20	4.58	245.92	2.12	1.96	85.82	1.96	17.48	0.409
			12		26.400	20.724	0.451	521.59	4.44	55.87	169.79	2.54	24.95	1096.09	4.66	296.89	2.19	1.95	100.21	1.95	20.54	0.406
			14		30.456	23.908	0.451	594.10	4.42	64.18	192.10	2.51	28.54	1279.26	4.74	348.82	2.27	1.94	114.3	1.94	23.52	0.403
16/10	160	100	10	13	25.315	19.872	0.512	668.69	5.14	62.13	205.03	2.85	26.56	1362.89	5.24	336.59	2.28	2.19	121.74	2.19	21.92	0.390
			12		30.054	23.592	0.511	784.91	5.11	73.49	239.06	2.82	31.28	1635.56	5.32	405.94	2.36	2.17	142.33	2.17	25.79	0.388
			14		34.709	27.247	0.510	896.30	5.08	84.56	271.20	2.80	35.83	1908.50	5.40	476.42	2.43	2.16	162.23	2.16	29.56	0.385
			16		39.281	30.835	0.510	1003.04	5.05	95.33	301.60	2.77	40.24	2181.79	5.48	548.22	2.51	2.16	182.57	2.16	33.44	0.382
18/11	180	110	10	14	28.373	22.273	0.571	956.25	5.80	78.96	278.11	3.13	32.49	1940.40	5.89	447.22	2.44	2.42	166.50	2.42	26.88	0.376
			12		33.712	26.464	0.571	1124.72	5.78	93.53	325.03	3.10	38.32	2328.38	5.98	538.94	2.52	2.40	194.87	2.40	31.66	0.374
			14		38.967	30.589	0.570	1286.91	5.75	107.76	369.55	3.08	43.97	2716.60	6.06	631.95	2.59	2.39	222.30	2.39	36.32	0.372
			16		44.139	34.649	0.569	1443.06	5.72	121.64	411.85	3.06	49.44	3105.15	6.14	726.46	2.67	2.38	248.94	2.38	40.87	0.369
20/12.5	200	125	12	14	37.912	29.761	0.641	1570.90	6.44	116.73	483.16	3.57	49.99	3193.85	6.54	787.74	2.83	2.74	285.79	2.74	41.23	0.392
			14		43.867	34.436	0.640	1800.97	6.41	134.65	550.83	3.54	57.44	3726.17	6.02	922.47	2.91	2.73	326.58	2.73	47.34	0.390
			16		49.739	39.045	0.639	2023.35	6.38	152.18	615.44	3.52	64.69	4258.86	6.70	1058.86	2.99	2.71	366.21	2.71	53.32	0.388
			18		55.526	43.588	0.639	2238.30	6.35	169.33	677.19	3.49	71.74	4792.00	6.78	1197.13	3.06	2.70	404.83	2.70	59.18	0.385

注:1. 括号内型号不推荐使用。

2. 截面图中的 $r_1 = \frac{1}{3}d$ 及表中 r 的数据用于孔型设计, 不作交货条件。

附表 3 热轧工字钢(GB/T 706—1988)

符号意义：
h——高度；
b——腿宽度；
d——腰厚度；
t——平均腿厚度；
r——内圆弧半径；
r_1——腿端圆弧半径；
I——惯性矩；
W——截面系数；
i——惯性半径；
S——半截面的静力矩。

型号	尺寸/mm						截面面积/cm²	理论重量/(kg/m)	参 考 数 值							
									$x-x$				$y-y$		
	h	b	d	t	r	r_1			I_x/cm⁴	W_x/cm³	i_x/cm	$i_x:S_x$/cm	I_y/cm⁴	W_y/cm³	i_y/cm
10	100	68	4.5	7.6	6.5	3.3	14.3	11.2	245	49	4.14	8.59	33	9.72	1.52
12.6	126	74	5	8.4	7	3.5	18.1	14.2	488.43	77.529	5.195	10.85	46.906	12.677	1.609
14	140	80	5.5	9.1	7.5	3.8	21.5	16.9	712	102	5.76	12	64.4	16.1	1.73
16	160	88	6	9.9	8	4	26.1	20.5	1130	141	6.58	13.8	93.1	21.2	1.89
18	180	94	6.5	10.7	8.5	4.3	30.6	24.1	1660	185	7.36	15.4	122	26	2
20a	200	100	7	11.4	9	4.5	35.5	27.9	2370	237	8.15	17.2	158	31.5	2.12
20b	200	102	9	11.4	9	4.5	39.5	31.1	2500	250	7.96	16.9	169	33.1	2.06
22a	220	110	7.5	12.3	9.5	4.8	42	33	3400	309	8.99	18.9	225	40.9	2.31
22b	220	112	9.5	12.3	9.5	4.8	46.4	36.4	3570	325	8.78	18.7	239	42.7	2.27
25a	250	116	8	13	10	5	48.5	38.1	5023.54	401.88	10.18	21.58	280.046	48.283	2.403
25b	250	118	10	13	10	5	53.5	42	5283.96	422.72	9.938	21.27	309.297	52.423	2.404
28a	280	122	8.5	13.7	10.5	5.3	55.45	43.4	7114.14	508.15	11.32	24.62	345.051	56.565	2.495
28b	280	124	10.5	13.7	10.5	5.3	61.05	47.9	7480	534.29	11.08	24.24	379.496	61.209	2.493

(续)

型号	尺寸/mm						截面面积/cm^2	理论重量/(kg/m)	参考数值						
									$x-x$				$y-y$		
	h	b	d	t	r	r_1			I_x/cm^4	W_x/cm^3	i_x/cm	S_x/cm	I_y/cm^4	W_y/cm^3	i_y/cm
32a	320	130	9.5	15	11.5	5.8	67.05	52.7	11075.5	692.2	12.84	27.46	459.93	70.758	2.619
32b	320	132	11.5	15	11.5	5.8	73.45	52.7	11621.4	726.33	12.58	27.09	501.53	75.989	2.614
32c	320	134	13.5	15	11.5	5.8	79.95	62.8	12167.5	760.47	12.34	26.77	543.81	81.166	2.608
36a	360	136	10	15.8	12	6	76.3	59.9	15760	875	14.4	30.7	552	81.2	2.69
36b	360	138	12	15.8	12	6	83.5	65.6	16530	919	14.1	30.3	582	84.3	2.64
36c	360	140	14	15.8	12	6	90.7	71.2	17310	962	13.8	29.9	612	87.4	2.6
40a	400	142	10.5	16.5	12.5	6.3	86.1	67.6	21720	1090	15.9	34.1	660	93.2	2.77
40b	400	144	12.5	16.5	12.5	6.3	94.1	73.8	22780	1140	15.6	33.6	692	96.2	2.71
40c	400	146	14.5	16.5	12.5	6.3	102	80.1	23850	1190	15.2	33.2	727	99.6	2.65
45a	450	150	11.5	18	13.5	6.8	102	80.4	32240	1430	17.7	38.6	855	114	2.89
45b	450	152	13.5	18	13.5	6.8	111	87.4	33760	1500	17.4	38	894	118	2.84
45c	450	154	15.5	18	13.5	6.8	120	94.5	35280	1570	17.1	37.6	938	122	2.79
50a	500	158	12	20	14	7	119	93.6	46470	1860	19.7	42.8	1120	142	3.07
50b	500	160	14	20	14	7	129	101	48560	1940	19.4	42.4	1170	146	3.01
50c	500	162	16	20	14	7	139	109	50640	2080	19	41.8	1220	151	2.96
56a	560	166	12.5	21	14.5	7.3	135.25	106.2	65585.6	2342.31	22.02	47.73	1370.16	165.08	3.182
56b	560	168	14.5	21	14.5	7.3	146.45	115	68512.5	2446.69	21.63	47.17	1486.75	174.25	3.162
56c	560	170	16.5	21	14.5	7.3	157.85	123.9	71439.4	2551.41	21.27	46.66	1558.39	183.34	3.158
63a	630	176	13	22	15	7.5	154.9	121.6	93916.2	2981.47	24.62	54.17	1700.55	193.24	3.314
63b	630	178	15	22	15	7.5	167.5	131.5	98083.6	3163.38	24.2	53.51	1812.07	203.6	3.289
63c	630	180	17	22	15	7.5	180.1	141	102251.1	3298.42	23.82	52.92	1924.91	213.88	3.268

注：截面图和表中标注的圆弧半径 r、r_1 的数据用于孔型设计，不作交货条件。

附录 D
习 题 答 案

第 1 章（略）

第 2 章

2-1　$F_D = F_C = \dfrac{F}{2}$

2-2　$F_R = 5\text{kN}$，$\angle(\boldsymbol{F}_R, \boldsymbol{F}_1) = 38°28'$

2-3　$F_{AB} = 2.73\text{kN}(\text{拉力})$，$F_{AC} = -5.28\text{kN}(\text{压力})$

2-4　$\varphi = 0.5\pi - 2\alpha$，$OA = l\sin\alpha$

2-5　$F_A = \dfrac{\sqrt{5}}{2}F$，方向由 C 指向 A，$F_D = \dfrac{F}{2}(\uparrow)$

2-6　$F_1 : F_2 = 0.644$

2-7　$F_A = F_B = \dfrac{\sqrt{2}M}{a}$，方向由 A 指向 C 成 45°

2-8　$F_A = \dfrac{\sqrt{2}}{2}F$，$F_D = \dfrac{\sqrt{2}}{2}F$

2-9　$M = F_R$，$F_{ox} = -F\tan\alpha$，$F_{oy} = -F$，$F_{AB} = \dfrac{F}{\cos\alpha}$，$F_N = F\tan\alpha$

2-10　$M_2 = 3\text{N}\cdot\text{m}$，$F_{BC} = 5\text{N}$

2-11　$F_D = \dfrac{M}{l}(\downarrow)$，$F_E = \sqrt{\dfrac{7}{3}}\dfrac{M}{l}$

2-12　$F'_R = 466.5\text{N}$，$M_O = 21.44\text{N}\cdot\text{m}$　$F_R = 466.5\text{N}$，$d = 45.96\text{mm}$

2-13　(a) $F_A = \dfrac{15}{4}\text{kN}(\uparrow)$，$F_B = -\dfrac{1}{4}\text{kN}(\downarrow)$；(b) $F_{Ax} = 0$，$F_{Ay} = 17\text{kN}(\uparrow)$，$M_A = 43\text{kN}\cdot\text{m}$

2-14　$P_2 = 333.3\text{kN}$，$x = 6.75\text{m}$

2-15　$F_{BC} = 848.5\text{N}$，$F_{Ax} = 2400\text{N}$，$F_{Ay} = 1200\text{N}$

2-16　(a) $F_{Ax} = 0$，$F_{Ay} = 6\text{kN}$，$M_A = 32\text{kN}\cdot\text{m}$，$F_{NC} = 18\text{kN}$
　　　(b) $F_{Ax} = 0$，$F_{Ay} = F_{NF} = 36\text{kN}$，$F_{NB} = F_{NE} = 64\text{kN}$

2-17　$F_{TAB} = \dfrac{3}{4}ql$，$F_{Cx} = \dfrac{3}{4}ql$，$F_{Cy} = 0$

2-18　$F_{Ax} = \dfrac{3}{8}P_2\sin 2\alpha$，$F_{Ay} = \dfrac{1}{4}\left[P_1 - 2P_2\left(1 - \dfrac{3}{4}\sin^2\alpha\right)\right]$

　　　$F_{NE} = \dfrac{3}{4}P_2\sin\alpha$，$F_{NC} = \dfrac{3}{4}\left[P_1 + 2P_2\left(1 - \dfrac{3}{4}\sin^2\alpha\right)\right]$

2-19　$F_{ND}=8.333\text{kN}$, $F_{Ax}=0$, $F_{Ay}=51.667\text{kN}$, $M_A=300\text{kN}\cdot\text{m}$

2-20　$F_{Ax}=0$, $F_{Ay}=F_{By}=-\dfrac{M}{2a}$, $F_{Dx}=0$, $F_{Dy}=\dfrac{M}{a}$, $F_{Bx}=0$

2-21　$F_{Cx}=-\dfrac{b}{a}F$, $F_{Cy}=2F$

2-22　(a) $F_{Ax}=F_{Ay}=0$, $F_{Bx}=-50\text{kN}$, $F_{By}=100\text{kN}$
　　　(b) $F_{Ax}=20\text{kN}$, $F_{Ay}=70\text{kN}$, $F_{Bx}=-20\text{kN}$, $F_{By}=50\text{kN}$

2-23　(a) $F_1=-F_4=2P$, $F_2=-F_6=-2.24P$, $F_3=P$, $F_5=0$
　　　(b) $F_{AC}=F_{CG}=F_{GK}=F_{BD}=F_{DH}=F_{HK}=-10\text{kN}(压)$, 其余杆为零。

2-24　$F_{DC}=-0.866F$

2-25　$F_1=-\dfrac{4}{9}F(压)$, $F_2=-\dfrac{2}{3}F(压)$, $F_3=0$

2-26　$F_1=0(拉)$, $F_2=\sqrt{2}F(拉)$, $F_3=5F(拉)$

2-27　$\dfrac{\sin\alpha-f\cos\alpha}{\cos\alpha+f\sin\alpha}F_1\leqslant F_2\leqslant\dfrac{\sin\alpha+f\cos\alpha}{\cos\alpha-f\sin\alpha}F_1$

第 3 章

3-1　(a) $F_{N1}=50\text{kN}$, $F_{N2}=10\text{kN}$, $F_{N3}=-20\text{kN}$
　　　(b) $F_{N1}=F$, $F_{N2}=0$, $F_{N3}=F$
　　　(c) $F_{N1}=0$, $F_{N2}=4F$, $F_{N3}=3F$
　　　(d) $F_{N1}=F$, $F_{N2}=-2F$

3-2　$F_{N1}=-20\text{kN}$, $\sigma=-100\text{MPa}$
　　　$F_{N2}=-10\text{kN}$, $\sigma=-33.3\text{MPa}$
　　　$F_{N3}=10\text{kN}$, $\sigma=25\text{MPa}$

3-3　$\sigma_{AB}=25\text{MPa}$, $\sigma_{BC}=-41.7\text{MPa}$, $\sigma_{AC}=33.3\text{MPa}$, $\sigma_{CD}=-25\text{MPa}$

3-4　$\Delta_D=\dfrac{Fl}{3EA}$

3-5　① 7.14；② 7.14；③ $\sigma_{ste}=-200\text{MPa}$, $\sigma_{com}=-28\text{MPa}$

3-6　① $x=0.6\text{m}$；② $F=200\text{kN}$

3-7　① $\sigma=735\text{MPa}$；② $\Delta=83.7\text{mm}$；③ $F=96.4\text{kN}$

3-8　(a) 图：② $\sigma_{AB}=95.5\text{MPa}$, $\sigma_{BC}=113\text{MPa}$；③ $\Delta l=1.06\text{mm}$
　　　(b) 图：② $\sigma_{AB}=44.1\text{MPa}$, $\sigma_{BC}=-18.1\text{MPa}$；③ $\Delta l=0.0881\text{mm}$

3-9　杆 AB：2L100×10；杆 AD：2L80×6

3-10　$\Delta l_{AC}=2.947\text{mm}$, $\Delta l_{AD}=5.286\text{mm}$

3-11　$\Delta l_{CD}=-1.003\dfrac{\mu F}{4E\delta}$

3-12　② $F=13.75\text{kN}$；③ $\delta=29.99\text{mm}$

3-13　$F_{N1}=-30\text{kN}$, $\sigma_1=-0.75\text{MPa}$
　　　$F_{N2}=-20\text{kN}$, $\sigma_2=-1\text{MPa}$

3-14　螺栓内径 $d_1\geqslant 22.6\text{mm}$

3-15　$[P]=51.2\text{kN}$

第 4 章

4-1 略

4-2 最大正扭矩 $T=0.860$ kN·m，最大负扭矩 $T=2.006$ kN·m

4-3 $m=0.0135$ kN·m/m

4-4 ① $\tau_{max}=46.6$ MPa；② $P=71.8$ kN

4-5 ① $\tau_{max}=69.8$ MPa；② $\varphi_{CA}=2°$

4-6 $\varphi_B=\dfrac{M_e l^2}{2GI_p}$

4-7 $\mu=0.3$

4-8 $E=216$ GPa，$G=81.8$ GPa，$\mu=0.32$

4-9 $d\geqslant 393.$ mm，$d_1\leqslant 24.7$ mm，$d_2\geqslant 41.2$ mm

4-10 $d\geqslant 74.4$ mm

4-11 ①$d_1\geqslant 84.6$ mm，$d_2\geqslant 74.5$ mm；②$d\geqslant 84.6$ mm；③主动轮 1 放在从动轮 2、3 之间比较合理

4-12 $F=226$ kN

4-13 $t=95.5$ mm

4-14 $\tau=66.3$ MPa，$\sigma_{bs}=102$ MPa

4-15 $\tau=52.6$ MPa，$\sigma_{bs}=90.9$ MPa，$\sigma=166.7$ MPa

第 5 章

5-1

(a) $F_{S1}=0$，$M_1=-2$ kN·m，$F_{S2}=-5$ kN，$M_2=-12$ kN·m

(b) $F_{S1}=-qa$，$M_1=-qa^2$，$F_{S2}=-qa$，$M_2=-3qa^2$，$F_{S3}=-2qa$，$M_3=-4.5qa^2$

(c) $F_{S1}=4$ kN，$M_1=4$ kN·m，$F_{S2}=4$ kN，$M_2=-6$ kN·m

(d) $F_{S1}=-1.67$ kN，$M_1=5$ kN·m

5-2

(a) 最大负剪力 6 kN；最大负弯矩 6 kN·m

(b) 最大正剪力 0；最大负剪力 0；最大负弯矩 5 kN·m

(c) 最大负剪力 $\dfrac{1}{2}q_0 l$；最大负弯矩 $\dfrac{1}{6}q_0 l^2$

(d) 最大负剪力 22 kN；最大正弯矩 6 kN·m

(e) 最大正剪力 F；最大负剪力 F；最大正弯矩 Fa

(f) 最大正剪力 qa；最大负剪力 $\dfrac{1}{8}qa$；最大正弯矩 $\dfrac{1}{2}qa^2$

5-3

(a) 最大正剪力 5 kN；最大负弯矩：10 kN·m

(b) 最大正剪力 15 kN；最大负弯矩：25 kN·m

(c) 最大正剪力 $\dfrac{3}{2}qa$；最大负剪力：$\dfrac{3}{2}qa$；最大正弯矩 $\dfrac{21}{8}qa^2$

(d) 最大负剪力 $\dfrac{M_e}{3a}$；最大负弯矩 $2M_e$

(e) 最大正剪力 2kN；最大负剪力 14kN；最大正弯矩 4.5kN·m；最大负弯矩 20kN·m

(f) 最大正剪力 25kN；最大负剪力 25kN；最大正弯矩 40kN·m；

(g) 最大正剪力 $\dfrac{11}{16}F$；最大负剪力 $\dfrac{11}{16}F$；最大正弯矩 $\dfrac{5}{16}Fa$；最大负弯矩 $\dfrac{3}{8}Fa$

(h) 最大正剪力 $\dfrac{2}{3}$kN；最大正弯矩 0.5132kN·m；

(i) 最大正剪力 280kN；最大负剪力 280kN；最大正弯矩 545kN·m；

(j) 最大正剪力 $\dfrac{2}{3}F$；最大负剪力 F；最大正弯矩 $\dfrac{1}{3}Fa$；最大负弯矩 Fa

(k) 最大正剪力 $\dfrac{11}{6}qa$；最大负剪力 $\dfrac{7}{6}qa$；最大正弯矩 $\dfrac{49}{72}qa^2$；最大负弯矩 qa^2

(l) 最大正剪力 $2qa$；最大正弯矩 qa^2

(m) 最大正剪力 110kN；最大正弯矩 151.25kN·m；

(n) 最大正剪力 50kN；最大正弯矩 42.5kN·m；

5-4

(a) 最大正剪力 qa；最大负剪力 qa；最大正弯矩 $\dfrac{1}{2}qa^2$；最大负弯矩 qa^2

(b) 最大正剪力 0；最大负剪力 qa；最大正弯矩 0；最大负弯矩 qa^2

(c) 最大正剪力 $\dfrac{3}{2}qa$；最大负剪力 $\dfrac{1}{2}qa$；最大正弯矩 0；最大负弯矩 qa^2

(d) 最大正剪力 qa；最大负剪力 qa；最大正弯矩 qa^2；最大负弯矩 $\dfrac{1}{2}qa^2$

5-5

(a) 最大正弯矩 $\dfrac{3}{2}Fa$

(b) 最大负弯矩 qa^2

(c) 最大负弯矩 $\dfrac{1}{2}qa^2$

(d) 最大负弯矩 qa^2

5-6

(a) $M_{AB}=\dfrac{3}{2}qa^2$（内侧受拉）

(b) $M_{CB}=80$kN·m（内侧受拉），$F_{SCB}=20$kN

(c) $M_{CA}=\dfrac{ql^2}{2}$kN·m（外侧受拉）

(d) $M_{CA}=300$kN·m（外侧受拉），$F_{SCA}=-70$kN

(e) $M_{DB}=25$kN·m(内侧受拉)
(f) $M_{CB}=0$
(g) $M_{CB}=290$kN·m(内侧受拉),$F_{SCB}=180$kN
(h) $M_{DB}=0.36$kN·m(内侧受拉)

5-7
(a) $F_N=F\sin\varphi$,$F_S=-F\cos\varphi$,$M=FR\sin\varphi$ 最大弯矩 FR 下方受拉
(b) $F_N=F\cos\varphi$,$F_S=-F\sin\varphi$,$M=FR(1-\cos\varphi)$ 最大弯矩 FR 上方受拉

5-8 $F=47.4$kN

5-9 $[F]=28.9$kN

5-10 $\Delta l=\dfrac{ql^3}{2bh^2E}$

5-11 $b\geqslant 61.5$mm,$h\geqslant 184.5$mm

5-12 $\dfrac{h}{b}=\sqrt{2}$,$d_{\min}=227$mm

5-13 $a=1.385$mm

5-14 $\sigma_{c,\max}=30.2$MPa,$\sigma_{t,\max}=30.2$MPa

5-15 实心轴 $\sigma_{\max}=159$MPa,空心轴 $\sigma_{\max}=93.6$MPa,空心轴截面比实心轴截面的最大正应力减少了 41%

5-16 $[F]=44.3$kN

5-17 截面横放时梁内的最大正应力为 3.91MPa;横放时梁内的最大正应力为 1.95MPa

5-18 $[q]=15.68$kN/m

5-19 $\sigma_{\max}=7.05$MPa,$\tau_{\max}=0.478$MPa

5-20 $h\geqslant 208$mm,$b\geqslant 138.7$mm

5-21 选 120a

5-22 $\theta_A=\dfrac{7q_0l^3}{360EI}$,$\theta_B=-\dfrac{q_0l^3}{45EI}$,$w_{\max}=0.00652\dfrac{q_0l^4}{EI}$

5-23 $\theta_A=-\dfrac{5ql^3}{48EI}$,$\theta_B=-\dfrac{ql^3}{24EI}$,$w_A=\dfrac{ql^4}{24EI}$,$w_D=-\dfrac{ql^4}{384EI}$

5-24 $w_B=\dfrac{2Fl^3}{9EI}$

5-25 $x=0.152l$,$x=\dfrac{l}{6}$

5-26 $I_z=101.5\times 10^6$mm^4;选 No.32 工字钢

5-27 $d=190$mm

5-28 略

5-29 $M_2=2M_1$

第 6 章

6-1 ①略;②$\sigma_{\max}=9.84$MPa;③$w=0.602$cm

6-2 ①$b=9$cm,$h=18$cm;②$w=1.97\times 10^{-2}$cm,$\alpha=81.1°$

6-3　最大压应力 5.29MPa，最大拉应力 5.09MPa

6-4　最大正应力 94.9MPa（压）

6-5　$\sigma_{max}=150.69$MPa

6-6　$d=122$mm

6-7　略

6-8　$\sigma_1=33.5$MPa，$\sigma_3=-9.95$MPa，$\tau_{max}=21.7$MPa

6-9　$\delta=2.65\times10^{-3}$m

6-10　$F=788$N

6-11　略

第 7 章

7-1　图(a)所示柱的 F_{α} 小于图(b)所示图；图(a)所示柱的 μ 即大于 2

7-2　图(e)所示杆 F_{α} 最小，图(f)所示杆 F_{α} 最大

7-3　加强后压杆的欧拉公式为 $F_{\alpha}\approx\dfrac{\pi^2 EI}{(1.26l)^2}$

7-4　$F_{\alpha}=595$kN，$F_{\alpha}=303$kN（反向时）

7-5　$l/D=65$，$F_{\alpha}=47.37D^2$

7-6　$F_{\alpha}=36.1\dfrac{EI}{l^2}$

7-7　$\theta=\arctan(\cot^2\beta)$

7-8　$[F]=302.4$kN

7-9　$[F]=180$kN

7-10　$\sigma=0.58$MPa$<\varphi[\sigma]=0.6$MPa

7-11　$d=193.7$mm

7-12　$[F]=15.5$kN

7-13　$F_N\approx120$kN，$\lambda_{CD}=103$，$\sigma_{CD}=97.8$MPa$>\varphi[\sigma]=91.1$MPa，CD 柱不稳定

7-14　$[F]=7.5$kN

7-15　$F_{\alpha}=\dfrac{3\pi^2 EI}{4l^2}$

7-16　杆(1)$\sigma=67.5$MPa$<[\sigma]$；杆(2)$n=2.87>n_{st}$，能安全工作

7-17　AB 梁 $\sigma_{max}=129$MPa$<[\sigma]$，CD 杆 $n=1.75<n_{st}$，稳定性不够

第 8 章

8-1　(a) 几何不变无多余联系，(b) 几何不变无多余联系
　　　(c) 几何不变无多余联系，(d) 几何不变无多余联系
　　　(e) 几何不变无多余联系，(f) 几何不变无多余联系
　　　(g) 几何不变两个多余联系，(h) 瞬变体系
　　　(i) 几何不变无多余联系，(j) 几何不变无多余联系
　　　(k) 几何可变，(l) 几何不变两个多余联系

第 9 章

9-1 $\theta_A = \frac{ML}{6EI}(\curvearrowleft)$, $\theta_B = -\frac{ML}{3EI}(\curvearrowright)$, $f_c = -\frac{ML^2}{16EI}(\downarrow)$

9-3 $\varphi_c = \frac{7qL^3}{48EI}(\curvearrowleft)$, $\Delta_{cy} = \frac{41qL^4}{384EI}(\downarrow)$

9-4 $\Delta_{cy} = \frac{qL^4}{128EI}(\downarrow)$

9-5 $\Delta_{cy} = \frac{680 \text{kN} \cdot \text{m}^3}{3EI}(\downarrow)$

9-6 $\varphi_B = \frac{19qL^3}{24EI}(\curvearrowright)$

9-7 $\Delta_{Bx} = \frac{Fa}{EA}(\rightarrow)$, $\Delta_{cx} = \frac{(2\sqrt{2}+1)Fa}{2EA}(\rightarrow)$

9-8 $\Delta_{1y} = \frac{5Fa}{2EA}(\downarrow)$

9-9 $\Delta_y = \frac{FL^3}{16EI}(\downarrow)$

9-10 $\Delta_y = \frac{23FL^3}{3EI}(\downarrow)$

9-11 $\varphi = \frac{qL^3}{6EI}(\curvearrowleft)$

9-12 $\varphi = \frac{qL^3}{48EI}(\curvearrowleft)$

9-13 $15\alpha L(\uparrow)$

9-14 $\frac{Hb}{L}(\rightarrow)$

9-15 $1.13 \text{mm}(\downarrow)$

9-16 $F_B = \frac{4F}{15}(\uparrow)$

第 10 章

10-1 (a) 3, (b) 2
(c) 2, (d) 16
(e) 3, (f) 1

10-2 (a) $M_{AB} = \frac{3FL}{16}$(上部受拉), (b) $M_{BC} = \frac{3FL}{8}$(下部受拉)

(c) $M_{BA} = \frac{qL^2}{16}$(上部受拉), (d) $M_{BC} = \frac{3FL}{32}$(上部受拉)

(e) $M_{CD} = 12 \text{kN} \cdot \text{m}$(上部受拉), (f) $M_{BC} = 20.6 \text{kN} \cdot \text{m}$(上部受拉)

10-3 (a) $F_{NAB} = 0.104F$, (b) $F_{NBF} = 0.50F$

10-4 $M_{AC} = 11.61 \text{kN} \cdot \text{m}$(左侧受拉), $M_{BC} = 10.79 \text{kN} \cdot \text{m}$(左侧受拉)

10-5 $M_{AB} = \frac{4EI}{L}$(下侧受拉),

10-6　(a) $M_{BC}=\dfrac{FL}{4}$（内侧受拉），(b) $M_{AD}=\dfrac{3FL}{7}$（内侧受拉）

　　　(c) $M_{BC}=\dfrac{3FL}{8}$（下部受拉），(d) $M_{BC}=\dfrac{FL}{4}$（下部受拉）

第 11 章

11-1　(a) 3，(b) 1
　　　(c) 3，(d) 1
　　　(e) 6，(f) 2

11-2　(a) $M_{AB}=11.71\text{kN}\cdot\text{m}$（上部受拉），(b) $M_{BC}=\dfrac{qL^2}{24}$（上部受拉）

　　　(c) $M_{AB}=\dfrac{FL}{2}$（左侧受拉）

11-3　(a) $M_{CB}=0.0673ql^2$（上部受拉），(b) $M_{DC}=14.29\text{kN}\cdot\text{m}$（上部受拉）

　　　(c) $M_{AB}=\dfrac{2FL}{9}$（左侧受拉），(d) $M_{BA}=\dfrac{6FL}{23}$（右侧受拉）

11-4　$M_B=175.2\text{kN}\cdot\text{m}$（上部受拉），$M_C=58.9\text{kN}\cdot\text{m}$（上部受拉）

11-5　(a) $M_{BE}=\dfrac{3FL}{128}$（下部受拉），$M_{BA}=\dfrac{3FL}{32}$（左侧受拉）

　　　(b) $M_{BE}=\dfrac{3FL}{44}$（下部受拉），$M_{BA}=\dfrac{3FL}{22}$（左侧受拉）

第 12 章

12-1　(a) $M_{BA}=30\text{kN}\cdot\text{m}$（下部受拉），$M_{BC}=25\text{kN}\cdot\text{m}$（上部受拉）
　　　(b) $M_B=14.67\text{kN}\cdot\text{m}$（上部受拉），
　　　(c) $M_{BC}=\dfrac{6M}{19}$（下部受拉），(d) $M_{BC}=\dfrac{26}{3}\text{kN}\cdot\text{m}$（上部受拉）

12-2　(a) $M_B=210.5\text{kN}\cdot\text{m}$（上部受拉），$M_C=319.52\text{kN}\cdot\text{m}$（上部受拉）
　　　(b) $M_B=155\text{kN}\cdot\text{m}$（上部受拉），$M_C=366.79\text{kN}\cdot\text{m}$（上部受拉）

12-3　$M_{BA}=57.43\text{kN}\cdot\text{m}$（上部受拉），$M_{BC}=54.86\text{kN}\cdot\text{m}$（上部受拉），
　　　$M_{CB}=29.17\text{kN}\cdot\text{m}$（上部受拉），$M_{CD}=14.58\text{kN}\cdot\text{m}$（上部受拉）

参 考 文 献

[1] 孙训方. 材料力学(上、下册). 4 版. 北京：高等教育出版社，2004.
[2] 单辉祖. 材料力学(Ⅰ、Ⅱ). 北京：高等教育出版社，1999.
[3] 范钦珊. 材料力学. 北京：清华大学出版社，2004.
[4] 董云峰. 理论力学. 北京：清华大学出版社，2006.
[5] 邹建奇. 材料力学. 北京：清华大学出版社，2007.
[6] 哈尔滨工业大学理论力学编写组. 理论力学(上、下册). 北京：高等教育出版社，2003.
[7] 贾书惠. 理论力学教程. 北京：清华大学出版社，2004.
[8] 李廉锟. 结构力学. 北京：高等教育出版社，2005.
[9] 龙驭球，包世华. 结构力学教程. 北京：高等教育出版社，2002.
[10] 李前宽. 建筑力学. 北京：高等教育出版社，2004.